飞机总体与系统运用

（第二版）

主　编　周中良
副主编　宋晓博
参　编　方甲永　盛　晟　陈士涛
　　　　王焕彬　符　盼

西安电子科技大学出版社

内 容 简 介

本书从系统工程角度阐述了飞机的基本原理、组成、功能与运用。第 1 章主要介绍飞行器分类与飞机发展简史；第 2 章主要介绍飞机的飞行原理；第 3 章主要介绍先进飞机的总体设计；第 4 章主要介绍先进飞机的组成与功能；第 5 章主要介绍飞机导航原理与运用方法；第 6 章主要介绍飞机探测原理与运用方法；第 7 章主要介绍电子战原理与运用方法；第 8 章主要介绍机载导弹作战运用方法；第 9 章主要介绍空中力量作战任务及运用方法；第 10 章主要介绍飞机建模与仿真；第 11 章主要介绍飞机机动战术与建模方法；第 12 章主要介绍飞机作战效能评估及方法。

在编写上，本书采用了飞机原理与典型实践运用相结合的方法，力求使读者对飞机总体有系统全面的认识，对飞机作战运用有深刻直观的理解。

本书可作为高等学校航空类专业本科生的教材，也可作为从事飞机论证、设计、管理、训练、试验等工作的工程技术人员的参考书。

图书在版编目(CIP)数据

飞机总体与系统运用 / 周中良主编. --2 版. --西安：西安电子科技大学出版社，2023.12
ISBN 978 - 7 - 5606 - 7074 - 4

Ⅰ. ①飞…　Ⅱ. ①周…　Ⅲ. ①飞机—总体设计　Ⅳ. ①V221

中国国家版本馆 CIP 数据核字(2023)第 197814 号

策　　划　戚文艳
责任编辑　戚文艳
出版发行　西安电子科技大学出版社(西安市太白南路 2 号)
电　　话　(029)88202421　88201467　　　邮　编　710071
网　　址　www.xduph.com　　　　　电子邮箱　xdupfxb001@163.com
经　　销　新华书店
印刷单位　咸阳华盛印务有限责任公司
版　　次　2023 年 12 月第 2 版　2023 年 12 月第 1 次印刷
开　　本　787 毫米×1092 毫米　　1/16　印张　17
字　　数　400 千字
印　　数　1～1000 册
定　　价　52.00 元
ISBN 978 - 7 - 5606 - 7074 - 4/V

XDUP 7376002 - 1

* * * * * 如有印装问题可调换 * * * * *

前 言 PREFACE

　　飞机，特别是军用飞机，是一个复杂的大系统。随着技术的发展，飞机各子系统构成了错综复杂的耦合关系，仅研究单一系统很难全面掌握飞机的作战运用，需要建立系统工程的思维与方法，对飞机系统进行总体的了解和掌握。理解飞机各子系统的工作原理、子系统间的作用与反馈方式，熟悉飞机大系统的使命任务、战术运用方法及效能评估方法等，有助于理解和研究飞机的战术运用。

　　相较于第一版，本书对第 9 章空中力量作战任务及运用方法进行了修订，同时更换了第 10 章和第 12 章的内容。

　　本书由三大部分组成，第一部分从第 1 章到第 4 章，为飞机知识篇，包括飞机的飞行原理、总体设计、功能与组成等内容；第二部分从第 5 章到第 8 章，为基础运用篇，包括军用飞机主要子系统的原理和典型运用方法等内容；第三部分从第 9 章到第 12 章，为总体运用篇，将飞机作为一个整体，介绍飞机作战任务、技战术建模、效能评估等方面的总体运用方法。各部分内容之间相互有机衔接，互为支撑，有助于读者建立飞机系统运用的思维和方法。本书定位为飞机总体级，在章节安排上除了介绍相关知识点之外，还侧重于对飞机总体作战运用的科学分析，帮助读者开展飞机技战术优化和量化决策等方面的学习。

　　本书第 1、2 章由宋晓博、王焕彬编写，第 3、9、11 章由周中良编写，第 4 章由陈士涛编写，第 5、6 章由盛晟编写，第 7、8、10 章由方甲永编写，第 12 章由宋晓博、符盼编写。全书由周中良教授担任主编并定稿。本书在编写过程中，得到了王云毅、张鹏涛、郝秦芝、张晓杰、李全根、武涛、许建虹等同志的协助，在此一并表示感谢。

　　本书在编写的过程中参阅了大量飞机装备及雷达、电子战、导航、武器等方面的资料，在此向相关文献的作者表示衷心感谢。

　　由于编者水平有限，书中难免存在不妥与不足之处，恳请各位同行及读者批评指正，帮助我们不断改善。

编　者
2023 年 6 月

目　录 CONTENTS

第1章　飞机基本概述

1.1　飞行器分类

　　飞行器是指能在地球大气层内外空间飞行的器械。按照飞行环境和工作方式，通常把飞行器分为三类：航空器、航天器、火箭和导弹。

　　航空器是指在大气层内飞行的飞行器。航空器根据飞行原理分为空气静力飞行器（又称为轻于空气的航空器）和空气动力飞行器（又称为重于空气的航空器）。空气静力飞行器依靠空气的静浮力升空飞行，包括气球和飞艇；空气动力飞行器依靠本身与空气相对运动产生的空气动力升空飞行，包括固定翼飞机、直升机、滑翔机、旋翼机和地效飞行器等。

　　航天器是指主要在大气层外空间飞行的飞行器。航天器的飞行原理是：在运载火箭的推动下获得必要的速度从而进入大气层以外的空间，然后在引力作用下完成类似于天体的轨道运动。

　　火箭和导弹都属于一次性运用的飞行器。火箭是以火箭发动机为动力而升空，可以在大气层内或大气层外飞行的飞行器；导弹是一种弹体带有战斗部、依靠制导系统控制其飞行轨迹的飞行器。

1.1.1　航空器

　　航空器可以根据不同的原则来分类，有的根据飞行器的活动范围、运用条件分类，也有的根据航空器产生升力的原理、用途以及外形构造来分类。

1. 航空器按照产生升力的原理分类

　　由于飞行原理不同，航空器的外形千姿百态：有的呈圆形，有的呈椭圆形；有的貌似滑翔的大鸟，有的又像悬空的蜻蜓；有的可以冲上云霄，而有的只能贴地飞行。航空器按产生升力的原理分类如图1-1所示。

　　空气静力航空器的平均密度小于空气的密度，因此它就像软木塞漂在水里一样受到空气的浮力作用，飘浮在空气之中。由于空气密度随着高度的增加而降低，所以这种航空器在上升时，其升力（浮力）也随着高度的增加而降低，到达一定高度时就会停止。空气静力航空器根据其是否具备动力系统，分为气球和飞艇两种，见图1-2。

　　气球是不带动力系统的空气静力航空器，上部一般是个圆形的气囊，其中充以密度较空气小得多的气体，下部有装载人员和货物的吊篮。其中，自由气球不能控制飞行方向，只能随风飘移，但垂直方向的升降可以操纵。要使气球上升，可以从吊篮中抛去重物（如沙袋）使气球重量减轻；要使气球下降，可以通过专用的阀门放出一些气体，使浮力减小。在气囊内充以氢气或氦气的是冷气球，充以热空气的是热气球。

图1-1　航空器按产生升力的原理分类

气球

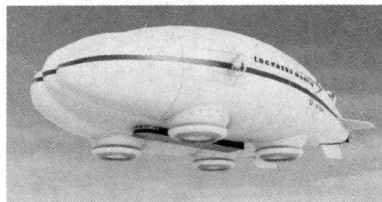

飞艇

图1-2　空气静力航空器

　　飞艇能在很大的高度范围内按照规定的方向飞行。飞艇装有安定面、方向舵和升降舵，并装有发动机等驱动装置。飞艇依其构造的不同，可分为刚性、半刚性和非刚性三种。

空气动力航空器(见图 1-3)通过飞行器与空气的相对运动所产生的空气动力,获得支持飞行器重量的升力。根据是否具有产生升力的翼面(机翼或旋翼),空气动力航空器分为有翼航空器和无翼航空器。有翼航空器包括固定翼航空器(如飞机、滑翔机)、旋翼航空器(如直升机、旋翼机、倾转旋翼机)、扑翼飞行器和地效飞行器。

飞机

滑翔机

直升机

旋翼机

倾转旋翼机

地效飞行器

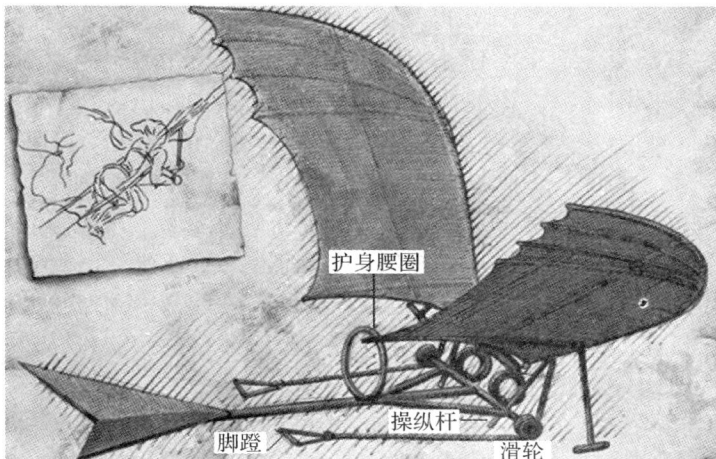

达芬奇设想的扑翼飞行器

图 1-3 空气动力航空器

飞机和滑翔机产生升力的翼面在飞行时相对于机身固定不动，故称为固定翼航空器。飞机是数量最大、运用最多的航空器。滑翔机相当于没有动力的飞机，它依靠机翼的优良性能可以进行长距离滑翔，在上升气流中也可以进行长时间翱翔。带有发动机的滑翔机称为动力滑翔机，与飞机不同的是，动力滑翔机的发动机只在起飞时运用，在飞行过程中关闭。

直升机和旋翼机产生升力的翼面在飞行时相对于机身是运动着的。直升机和旋翼机外形相似但飞行原理不同。直升机的发动机直接带动旋翼旋转产生升力，可以垂直起飞和悬停；旋翼机的发动机不直接带动旋翼，而是靠前进时的相对气流吹动其旋转，就像小时候玩的纸风车一样。旋翼机虽然像飞机一样可以滑跑起飞，但不能垂直起飞和悬停，并且速度较慢，因而仅用于游览、救护和体育活动等。

倾转旋翼机是一种兼有直升机与固定翼航空器特征的新概念旋翼飞行器，两个带发动机舱的旋翼位于机身两侧翼尖，起飞和降落均采用直升机模式，前飞时旋翼相对于机体倾转，过渡到普通的螺旋桨飞机模式，通过旋翼产生向前的拉力，同时依靠机翼产生升力。

扑翼飞行器是一种依靠与鸟类翅膀相似的运动翼面产生升力的飞行器。从古代起人类就模仿飞鸟的扑翼飞行。扑翼飞行器提升一定重量所需的动力只有普通固定翼飞机的1/30，并且能够实现垂直起飞和降落，因此目前仍在进行着大量的研究。

地面效应飞行器(简称地效飞行器)是利用地面效应而腾空行驶的飞行器。这种飞行器一般贴近地面或水面运动，所以不能算飞行，只能称为"行驶"。与飞机不同的是，地效飞行器主要在地效区飞行，也就是贴近地面、水面飞行；与气垫船不同的是，气垫船靠自身动力产生气垫，而地效飞行器靠地面效应产生气垫。

此外，航空器中还有一种无人驾驶、自动控制的飞行器，称为无人驾驶飞行器或无人机(Unmanned Aerial Vehicle，UAV)。无人机系统发展正在深入到有人飞行器的各个种类。

2. 航空器按照用途分类

航空活动分为军用航空和民用航空。军用航空泛指用于军事目的的一切航空活动，主要包括作战、侦察、运输、警戒、训练以及科学研究等；民用航空泛指为国民经济服务的非军事性飞行活动。根据飞行任务的不同，民用航空又分为商用航空和通用航空两大类。商用航空指在国内和国际航线上的商业性客、货(邮)运输，主要由客机、货机或客货两用机完成；通用航空指用于公务、农林牧副渔业、地质勘测、公安、气象、环保、救护、体育、观光游览等的飞行活动，主要由商业飞机以外的民用飞机和直升机完成。

飞机根据不同用途可分为军用飞机、民用飞机和研究机。军用飞机包括歼击机、强击机、截击机、轰炸机、军用运输机、军用教练机、侦察机、预警机、反潜机、电子战飞机、空中加油机等；民用飞机包括客机、货机、农林飞机、公务机、巡逻救护机、体育运动机、轻型多用途飞机等；研究机也叫试验机，是为新型机种而研制的试验机，可以看成是一类特殊的飞机。飞机按用途分类见图1-4。

直升机也可按用途分为军用直升机和民用直升机。军用直升机分为武装直升机、运输直升机和战斗勤务直升机。民用直升机分为通用运输直升机、旅客运输直升机、公共服务直升机、特种直升机、起重直升机和教练直升机等。图1-5所示为各种军用飞机和研究机示例。

```
                                          ┌─ 作战飞机 ─────────────┐          ┌─ 歼击机
                                          │                        │          ├─ 强击机
                        ┌─ 军用飞机 ──────┤                        │          ├─ 截击机
                        │                 │          ┌─ 军用运输机 │          ├─ 轰炸机
                        │                 │          ├─ 预警机      ├──────────┼─ 强击轰炸机
                        │                 │          ├─ 电子战飞机  │          ├─ 舰载机
                        │                 └─ 作战   ─┼─ 侦察机      │          └─ 反潜机
                        │                    支援飞  ├─ 空中加油机  │
                        │                    机      ├─ 军用教练机  │
                        │                            ├─ 通信联络机  │
       飞机 ────────────┤                            └─ 炮兵校准机  │
                        │
                        │                                      ┌─ 洲际干线运输机
                        │                 ┌─ 干线运输机 ──────┤   （中/远程干线运输机）
                        │                 │                    └─ 国内干线运输机
                        ├─ 民用飞机 ──────┤                       （中/近程干线运输机）
                        │                 │                    ┌─ 小型支线运输机
                        │                 ├─ 支线运输机 ──────┼─ 中型支线运输机
                        │                 │                    └─ 大型支线运输机
                        │                 └─ 通用航空飞机（应用于农林牧副渔业、地质探矿
                        │                    遥感遥测、公安巡逻、海上救护、救灾抢险、公
                        └─ 研究机            务出差、娱乐旅游以及体育运动等各个方面）
```

图 1-4 飞机按用途分类

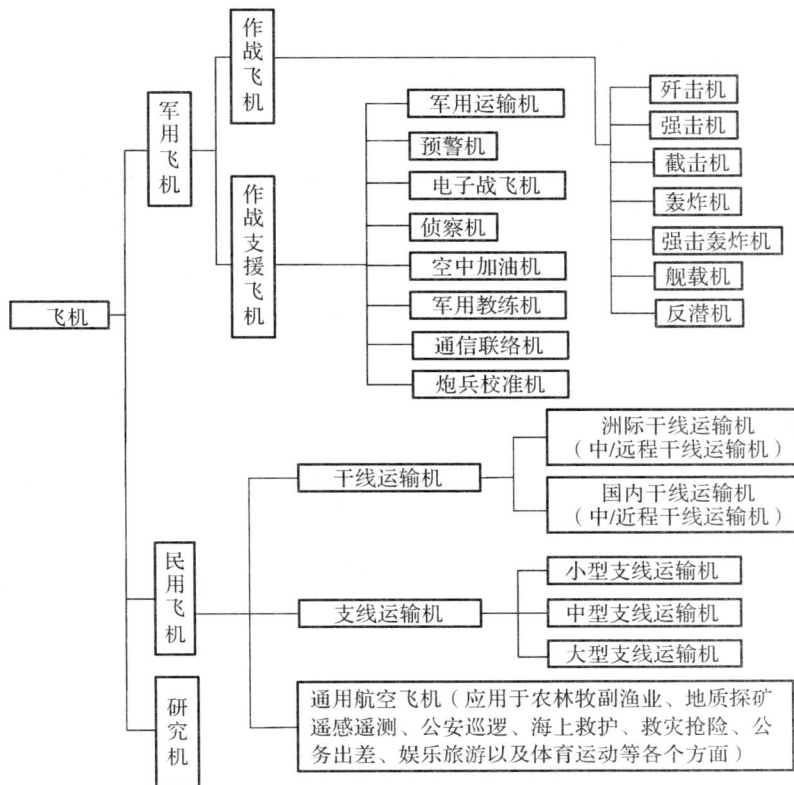

苏-27多用途战斗机

B-52轰炸机

A-10攻击机

伊尔-76运输机

E-2预警机

U-2高空侦察机

雅克-18初级教练机

X-29前掠翼研究机

图1-5　各种军用飞机和研究机

1) 军用飞机

(1) 歼击机。歼击机也叫战斗机，它专门用来对付敌方飞机。歼击机上装有机关炮、火箭和导弹等攻击武器。这种飞机体积小，机体坚固，飞行速度快，飞机的行动灵活，武器威力大。

早期歼击机分工较细(分为前线歼击机、拦截歼击机、护航歼击机、歼击轰炸机等)。目前的歼击机一般为多用途歼击机。所谓"多用途"，是指同一架飞机具有多种用途，或是指先设计一种基本型的飞机，然后在此基本型飞机的基础上更改装备或者结构上做局部变动形成多种不同用途的派生型歼击机，这样就大大节约了研制成本。

(2) 轰炸机。轰炸机用来轰炸敌方军事力量和军事装备，像机场、舰队、坦克和炮群等，或者攻击敌方的战略中心，如军事、工业和交通中心。轰炸机按照载弹量可以分为重型、中型和轻型三种；按照战术性能又分为战略轰炸机和战术轰炸机。战略轰炸机的任务是深入敌人后方，轰炸其军事基地、交通枢纽、经济中心，它的主要特点是航程远、速度高、载弹量大；战术轰炸机又叫轻型轰炸机，这种飞机主要用于配合地面部队轰炸敌方供应线、前线阵地和各种活动目标。

(3) 强击机。强击机又叫攻击机，它的主要任务是从低空和超低空对地面或水上的有生力量、防御据点、指挥机构、炮兵阵地、交通枢纽、桥梁，特别是机动部队如坦克、装甲车辆和骑兵等进行攻击活动。它还可以携带鱼雷攻击敌方的舰艇。这种飞机应该有良好的低空飞行性能、强大的对地攻击火力和适当的装甲，以保护飞行员、发动机和油箱。

(4) 军用运输机。军用运输机主要用来运输兵员、武器装备以及空投伞兵和辎重等，其目的是加强部队作战的机动性。按载重量和航程的大小，军用运输机可分为战略运输机和战术运输机。战略运输机的航程远，载重量大；战术运输机的航程短，载重量小。

（5）预警机。预警机也叫早期警戒机，是用于监视敌方飞机或导弹的活动，以加强防空效能的飞机。预警机往往并不专门设计，通常是用运输机或轰炸机改装而成的。这类飞机的一个明显的外形特征是机身背上都装着一个尺寸很大的"伞状外罩"，罩内就是远距离搜索雷达的回转天线。预警机与地面雷达相比具有探测距离远，而且不容易遭受攻击的优点。例如，用波音 707-320 运输机改装成的 EC-137D 预警机，其预警距离达 1300 多千米，而地面雷达的预警距离由于存在盲区的原因，只有 200 千米左右。所以假设敌方空袭飞机入侵，地面雷达只能在袭击前 6 分钟发现，而 EC-137D 预警机能在袭击前 30 分钟发现。预警机除了能警戒敌机外，通过机上安装的多种电子设备和机载电子计算机还能引导截击机去迎击入侵的敌机，起到指挥部的作用。由此可见，预警机在现代战略防御体系中是十分重要的。

（6）其他军用飞机。侦察机的主要任务是获取敌方军事情报，如敌军调动、兵力布置以及后方交通和机场情况等。反潜机专门用来搜索和攻击敌方的潜水艇。军用教练机用来训练军用飞机飞行员，机内设有学员和教员座椅，并分别配备两套飞机操纵系统和飞行仪表。其中，初级教练机用于训练学员掌握初级飞行技术；中、高级教练机用于训练学员掌握喷气飞机飞行技术，进行高级特技飞行、仪表飞行和基本战术飞行训练。

2）研究机

研究机一般首先用于军事目的，因此可以看成是一种特殊的军用飞机。第二次世界大战后，世界各国为了研制性能更好的军用飞机，同时为了解决航空科学中出现的新问题和验证新技术的适用性，制造了一二百种研究机和试验机。这些飞机可以分为三类：第一类是新型飞机的试验型，这类飞机是为了通过试飞检验飞机的性能是否达到设计要求和寻求改进飞机的措施；第二类是试验某项新技术在飞机上的运用效果，像超临界机翼、增升机翼、喷气襟翼、变后掠机翼、涵道式尾翼、混合动力系统、超声速螺旋桨、气垫着陆系统等，这类飞机往往在已有的飞机上加以改装制成，其中以研究短距/垂直起落的研究机数量最多；第三类是为了取得理论研究的实验数据，如飞机超声速飞行时的气动力加热、作用在飞机上的气动载荷以及跨声速飞行时的稳定性和操纵性问题等。

世界上最有名的研究机是美国的 X 系列研究机，X 系列研究机起源于美国国家航空航天局（NASA，1958 年以前叫 NACA，即美国国家航空咨询委员会）和美国军方在第二次世界大战结束前夕开始的探索跨声速和超声速飞行奥秘的研究计划。X 系列研究机的代表作有 X-1（世界上第一架突破音障的飞机）、X-5（变后掠翼研究机）、X-29（前掠翼先进技术验证机）和 X-45（无人作战飞机）等研究机。

3）民用飞机

民用飞机分为商用飞机和通用飞机两大类。商用飞机是指用于国内和国际航线上的商业性客、货（邮）运输飞机，包括国内/国际干线客机、货机、客货两用机和国内支线（100 座以下）运输机。通用飞机主要用于公务、农林牧副渔业、地质勘测、遥感遥测、公安、气象、环保、救护、体育和游览观光等方面。

（1）客机。客机用于运载旅客和邮件，其按飞机航程的远近分为国际、国内干线客机（100 座以上）和国内支线客机（100 座以下）。目前世界上的干线客机主要由波音和空中客车两家公司生产。世界上仅有的两种超声速客机是英法联合研制的"协和"飞机和俄罗斯的图-144飞机,目前都已停飞。

(2)货机。货机专门用来运货。这种飞机除了与客机一样有载运量和航程的要求外,还要考虑货物装卸的方便和货运的经济性。例如,目前世界最大的运输机是俄罗斯的安-225,最大起飞重量为600吨,最大装载量为250吨,机背上可以驮载一架"暴风雪号"航天飞机。

(3)通用飞机。农业机是农业现代化的一种有力工具,可以用来播种、喷药杀虫除草和施肥等;林业机主要用于扑灭森林火灾和喷洒药物等;公务机是用于行政事务和商务活动的飞机;体育运动机用于航空体育运动;轻型多用途飞机既可用于客、货运输,也可用于空中摄影、农业喷洒、边境巡逻、跳伞、医疗救护等。

4)直升机

直升机能垂直起降、定点悬停、定点回转、前飞、后飞和侧飞,成为固定翼飞机的极好补充,具有广泛的军用和民用价值。

武装直升机是一种专门设计的用于对地攻击作战和空战的直升机,因其机动性强、隐蔽性好、杀伤力大和生存力高而被誉为"飞行坦克""空中杀手"。运输直升机(见图1-6)主要承担战术运输任务,特别是搭载作战部队,实施战术机动和空降作战任务,其中重型直升机能装载大量的作战人员和重型武器装备。战斗勤务直升机是指用于侦察、通信、指挥等的直升机。

运输直升机　　　　　　　　　　　　武装直升机

图1-6　不同用途的直升机

3. 航空器按照外形构造分类

1)飞机按照外形构造分类

飞机可以按照机翼的数量和位置、机身的形式、尾翼的形式和位置、起飞着陆装置的类型等外形特点进行分类,如图1-7所示。

2)直升机按照外形构造分类

直升机按照外形构造分类如下:按平衡旋翼反扭矩的不同方式,分为单旋翼式(有尾桨和无尾桨两种)、双旋翼式(纵列式、横列式、共轴式和交叉式)、多旋翼式;按驱动旋翼的不同方式,分为机械驱动式和喷气驱动式;按提供升力及推进力的不同方式,分为正常形式、带翼式、倾转旋翼式和复合式。几种不同的直升机示例见图1-8。

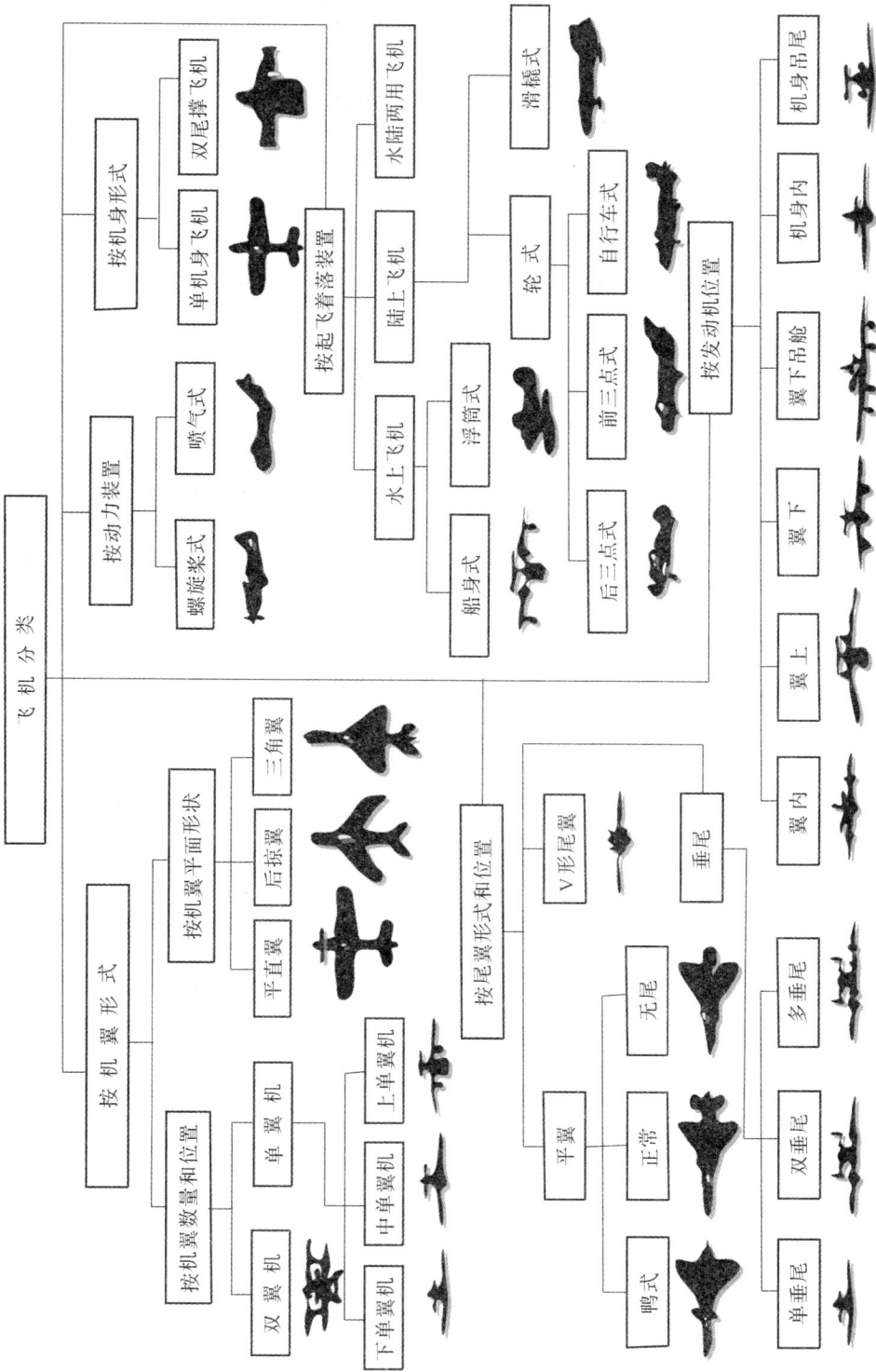

图 1-7 飞机按外形特点分类

单旋翼有尾桨式直升机

纵列双旋翼式直升机

单旋翼涵道尾桨式直升机

共轴双旋翼式直升机

图 1-8 几种不同的直升机示例

　　除了上述介绍的一些不同外形特点的直升机外，还有一些特殊形式的新概念直升机，如 X 机翼飞行器、变直径旋翼飞行器、环转旋翼飞行器、涵道风扇飞行器、单兵作战飞行器等。

1.1.2 航天器

　　航天器分为无人航天器和载人航天器(见图 1-9)。无人航天器包括人造地球卫星和空间探测器。载人航天器包括载人飞船、空间站和航天飞机。载人航天器与无人航天器的主要区别是载人航天器具有生命保障系统。

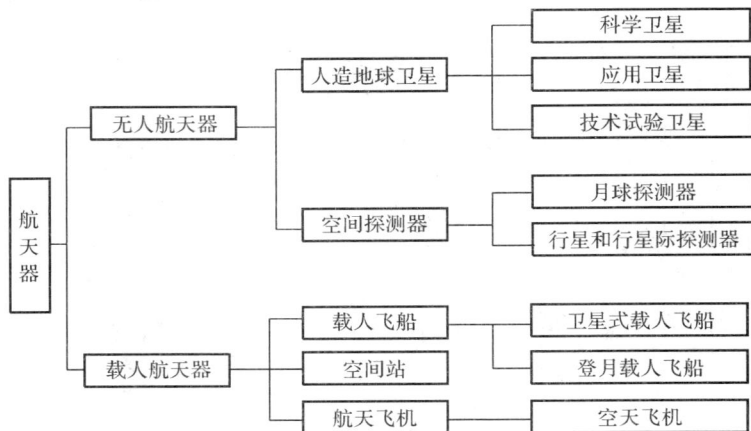

图 1-9 航天器种类

1. 人造地球卫星

人造地球卫星（简称卫星）是一个人造天体（见图 1-10），它遵循开普勒行星运动三定律围绕地球运行。人造地球卫星是数量最多的航天器。人造地球卫星与其他飞行器相比有以下优点：无需动力就能在大气层外长时间运转；活动范围大，高度从几百千米到几万千米；能不受限制地飞越地球上绝大部分地区甚至全部地区上空。

实践四号卫星　　　　　　　　　遥感卫星

图 1-10　不同用途的人造地球卫星

由于人造地球卫星具有上述优点，因此它能在很短时间内从一定高度上对广大地区或空间进行探测。随着科学技术的发展，卫星的用途越来越广泛，既能用于科学研究（如空间探索），又能为国民经济服务（如通信、导航、气象、资源勘探、大地测量等），还能为军事服务（如侦察、预警等）。

卫星按其用途可分为科学卫星、应用卫星和技术试验卫星。科学卫星用于科学探测和研究，主要包括空间探测卫星和天文卫星等，如中国的实践二号科学探测卫星。应用卫星直接为国民经济、军事和文化教育服务，主要有通信及广播卫星、气象卫星、测地卫星、地球资源卫星、导航卫星和侦察卫星等，以及专门用于军事的截击卫星，另外部分卫星还具有多种功能，如中国的东方红三号通信卫星、风云二号气象卫星等。技术试验卫星主要用于各种在轨试验，如中国的实践一号试验卫星。

2. 空间探测器

空间探测器是指对月球、其他天体和空间进行探测的无人探测器，也称深空探测器。空间探测器的基本构造和人造地球卫星差不多，只不过空间探测器携带有用于观测天体的各种先进观测仪器。

空间探测器按探测对象分为月球探测器、金星探测器、火星探测器、土星探测器、木星探测器、哈雷彗星探测器、太阳探测器和宇宙探测器。例如，携带有地球各种信息的先驱者号宇宙探测器目前已经飞出太阳系，试图寻找地球外的智能生命。

3. 载人飞船

载人飞船（见图 1-11）是载乘宇航员的航天器，又称宇宙飞船。宇宙飞船是三种载人航天器中最小、最简单、最先运用的一种，可分为卫星式、登月式和行星际式三种。前两种已在 20 世纪发射成功，后一种有望在 21 世纪问世，并且很可能是载人火星飞船。宇宙飞船只能运用一次，一般可单独飞行数天到十几天，可作为往返于地球和空间站之间或地球和月球之间及地球和其他行星之间的太空"渡船"，还可与空间站或其他航天器对接后进行联合飞行。目前发射最多、用途最广的载人飞船是卫星式飞船。卫星式飞船实质上就是更大的人造地球卫星，不过它能载人，因此它比人造卫星大得多，有专门的防辐射增压舱及生命保障系统、应急救生系统和回收系统等。中国第一艘载人飞船"神舟五号"就是一艘卫星式飞船，它由轨道舱、返回舱和推进舱组成。轨道舱是宇航员生活和工作的地方；返回舱是飞船的指挥控制中心，航天员乘坐它上天和返回地面；推进舱为飞船的飞行和返回提供能源和动力。

联盟号飞船　　　　　　　　　双子星座号飞船

图 1-11　载人飞船

4. 空间站

空间站(见图 1-12)是宇航员在太空轨道上生活和工作的基地，又称轨道站或航天站。空间站实际上是一个巨大的载人飞船，一般设有工作舱、服务舱、对接舱，并有巨大的太阳能电池板。在空间站上进行的科学研究及实验主要是考察长期失重的影响和失重下的一些科学实验。美国有天空实验室号空间站，苏联有礼炮号空间站、和平号空间站。国际空间站是人类历史上最庞大的航天工程，共有 16 个国家参与研制和运行。国际空间站结构复杂，规模大，由航天员居住舱、实验舱、服务舱、对接过渡舱和太阳能电池板等部件组成。

礼炮4号空间站　　　　　　　　　国际空间站

哥伦布空间实验室

图 1-12　空间站

5. 航天飞机

航天飞机(见图 1-13)是一种可重复运用的航天运载器,也是一种多用途的航天器。载人飞船、空间站都是一次性运用的,耗资很大,因此需要发展一种可以重复运用的运载工具,降低成本,这就是航天飞机。航天飞机集火箭、卫星和飞机的技术特点于一身,能像火箭那样垂直发射进入太空,又能像卫星那样在太空轨道飞行,还能像飞机那样再入大气层滑翔着陆,是一种新型的多功能航天飞行器。航天飞机由一个轨道器、两个固体助推器和一个大型外挂储油箱组成。到目前为止,世界上曾有过 7 架航天飞机轨道器,它们分别是美国的"企业(Enterprise)号"(试验机)、"哥伦比亚(Columbia)号""挑战者(Challenger)号""发现者(Discovery)号""阿特兰蒂斯(Atlantis)号"和"奋进(Endeavour)号"以及苏联的"暴风雪号"。其中"暴风雪号"由于苏联社会动荡和解体,始终未能投入运用,其继承者俄罗斯由于经济原因取消了"暴风雪号"航天飞机计划。

图 1-13　航天飞机

目前,一种无需助推器和外储油箱,具有航空器和航天器两者特性的"空天飞机"正在研制试验中,如美国的"冒险星"计划。在未来,"空天飞机"将填补传统的航空器和航天器飞行范围之间的"真空地带",从而替代传统的航天飞机。

1.1.3　火箭和导弹

1. 火箭

火箭(见图 1-14)有时指火箭发动机,有时又指以火箭发动机为动力的飞行器,作为完整飞行器应为后一种说法,即火箭是以火箭发动机为动力的飞行器。

火箭发动机按运用的能源分为化学火箭、核火箭和电火箭。其中化学火箭又分为固体火箭、液体火箭和混合推进剂火箭。

以火箭为动力的飞行器按用途可分为无控火箭弹(炮)、探空火箭和运载火箭三类。

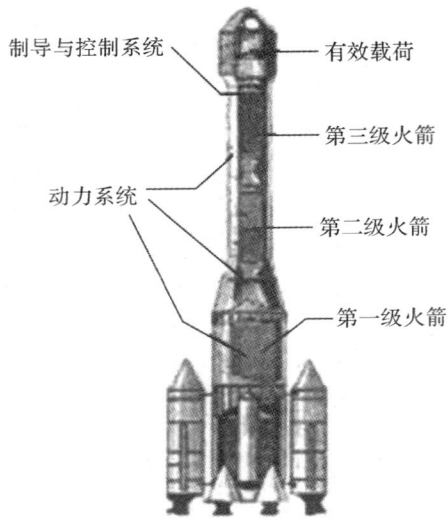

图 1-14　火箭

其中,运载火箭的有效载荷既可以是战斗部,也可以是各种航天器。

无控火箭弹(炮)为近程无控单级火箭,带有弹头,通常设计简单,无制导系统,命中精度较差,但可多发齐射,覆盖面大,弥补了精度之不足。无控火箭弹(炮)可车载或机载发射,机动性较好,运用比火炮方便,破坏威力也较大。例如,第二次世界大战时期苏联著名的喀秋莎火箭弹,其巨大的威力让德国法西斯吃尽了苦头。

探空火箭是指在近地空间进行探测和科学试验的火箭。探空火箭一般为无控制火箭,具有结构简单、成本低廉、发射方便等优点。利用探空火箭可以在高度方向探测大气各层的结构成分和参数,研究电离层、宇宙射线、太阳紫外线和 X 射线、陨尘等多种日-地物理现象。探空火箭比探空气球飞得高,比低轨道运行的人造地球卫星飞得低,是 30～200 km 高空的有效探测工具。

2. 导弹

导弹是一种武器系统,因此也叫作导弹系统,包括导弹及其地面设备。导弹本身一般由战斗部、动力系统、制导系统及弹体四大部分组成(见图 1-15)。

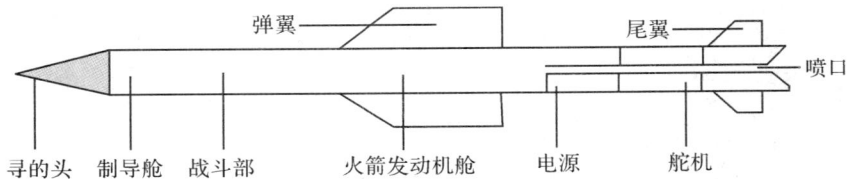

图 1-15　导弹的组成

导弹按其发射位置和目标位置可分为地地、地空导弹,空地、空空、空舰导弹,舰舰、舰地、舰空导弹,岸舰导弹,潜地、潜舰导弹。

导弹按其攻击目标分为反飞机导弹、反舰导弹、反潜导弹、反坦克导弹(见图 1-16)、反雷达导弹、反卫星导弹和反弹道导弹等。其中,反雷达导弹是指利用敌方雷达的电磁辐射进行导引，摧毁敌方雷达及其载体的导弹，又叫作反辐射导弹。在电子对抗中，它是对雷达硬杀伤最有效的武器。导弹的分类见表 1-1。

图 1-16　反坦克导弹

表 1-1　导 弹 的 分 类

按发射点与目标位置分类	按攻击目标分类	按作战运用分类	按飞行弹道分类	按推进剂分类	按射程分类
潜舰导弹 空舰导弹 空空导弹 地空导弹 舰空导弹 地地导弹 舰地导弹 空地导弹 潜地导弹 岸舰导弹 舰舰导弹	反坦克导弹 反舰导弹 反飞机导弹 反卫星导弹 反潜导弹 反雷达导弹 反弹道导弹	战略导弹 战术导弹	弹道导弹 巡航导弹	固体推进剂导弹 液体推进剂导弹	洲际导弹 远程导弹 中程导弹

　　导弹按作战运用可分为战术导弹和战略导弹。战术导弹是指用于打击常规目标的导弹。战略导弹是指用于打击战略目标的导弹，通常携带核弹头，用于打击政治和经济中心、军事和工业基地、核武器库、交通枢纽等目标，以及拦截来袭战略弹道导弹。战略导弹按射程分为中程、远程和洲际导弹。中程导弹射程为 1000～3000 km，远程导弹射程为 3000～8000 km，洲际导弹射程在 8000 km 以上。

　　导弹按弹道及构造特点可以分为弹道式导弹和有翼式导弹。弹道式导弹是指在火箭发动机推力作用下按预定程序飞行（称为主动段），关机后按自由抛物体轨迹飞行（称为被动段）的导弹。新型弹道式导弹已具有末端制导能力。有翼式导弹又分为巡航导弹和可作高机动飞行的导弹（一般为十字形翼面）。巡航导弹（见图 1-17）是指依靠喷气发动机的推力和弹翼的气动升力,主要以巡航状态在稠密大气层内飞行的导弹。

图 1-17   巡航导弹

1.2   飞机发展简史

1.2.1   航空器的发展

　　人类为了实现腾空飞翔的理想曾经历了一段艰难曲折的过程。人类最初在身上绑上翅膀,然后模仿鸟类扑翼飞行,但这种勇敢的尝试屡遭失败。人们逐渐认识到简单、机械地模仿鸟类飞行的做法并不能使人升空,于是飞行探索转向研究轻于空气的航空器。1783 年,法国蒙哥尔费兄弟的热气球和查理的氢气球相继升空,实现了人类自古以来的飞行之梦,这是人类在征服天空的道路上迈出的第一步。不久之后,人们又发明了性能优于气球且飞行方向可以操纵的飞艇。

　　气球和飞艇都是轻于空气的航空器,它们升力小,阻力大,飞行速度慢,不能实现便捷飞行,于是人们转而探索重于空气的航空器。18 世纪产业革命中对汽车上运用的内燃机和舰船上运用的螺旋桨的研究,为重于空气的航空器提供了动力基础。凯利、李林达尔等航空先驱初步研究了滑翔机和空气动力作用,促进了飞机的诞生。

　　1903 年,美国莱特兄弟成功制造了世界公认的第一架飞机——"飞行者一号",人类首次实现了持续的、有动力的、可操纵的飞行,开创了现代航空的新纪元,人类进入了航空时代。

　　飞机刚刚诞生不久,西方国家就注意到了飞机的军事用途,相继成立了航空科学研究机构。第一次世界大战中,飞机开始得到大规模运用,出现了各种不同军事用途的飞机(见图 1-18)。20 世纪 20~30 年代,飞机完成了从双翼机到张臂式单翼机、从木质结构到全金属结构、从敞开式座舱到密闭式座舱、从固定式起落架到收放式起落架的过渡,飞机的升限和速度提高了 2~4 倍,发动机功率提高了 5 倍,航空工业逐渐成为独立的产业部门。

第一次世界大战中的战斗机

第二次世界大战后的战斗机

第二次世界大战中的战斗机　　　　　　　　　　超声速客机

图 1-18　军事用途飞机

第二次世界大战极大地推动了航空工业的发展。战争中，参战飞机数量剧增，性能迅速提高。战后统计表明，仅在欧洲战场上，美国和英国轰炸机出动的次数就高达 150 万架次，而整个战争中战斗机出动次数超过了 250 万架次，投下的炸弹约为 270 万吨。空军迅速发展成为对战争全局有重要影响的军种。

第二次世界大战以后，喷气技术迅速发展，军用飞机广泛采用了喷气发动机。随着相关科学技术的进展，飞机突破了"音障"和"热障"，飞行速度达到 2～3 倍声速，人类进入了超声速飞行时代。同时变后掠翼技术、短距起落技术和隐身技术等先进技术的应用大大提高了军用飞机的性能和战斗力。

在两次世界大战的间隙，民用航空运输开始发展起来。从 20 世纪 50 年代起，喷气式客机逐渐取代了螺旋桨客机。随着耗油低的高涵道比涡轮风扇发动机的产生，70 年代初出现了大型宽体高亚声速喷气式客机和货机，飞机载重量大大增加。在军用航空和民用航空发展的同时，世界通用航空也迅速发展起来，并显示出巨大的市场潜力。

今天，飞机已经成为国防建设中必不可少的作战武器，也成为国民经济建设和人民生活中不可或缺的交通工具。人类从模仿鸟类飞行开始，已发展到能比任何鸟类飞得更高、更快、更远。

1.2.2　中国航空史

中国的航空史可以追溯到两千年前，并可分为古代航空、近代航空、现代航空三个历史时期。其中，近代航空史又可以分为近代航空史前期和近代航空史后期。中国航空史分期如下：

中国古代航空史——从上古时代到鸦片战争；

中国近代航空史前期——从鸦片战争到辛亥革命；

中国近代航空史后期——从辛亥革命到新中国成立；

中国现代航空史——新中国成立至今。

1. 中国古代航空史

中国古代航空的成就十分辉煌，孔明灯、风筝、竹蜻蜓等都是现代航空器的雏形（见图 1-19），是古老的中华文明对世界的重大贡献，值得每一个中国人为之骄傲。可惜中国古代的航空知识没有发展成系统的航空科学技术，其原因是多方面的。朱伯康在《论中国科学技术之发展与中断》中指出："如要发展科学，必须：一学术自由，思想解放；二有都市文化；三有征服自然之意志。这些都是古代中国所缺少的，所以各门科学都难发展。"中国封建社会的历代统治者独尊儒术,对科学技术采取了敌对的态度,如《礼记·王制》中有:"作淫声、异服、奇技、奇器以疑众,杀。"中国封建文化蔑视科学技术达几千年,古代航空发明不能发展成为近代航空科学技术也就不足为怪了。

图 1-19　我国古代的飞行器

2. 中国近代航空史

中国近代航空史前期的发端是鸦片战争。鸦片战争和《南京条约》签订以后,中国门户大开,西方的航空知识逐渐传入我国。对于那时的中国人来说,这些知识都是海外奇谈。1875 年以前,中国已经有了小孩玩的氢气球;光绪年间,在中国已能见到西洋的航空图片;1903 年以后,中国开始有了翻译和创作的航空科幻小说。在清朝的最后一二十年里,制造氢气球的有华蘅芳,研究飞机设计制造的有冯如、刘佐成、王永泉、厉汝燕、秦国镛、潘世忠、朱卓文、谭根等,研究飞艇的有谢缵泰、余植卿。1909 年冯如设计研制成功了当时世界上最先进的飞机之一。

中国近代航空史后期是指从辛亥革命到中华人民共和国成立前夕这一时期。1913 年 9 月,在北平成立了中国第一个正规的航空学校——南苑航空学校,秦国镛任校长。旧中国的航空工业可以从 1914 年算起,那时担任南苑航空学校修理厂厂长的潘世忠,请了外国技师指导仿制螺旋桨和飞机机身、机翼等。1928 年,北洋政府海军部在福州马尾建立了我国历史上第一个正规的飞机制造工厂,后来分别在上海、昆明、杭州、南昌、成都、贵阳、广州等地建立了飞机制造厂或飞机制造公司,在保定和广州设立了发动机制造厂。到 1949 年,我国各飞机厂制造的飞机总数约六七百架,其中大部分是仿造的。

3. 中国现代航空史

中国现代航空开始于 1949 年中华人民共和国的成立。在莱特兄弟发明飞机之后近半个世纪里,中国一直没有自己独立的航空工业。中华人民共和国成立以后,我国的航空工业才迅速发展起来。经过 70 多年的发展,我国航空工业经历了从修理到仿制、再到自行研制并与国际合作的过程。我国航空领域经过先军后民的发展模式，逐渐建立了门类齐全的航空科技和工业体系。现在我国已成为世界上能够自行设计和制造门类齐全的飞机的少数几个国家之一。

中华人民共和国成立前夕，全国只有 100 多架飞机，主要是缴获或接收的美英制和日制飞机，最后从中挑选出 17 架状态良好的飞机参加了开国大典。开国大典时，因为飞机少，为了烘托气氛，最先通过天安门广场的 9 架 P-51 型飞机绕了一圈之后，接着和其余 8 架飞机组成 17 架飞机编队再次通过天安门，所以在地面上看到的是 26 架飞机。中国的现代航空工业就是在这样的情况下开始了艰辛的征程。

1）军用飞机发展历程

中华人民共和国刚成立，就卷入了朝鲜战争，我国在激烈的空战中运用了当时世界上最先进的米格-15 喷气式战斗机。战争期间，我国大批工人在苏联专家的指导下进行飞机修理工作，修理技术得到了不断提高，同时也为制造飞机做好了准备。朝鲜战争后，国家领导人认识到我国必须要有自己的现代航空工业。

1953 年我国开始第一个五年计划，在苏联援华的 156 个重点项目中，航空工业占了 13 项，包括飞机制造厂、航空发动机制造厂和控制系统制造厂，这些制造厂构成了我国航空工业的第一批骨干企业。

中华人民共和国制造的第一架飞机和第一台发动机是仿制的苏联的雅克-18 初级教练机及其发动机，在 1954 年仅用半年多时间就仿制成功，当年年底即投入成批生产并开始装备部队。初教-5 飞机的成功标志着我国航空工业从修理开始走向制造，这是我国掌握大规模飞机生产技术的开端。

1955 年，我国开始向掌握喷气式飞机制造技术进军。经过 1 年零 5 个月的艰苦努力，新中国第一架完全由自己制造的喷气式歼击机——歼-5 于 1956 年 7 月开始试飞，试飞结果证明国产喷气式飞机的战术技术性能及产品质量完全合格。同年 9 月进行成批生产，交付空、海军运用。歼-5 的试制成功，说明了我国航空工业已初步掌握了喷气式飞机的制造技术，跨进了喷气式飞机时代，使我国成为当时世界上少数几个能够成批生产喷气式飞机的国家之一。

1958 年，我国航空工业进入了新的发展时期。我国自行设计、制造的第一架喷气式教练机——歼教-1 型双座喷气式歼击教练机首飞成功。后来由于空军训练计划的变动，该机没有投入成批生产，但它培养了我国第一代飞机设计人员，积累了自行研制飞机的经验。

1958 年 8 月，我国自行设计制造并投入成批生产和大量装备部队的一种飞机——初教-6 型活塞式教练机也首飞成功。初教-6 是我国空军当时主要的初级教练机。

1958 年 12 月，我国第一代超声速战斗机歼-6（米格-19 的改进型）首飞成功，最大平飞速度达到声速的 1.4 倍。歼-6 尺寸小，质量轻，推重比大，机动性好，适于近距空中格斗。该机结构简单，运用维护方便，价格便宜，是当时世界上同类飞机中价格最便宜的，除装备中国空、海军外，还向国外出口。歼-6 是 20 世纪六七十年代我国空军的主力歼击机。

1965 年，我国自行设计的超声速强击机强-5 首飞成功。强-5 采用了当时世界上先进的跨声速面积律和两侧进气技术，并结合多种先进有效的设计，因而达到了当时世界一流水平。几十年来该机发展了多个改型。其中，强-5 甲于 1972 年成功空投原子弹。强-5 除大量装备我国空军外，还向国外出口。由于该机性能良好，价格低廉，至今仍在生产和服役中。2005 年 2 月,强-5 双座教练型飞机首飞成功。

1966 年根据苏联转让的米格-21 及其发动机制造特许权,我国试制成功第二代超声速战斗机——歼-7,采用机头进气、三角翼和全动平尾。歼-7 有很多改型,如歼-7Ⅰ、歼-7Ⅱ、歼-7M、歼教-7 和歼-7E 等,所有型号最大速度均超过两倍声速。其中,歼-7E 曾是我国八一飞行表演队的表演用机。

正当航空工业克服困难开始发展之时,持续十年之久的"文化大革命",使我国航空工业遭到了创建以来最严重的挫折和损失。1966 至 1976 年的 10 年间,航空工业全面开展"三线"建设。这些建设项目大多设在边远地区,工程建设异常艰难,加上政治上的干扰与破坏,给我国航空工业产生了严重的影响。尽管如此,在广大干部、群众的努力下,我国航空工业仍然取得了一定的进展。

1969 年,国产第二代超声速战斗机歼-8 首飞成功,它完全是由我国自行研究、设计和制造的。这种先进的战斗机采取机头进气、大后掠翼、小展弦比、薄三角翼、下平尾和双腹鳍的空气动力布局形式,飞机的加重比优于歼-7。歼-8 也有多种改型,歼-8Ⅱ将机头进气改为两侧进气,便于在机头安装大型雷达,同时改进了武器系统、火控系统、机载电子设备和动力系统,使之具有较好的中低空作战能力和全天候拦截攻击能力。在歼-8Ⅱ的研制过程中,采用了计算机辅助设计和制造工艺新技术,使这种飞机的研制周期仅用了 17 个月,创造了我国新飞机研制史上进度最快的纪录。

在研究、设计歼-8 的同时,我国还研制了歼-9 和歼-12。由于种种原因,歼-9 的研制于 1980 年全面终止,但歼-9 在研制中取得的许多经验和技术后来成功地被应用于歼-8Ⅱ的研制开发中。歼-12 于 1970 年首飞成功,是迄今为止世界上重量最轻的超声速战斗机,其正常起飞重量只有 4.5 吨。歼-12 因为部分性能不理想最终未能服役。

1988 年,歼轰-7(FBC-1)"飞豹"战斗轰炸机成功首飞。该机是我国完全依靠自己的力量自行研制的双座、双发、多用途、全天候的超声速歼击轰炸机,它填补了我国同类机种的空白。FBC-1 型"飞豹"战斗轰炸机具有作战半径大、攻击威力强、中低空飞行特性好等特点,能携带空空导弹、空舰导弹、航爆炸弹等。该机的主要作战功能是执行对地、对海攻击任务,具有一定的战斗护航能力,可用于攻击敌战役纵深目标,攻击交通枢纽、前沿重要海空军基地、滩头阵地、兵力集结点等战场孤立目标,支持、支援地面和海上作战,还可执行远程截击和对敌大中型水面舰艇的攻击任务。

我国轰炸机也经历了从仿制到自制的过程。1966 年,我国对苏联伊尔-28 改进设计的轻型轰炸机轰-5 首飞成功。1968 年,由苏联图-16 轰炸机改进的高亚声速中程轰炸机轰-6 研制首飞成功,该机是战略轰炸机,有多个改型,能执行常规轰炸和战略轰炸任务。由轰-6 改装的空中加油机,可同时为两架歼-8D 战斗机进行空中加油。1976 年,我国自行研制的水轰-5 首飞成功,这是我国的第一代水上轰炸机。

20 世纪 90 年代以来,我国的军用飞机进入了广泛开展国际合作的新阶段。1990 年,中国和巴基斯坦联合研制的串列双座中级教练机 K-8 首飞成功。K-8 用于全程中级飞行训练,外加部分初级和高级飞行训练,亦能执行一定的对地攻击任务。K-8 成功出口到巴基斯坦、缅甸、赞比亚、纳米比亚等国家。1999 年,埃及和中国签署了购入整条生产线的合同,这是我国第一次向国外输出整架飞机生产线和设计技术。

2003 年,FC-1"枭龙"飞机首飞成功。"枭龙"原被人们称为超 7 型歼击机,是中国航空工业第一集团公司与巴基斯坦合作、双方共同投资研制的先进多用途轻型战斗机。该机达到了第三代战斗机的综合作战效能,同时具有轻小型、低成本的特点,适应现代战争要求和军用飞机的市场需求。"枭龙"是我国第一架全数字化设计的飞机,从签订研制合同到首飞,只用了短短 4 年时间。"枭龙"的首飞成功标志着中国航空工业的设计、制造以及我国研制的部分新型战斗机及整机技术输出能力跃上了新的台阶。我国研发的部分新型战斗机如图 1-20 所示。

歼-11B

歼-15

歼-10

歼-20

图 1-20 我国研制的部分新型战斗机

2003 年 12 月,我国新一代高级教练机"山鹰"首飞成功,填补了我国高级教练机研制技术(特别是在超声速方面)的空白。

2006 年 3 月,我国新一代超声速喷气式高级教练机 L15"猎鹰"首飞成功。L15 具有先进的气动布局、高度综合的航空电子系统、先进的电传控制系统和高密度的结构布局,具有大迎角机动飞行能力和高敏捷性。

2006 年 12 月,我国自主研制的第三代战斗机歼-10 正式公开,是我国第一种鸭式布局战斗机。作为新一代多用途战斗机,歼-10 实现了我国军用飞机从第二代向第三代的历史性跨越,突破了先进气动布局、数字式电传飞控系统、高度综合化航空电子系统和计算机辅助设计等一系列航空关键技术。之后,我国又进一步研制出歼-10B 等改进机型。

继研制成功第三代重型战斗机歼-11B 之后,2012 年我国研制试飞成功首架舰载战斗机歼-15,并在辽宁号航空母舰上成功起降。

歼-20 是我国第一架隐身战斗机,2011 年 1 月首飞成功。我国第四代战斗机歼-20 的问世震惊了世界各国。与美国四代机相比,歼-20 有其特色,如鸭式布局、全动倾斜双垂尾、DSI 鼓包式进气道。

2012 年我国又研制出了与歼-20 配套的双发中型隐身战斗机歼-31。该机采用了 DSI

进气道、倾斜双垂尾,属于第四代战斗机。

此外,我国还研制成功了多个型号的无人侦察机、靶机等。例如,南京航空航天大学研制的"长空一号"靶机,于 1968 年首飞成功,是我国独立研制的第一种多用途喷气式无人机,其性能满足多种要求,如靶机、核试验采样、监控等。

21 世纪我国的无人机技术得到迅速发展,各种无人靶机、无人侦察机(包括长航时无人机)、无人干扰机以及无人作战飞机相继问世,从小型无人机到大型无人机都相继大量装备部队,并且还应用于民用领域。

2) 民用飞机发展历程

在我国以前实行的计划经济体制下,民用飞机发展相对较慢,主要发展运输机,如运-5、运-7、运-8、运-10、运-11 和运-12 等。

1957 年,我国在苏联安-2 飞机的基础上成功制造了第一架小型多用途运输机——运-5。该机采用双翼布局、后三点式起落架、一台活塞发动机,主要用于农林作业、短途运输和航空体育。

1970 年,我国仿照苏联安-24 运输机研制的民用飞机运-7 首飞成功。运-7 采用直上单翼、低平尾,安装两台涡轮螺旋桨发动机,载客量为 52 人,1986 年正式投入国内航线运营。运-7 有多种改型,如运-7-100、运-7-200、运-7-500 等。

1974 年,我国研制的运-8 中型运输机首飞成功。该机装有 4 台发动机,有效载重为 20 吨,可用于货运、邮运、空投、空降等,是我国目前研制并批量生产的较大的运输飞机。该机不断改进和装备新型任务载荷,已生产了 20 多种型号,除主要装备部队外,还有一定数量的飞机进入了民用市场和国际市场。运-8 是一种适合我国国情、用途广泛的机型,为我国国防建设和国民经济的发展做出了巨大的贡献。

1975 年和 1982 年,我国自行设计制造的小型多用途飞机运-11 和运-12 分别首飞成功。运-12 按照美国联邦民用航空适航标准设计、研制,先后取得了国际权威适航机构英国 CAA、美国 FAA 的适航证。运-12 是我国民用飞机的主要出口机种之一。

1980 年,我国自行研制的第一架大型喷气式客机运-10(见图 1-21)首飞成功,该机按旅游、混合、经济 3 种布局分别为 149 座、124 座、178 座,试飞最远不着陆航程 3600 km。运-10 是我国 20 世纪研制的唯一的大型喷气式客机,它的问世比世界先进大型喷气式飞机的出现虽然晚了多年,但在研制技术上缩短了我国与世界先进国家大型飞机研制技术的差距。遗憾的是,由于各种复杂的因素,运-10 未能投入民航运行,于 1985 年停止研制。

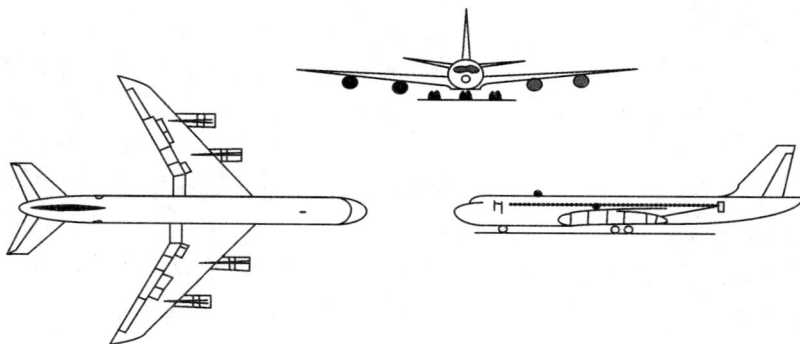

图 1-21 我国研制的大型喷气式客机(运-10)

改革开放以来，中国的民用飞机工业开始了广泛的国际合作，民用飞机中的通用飞机也逐渐发展，其巨大的市场潜力越来越引起人们的重视。我国近期将重点进行支线飞机和通用飞机的研制，并开始了大型干线客机的研制计划。

在运-10项目中止之后，我国大型喷气式客机领域转向国际合作。1985年中美双方签署了合作生产25架MD-82飞机协议，后来共生产了35架MD-82和MD-83飞机，其中5架返销美国。1995年，中国与美国麦道公司进一步合作计划生产20架MD-90飞机，国产化率达70%，后来因为麦道公司与波音公司合并而中止合作，最后实际只生产了2架。自运-10之后，我国很长时间都没有再研制大型客机，而是全部购买波音和空客等国外产品。目前我国共有数百架干线客机，其中空客占有大约20%的份额，波音占有大约60%的份额。

运-10项目中止20多年后，2007年2月26日，国务院常务会议听取了大型飞机重大专项领导小组关于大型飞机方案论证的工作汇报，批准大型飞机研制重大科技专项正式立项，同意组建大型客机股份公司。大飞机项目不仅将振兴我国的民用航空工业，而且将带动相关产业的技术升级。2008年5月正式在上海成立了中国商用飞机有限责任公司，预计不久的将来我国将拥有自己的大型客机。

1993年，在运-7飞机的基础上开发研制的新舟-60涡轮螺旋桨支线客机首飞成功。该机是严格按照国际标准进行设计、生产和试飞验证的新型支线客机，可载客50～60人。2000年改进的新舟-60和2008年改进的新舟-600舒适美观、价格低廉，国内外运用前景都比较广阔。

我国完全拥有自主知识产权的国产新型涡扇支线客机ARJ21已完成研制阶段，该机是我国首架全数字化设计的民用飞机。ARJ2K是71～90座级涡扇飞机，在设计时以未来西部格尔木机场和当时拟建中的旅游热点九寨黄龙机场作为设计的临界条件，能很好地适应西部的高原环境。2008年11月28日，ARJ21-700在上海首飞成功。

为了发展我国的民用飞机事业，2008年5月11日我国成立了中国商用飞机有限责任公司。该公司在研制ARJ21-700客机的同时，也已开始自主设计研制我国新一代干线客机C-919，计划推向国内外民航市场。

2013年1月26日我国自主设计研制的新一代大型军用运输机运-20试飞成功。该机最大起飞重量为220吨，具备战略空运能力，可作为人员、重型武器、预警机、加油机的大型空中平台。

随着我国经济的发展和西部大开发的深入，我国通用飞机市场渐渐活跃起来，但是我国目前的通用飞机工业仍很薄弱。据中国民用航空总局航空器适航司统计，截至2002年底，我国通用类飞机仅为500多架，小型通用飞机更是寥寥无几。目前我国国产通用飞机主要有运-5、运-12和农-5等，以及国外的一些产品。

2003年，我国拥有自主知识产权的4～5座轻型多用途飞机小鹰500飞机首飞成功，填补了国产私人公务机的空白。

2004年12月，由南京轻型飞机股份有限公司利用南京航空航天大学的设计技术进行研制的AC500"空中轿车"式轻型飞机首飞成功。该机型的研制开发技术填补了我国6座公务机的技术空白。

1985 年 8 月试飞成功的 AD100 旅行者飞机是南京航空航天大学与美国艾达索公司合作研制的单座超轻型飞机。它大量采用复合材料，是我国第一种鸭式布局飞机。南京航空航天大学研制的 AD200 飞机，是一种轻型多用途双座飞机。它严格按照中国民用航空规章 CCAR-21 和 CCAR-23 设计和制造，并且已经取得了中国民用航空总局颁发的"型号设计批准书"和"生产许可证"。AD200 飞机不仅易于驾驶，而且也易于维护。

近年来，在我国开放的通用航空空域计划指导下，新型通用飞机正在快速发展。

3）直升机发展历程

我国的直升机工业起步于 20 世纪 50 年代后期，经历了从仿制逐步过渡到自行研制的过程，即从转包生产、改进改型、国际合作研制到自主设计制造。

1958 年 12 月 14 日，直-5 首飞成功，其原型为苏联米-4 直升机。这是我国制造的第一架多用途直升机，也是我国直升机科研应用的开端。直-5 可用于物资和人员的输送、救生以及边境巡逻等。

1969 年 12 月 15 日，直-6 首飞成功，它是我国第一架采用涡轮轴发动机的多用途直升机。该机 1977 年设计定型，共生产了 15 架，后由于技术原因，未能继续生产。由南京航空航天大学研制的延安 2 号是我国第一架自行设计并试飞成功的轻型直升机。1975 年 9 月首飞，共制造了 3 架，没有定型生产。

1989 年 12 月 11 日，我国第一架中型多用途直升机直-8 首飞成功，1994 年设计定型。该机系仿制法国航宇工业公司研制的 SA321"超黄蜂"大型多用途直升机，为适应水上用途，采用船形机身和水密舱，两侧有固定水陆两用短翼浮筒，可以进行水上起降。直-8 主要用于运输、救护和反潜等。

1980 年 10 月我国正式引进法国 SA365N1"海豚"直升机专利并开始生产直-9，1982 年完成了首架机的装配。1992 年 1 月 16 日，第一架国产化的直-9 成功首飞。直-9 轻型多用途直升机具有结构重量轻、有效载荷大、性能先进等特点，可延伸研制出多种型号，可用于人员运输、近海支援、海上救护、空中摄影、海上巡逻、鱼群观测、护林防火等，并可作为舰载机运用，军事用途包括侦察、近距火力支援、反坦克、搜索救护、反潜、侦察及通信，如著名的武直-9。

1998 年我国开始研制新型武装直升机直-10。该机 2009 年公开并装备部队。该机采用了数字化航电系统和电子战系统，使用可吸收雷达波的复合材料结构，具有一定的隐身性能。

1994 年我国以法国"松鼠"直升机为蓝本自行设计的轻型多用途直升机直-11 首飞，1996 年通过国家技术鉴定。直-11 机身结构广泛采用复合材料，具有结构简单、机动灵活、运用方便、安全可靠的特点，可用于飞行训练、空中侦察、空中巡逻、通信指挥、人员运输、救护、旅游观光、森林防火等，是军民通用的轻型直升机。

我国西部地形复杂，气候多变，多高山峻岭，交通条件落后。随着西部大开发的进行，西部地区有可能成为中国最大、最早成熟起来的直升机市场。直升机垂直起降、空中悬停的独特的机动飞行能力特别适合在复杂的环境中运用。随着安全、运输、救援等需求的发展，我国需要大量直升机。目前全世界有民用直升机 2.4 万多架，平均每百万人拥有 3.9 架，而中国目前民用直升机平均每百万人仅有 0.07 架，因此，其需求与发展前景巨大。

第 2 章　飞机飞行原理

飞行器为什么能飞行于天际或遨游于太空，这是飞行原理所要阐明的问题。飞机飞行中的受力示意图如 2-1 所示。从力学的观点来看，阻碍飞行器飞行的力主要有两种：一是地球的吸引力，这种力试图将飞行器拉回地面；二是空气的阻力，这种力试图阻碍飞行器向前运动。不同的飞行器克服这两种阻碍的方法则不同。航空器借助空气动力产生的升力来克服地球的引力，依靠发动机推力克服相对气流的阻力；航天器依靠惯性离心力克服地球的吸引力，由于是在真空或接近真空中飞行，空气阻力很小，依靠惯性便可向前运动；火箭和导弹主要依靠喷气产生的反作用力来克服地球的引力和空气阻力。

图 2-1　飞机飞行中的受力示意图

可见，飞行器飞行原理的差别与各自所处的飞行环境密切相关。因此，本章首先介绍飞行器的飞行环境。

2.1　飞 行 环 境

飞行器的飞行环境包括大气环境和空间环境。大气环境是航空器的唯一飞行环境，也是火箭和导弹的主要飞行环境；空间环境是航天器的主要飞行环境。在大气环境中，空气密度、温度、天气等因素对航空器飞行的影响很大；而在空间环境中，各种电磁辐射、高能粒子辐射、等离子体、微流星体等是航天器飞行的主要影响因素。

古希腊哲学家亚里士多德曾经提出，地球是由水、气、火、土四种物质构成的，而处于外层的宇宙由第五种物质——"以太"构成。实际上地球周围确实包围着一层大气，但是大气层以外的宇宙空间却并非由"以太"组成。随着科学技术的发展，人们对包围地球的这层空气有了深入且正确的认识。人们根据大气的某些特性，把大气层分为对流层（变温层）、平流层（同温层）、中间层（高空对流层或上对流层）、电离层（热层）和散逸层（外层），如表 2-1 所示。大气的绝大部分质量集中在对流层和平流层这两层大气内，目前大部分的航空器也只在这两层内活动。

表 2 - 1　大 气 的 分 层

层次	高度	特　点	形成原因
对流层	低纬 17~18 km 中纬 10~12 km 高纬 8~9 km	气温随高度的增加而递减，平均每上升 100 m，气温降低 0.6℃；空气存在水平运动和垂直运动；天气现象复杂多变，不利于飞行器的飞行；包含了大气层质量的 3/4，大气气体密度最大，大气压力也最高	对流层大气的热量直接来自地面，因此离地面越高的大气受热越少，气温越低；对流层上部冷、下部热，有利于空气的对流运动(热空气密度小可以被周围冷空气"浮"起来，形成对流)
平流层	从对流层顶到 51~55 km 高度的范围	气温起初不随高度变化或变化很小，高度为 30 km 以上时气温随高度增加而迅速上升；包含大气质量的约 1/4；上部热、下部冷，大气稳定，不易形成对流，以水平运动为主；水汽含量极少，能见度好，天气晴朗，对高空飞行有利；目前的喷气式客机通常都在对流层顶到平流层内飞行	平流层气温基本上不受地面的影响，高度为 30 km 以上时，平流层的臭氧层中的臭氧能大量吸收太阳紫外线而使气温升高
中间层	从平流层顶到 85 km 高度的范围	气温随高度增加而迅速降低；上部冷、下部暖，空气的垂直对流运动相当强烈；载人的高空飞行器可以达到这一层的底部，不载人的气球可以更高一些	这一层几乎没有臭氧吸收太阳紫外线，因此热量主要来自平流层，离平流层越高的大气，受热越少，气温越低
电离层	从中间层顶到 800 km 高度的范围	气温随高度增加上升很快；大气处于高度电离状态	该层中的大气物质(主要是氧原子)吸收了所有波长小于 0.175 μm 的太阳紫外线
散逸层	电离层顶以上的大气	一些高速运动的空气质点经常散逸到星际空间去，是地球大气向星际空间过渡的层次	受地球引力场的束缚很弱

2.2　飞 行 原 理

　　航空器要克服自身的重力才能升空飞行，而要克服重力，通常需要依靠空气产生的升力。使空气动力飞行器产生升力的本质是其上下投影面之间的压强差，如飞机机翼的下翼面平均压强比上翼面大，因此合力向上，这个合力就是所谓的升力。空气静力飞行器的升力是空气浮力。空气动力飞行器的升力比较复杂，在介绍其之前，先要掌握空气流动的几条重要规律。这几条规律是了解空气动力飞行器飞行原理的前提和基础。

2.2.1　空气流动基本规律

1. 空气相对运动原理

空气相对运动原理是指当空气不动、飞机飞行时，作用在飞机上的空气动力和飞机不动、空气吹过时作用在飞机上的空气动力是等效的。

空气相对运动原理给研究问题带来很大的方便。在研制新型飞机的时候,需要确定作用在飞机上的空气动力的大小和分布。由于这时飞机还没有造出来,不可能去天上飞,只能根据空气相对运动的等效原理,将飞机的模型安放在风洞中,当风洞中高压气流的风速和飞机实际的飞行速度相同时,模型的受力情况就和飞机相同。通过研究模型的受力,就可以近似确定飞机的受力情况了。这就是风洞实验的原理。

2. 流体流动的连续性定理(质量守恒定律)

我们应该都有这样的两个经验:① 在河道深而宽的地方,水流平缓,在河道浅而窄的地方(截面积小),水流急速;② 两山之间狭窄的隘口或两座高楼之间,往往成为疾风口。这是什么原因呢?

下面的管道实验可以很形象地回答这个问题,如图 2-2 所示。液体和气体都属于流体,其流动特性有许多共同之处,因此人们用流动的液体来代替气体进行实验。在一个容器中充满液体,把进口和出口的开关同时打开,让液体从容器中经过剖面大小不等的管道流出,同时保持容器内液体表面的位置不变。这时流体的流动是不随时间而变化的,是稳定的。如果流动的速度不太高,那么可以认为流体是不可压缩的,即在流动过程中流体密度不发生变化。同时流体也不会中断,维持连续流动。这样在单位时间内流过管道内不同剖面处的流体质量应该相同,否则有的地方必然产生堆积或出现流体中断。若单位时间内流过剖面 F_1 处的流体质量为 m_1,流过 F_2 处的质量为 m_2,流过 F_3 处的质量为 m_3,于是有

$$m_1 = m_2 = m_3 = \text{const}(常数)$$

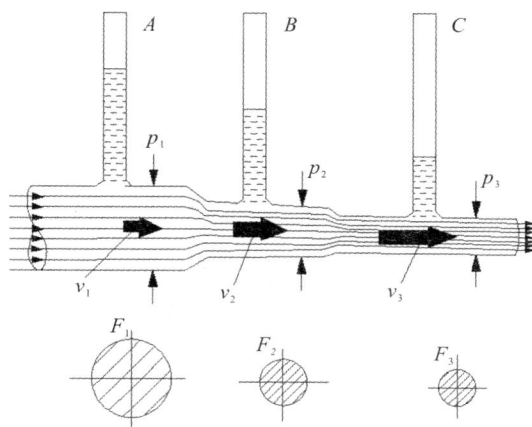

图 2-2　管道实验

如果用 m 表示单位时间内流过的流体质量,ρ 表示流体密度,v 表示流体流过的速度,S 为管道剖面面积,l 为时间 t 内流体流过的路程,M 表示这段流体的质量,则有

$$m_1 = \frac{M_1}{t} = \frac{\rho_1 (S_1 l_1)}{t} = \frac{\rho_1 S_1 v_1 t}{t} = \rho_1 S_1 v_1$$

$$m_2 = \rho_2 S_2 v_2$$

$$m_3 = \rho_3 S_3 v_3$$

因为假设了流体不可压缩,所以 $\rho_1 = \rho_2 = \rho_3$,于是有

$$S_1 v_1 = S_2 v_2 = S_3 v_3 = \text{const} \qquad (2-1)$$

该式称为连续性方程，其实质是质量守恒定律。

由此可得低速流体连续性定理为：低速流体以稳定的流速在管道内流动时，管道剖面小的地方流速大，而管道剖面大的地方流速小。即 $S_1 > S_2 > S_3$ 时，$v_1 < v_2 < v_3$。

3. 伯努利定理(能量守恒定律)

如果你经常观看足球比赛的话，一定见过罚前场直接任意球。这时候，通常是防守方五六个球员在球门前组成一道人墙，挡住进球路线。进攻方的主罚队员，起脚一记劲射，球"绕"过人墙，眼看要偏离球门飞出，却又沿弧线拐过弯来直入球门，让守门员措手不及，眼睁睁地看着球进了大门。这就是颇为神奇的"香蕉球"。为什么足球会在空中沿弧线飞行，这正是伯努利定理在起作用。

在图 2-2 流体实验装置中，不同剖面的管道上装有液体压强计，从压强计内液面的高低可以读得粗细不同的管道内流体静压的大小。实验表明，在管道剖面大的地方，流体的静压也大，在管道剖面小的地方静压也小。用 p 表示静压，于是上述关系定性表示为：若 $S_1 > S_2 > S_3$，则 $v_1 < v_2 < v_3$ 且 $p_1 > p_2 > p_3$。

1738 年，瑞士物理学家伯努利首先导出不同剖面的管道内流体的流速和静压的定量关系，即有

$$p_1 + \frac{1}{2}\rho_1 v_1^2 = p_2 + \frac{1}{2}\rho_2 v_2^2 = p_3 + \frac{1}{2}\rho_3 v_3^2 = \text{const}$$

或

$$p + \frac{1}{2}\rho v^2 = p_0 \qquad (2-2)$$

该式称为伯努利方程，这是升力原理的基本方程，也是风速管的测速原理。式中，p_0 为总压；$\rho v^2 / 2$ 为动压，伯努利方程的实质是能量转化和守恒定律，即静压代表的势能和动压代表的动能之间可以相互转化，但它们的总量保持不变。

由伯努利方程可得到伯努利定理：对于低速流体，流速越大，压强越小；流速越小，压强越大。

足球运动员罚"香蕉球"的时候，并不是拔脚踢足球的中心，而是稍稍偏向一侧，同时用脚背摩擦足球，使球在空气中前进的同时还不断地旋转。这时，一方面空气迎着球向后流动，另一方面由于空气与球之间的摩擦，球周围的空气又会被带着一起旋转。这样，球一侧空气的流动速度加快，而另一侧空气的流动速度减慢。由于足球两侧空气的流动速度不一样，由伯努利定理可知它们对足球所产生的压强也不一样。足球在空气压力差的作用下，被迫向空气流速大的一侧转弯。乒乓球比赛中，运动员在削球或拉弧圈球时，球的路线会改变，其道理与"香蕉球"一样。

伯努利定理在日常生活中也很容易观察到，比如两艘船之间要有安全距离的限制。如果两艘船靠得太近，两艘船之间的水道由于突然变窄水流加速，水压减小，两船在外侧的水流相对较大的水压作用下，容易自动靠拢而发生碰撞。大风吹过的时候屋顶被掀开，也是同样的道理。

4. 低速和高速气流的管道流动的特点

由低速流体的连续性方程和伯努利方程可知：当管道收缩时，气体的流速增加，压强(静压)减小；当管道扩张时，气体的流速减小，压强(静压)增加。

但是，如果管道扩张得太快，气流将产生分离，不再紧贴着管壁流动。气流沿管道扩张的方向由于流速减小，压力是逐渐升高的，称为逆压梯度。靠近管道壁面的一层很薄的空气层(称为附面层)由于摩擦，消耗了动能。因此在逆压梯度的作用下，附面层内的空气会停止流动甚至倒流，就像筋疲力尽的旅行者逆着大风前行，最终会走不动。低速机翼的绕流特性如图 2-3 所示。

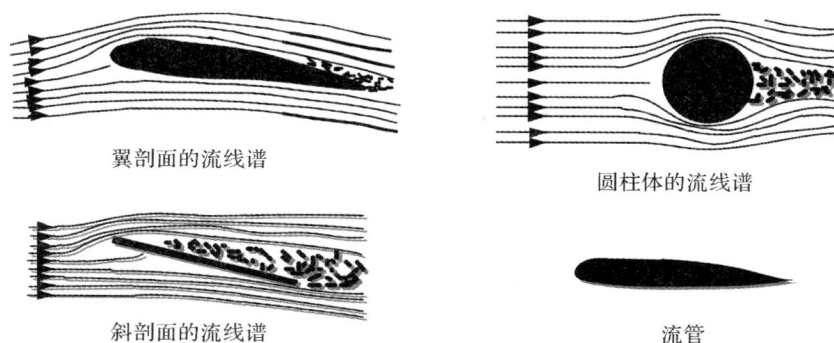

翼剖面的流线谱

圆柱体的流线谱

斜剖面的流线谱

流管

图 2-3　低速机翼的绕流特性

气流分离后的区域内充满了杂乱无章的旋涡，这些旋涡的旋转动能很大，最终由于黏性摩擦耗散掉。能量的耗散使分离区内的压强(压力能)降低，这就是压差阻力产生的原因。在河道突然变宽的地方，靠近两岸的水流产生旋涡，也是同样的道理。

超声速气流的管道流动特点与低速气流相反：当管道收缩时，气体的流速减小，压强增大；当管道扩张时，气体的流速增加，压强减小。

高速气体要考虑压缩性，因为密度不再是恒定不变的。高速气流的密度变化对气流规律影响很大，甚至会完全改变气流规律，这是高速气流与低速气流的根本区别。

根据低速气流和高速气流的管道流动不同特点可知，要使亚声速气流变成超声速气流，管道除了沿气流方向要有一定的压力差外，还必须具有一定的管道形状，即采用先收缩后扩张的拉瓦尔喷管，如图 2-4 所示。管道直径最小的地方称为喉道，当亚声速气流流经管道时，在喉道的左边随管道面积的减小而流速加快，在喉道处达到声速。气流经过喉道后，按超声速气流的流动特点继续流动，随着管道截面积的增大流速继续增加。

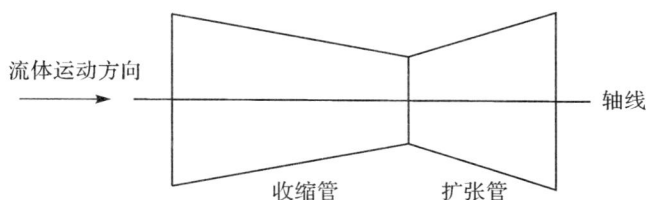

流体运动方向

轴线

收缩管　　扩张管

图 2-4　拉瓦尔喷管

2.2.2　飞机飞行原理

本节介绍机翼的种类、结构以及参数，在此基础上阐述飞机上空气动力的成因和变化规律，即飞机飞行的基本原理。

如前所述,飞机要飞起来,必须克服地球的引力(即重力)和空气的阻力,引力由升力克服,阻力由发动机的推力克服,如图2-5所示。综合来看,飞机共受到3种不同力的作用:① 地球的引力,即重力;② 发动机的作用力,即推力;③ 空气的作用力,即空气动力,包括升力和阻力。由于机翼是产生升力的主要部件,因此先简单介绍机翼,进而介绍作用在飞机上的空气动力。

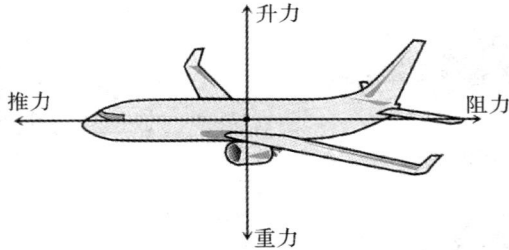

图 2-5 飞机飞行时的受力图

机翼的几何形状包括机翼的平面形状和翼型,翼型是指机翼的横剖面。机翼的种类及几何形状如图2-6所示。

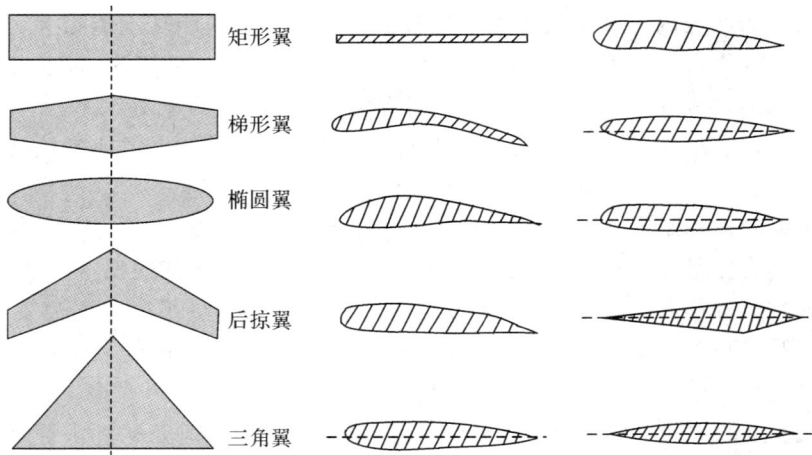

图 2-6 机翼的种类及几何形状

1. 机翼翼型及其参数

机翼翼型上常见的几何参数(见图2-7)有最大厚度、最大弯度等。其重要参数如表2-2所示。

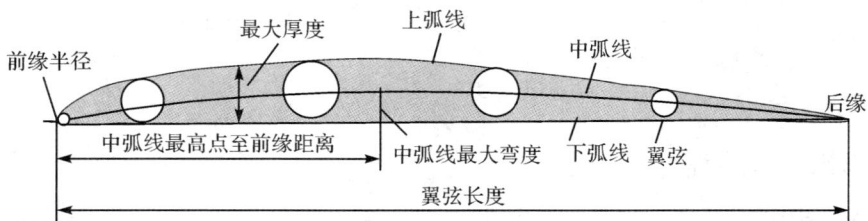

图 2-7 翼型参数

表 2-2 翼型上的重要参数

序号	参数名称	参 数 含 义
1	翼型厚度(c)	上下翼面在垂直于翼弦方向的距离,其中最大者称为最大厚度 c_{max}
2	中弧线	翼型厚度中点的连线
3	翼型弯度(f)	中弧线与翼弦(翼型前缘点与后缘点间的连线)之间的最大距离 f_{max}
4	相对厚度($\bar{c}$)	翼型最大厚度(c_{max})与翼弦长度(b)的比值 $\bar{c} = c_{max}/b$
5	相对弯度($\bar{f}$)	翼型最大弯度(f_{max})与翼弦长度(b)的比值,$\bar{f} = f_{max}/b$,如果相对弯度为零,则中弧线和翼弦重合,称为对称翼型

2. 机翼平面形状参数

机翼上几个重要的平面形状参数有展弦比、尖梢比、后掠角、上反角或下反角等,其中上反角和下反角参数如图 2-8 及图 2-9 所示。机翼平面参数如表 2-3 所示。

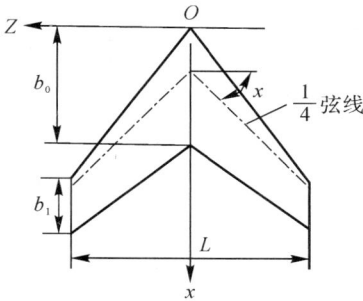

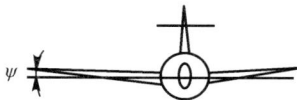

图 2-8 机翼上反角平面形状参数　　图 2-9 机翼下反角平面形状参数

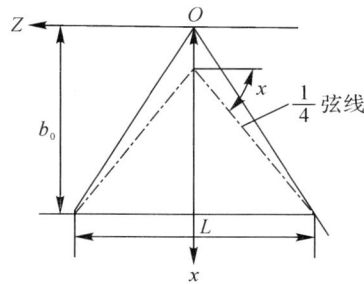

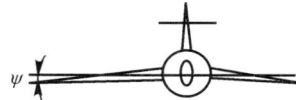

表 2-3 机翼平面参数

序号	参数名称	参 数 含 义
1	展弦比(λ)	翼展(L)的平方除以机翼面积,$\lambda = L^2/s$。翼展是指机翼左、右翼尖之间的距离
2	尖梢比(η)	翼尖弦长 b_1 与翼根弦长 b_0 的比值 $\eta = b_1/b_0$
3	后掠角(x)	机翼与机身轴线的垂线之间的夹角。后掠角又包括前缘后掠角(x_0)、后缘后掠角(x_1)、$\frac{1}{4}$弦线后掠角($x_{\frac{1}{4}}$)。如果飞机的机翼向前掠,则后掠角就为负值,变成了前掠翼
4	上反角或下反角(ψ)	飞机处于水平状态时,机翼与水平面的夹角。机翼向上为上反角,向下为下反角

3. 作用在飞机上的空气动力

飞机飞行的过程中，空气对物体的作用力称为空气动力（R）。机身上的空气动力 R 包括升力 Y 和阻力 Q 两部分。很显然，人们总是希望飞机的升力大，阻力小，即升阻比 $K(K=Y/Q)$ 越大越好。机身的升力主要来自机翼，而阻力是由整架飞机的所有外露部分（包括机身、机翼、尾翼、起落架、外挂物等）共同产生的。

1）升力

机翼产生升力的关键在于机翼的形状和迎角。机翼的前端圆钝，后端尖锐。空气迎面接近机翼时，沿着机翼的前端分为两部分，一部分绕过前缘沿着机翼上表面向机翼后方流动，另一部分沿着机翼下表面流过。这两部分空气最后在机翼后缘的后方会合，恢复到平行均匀流动的状态。

在气流流动的过程中，由于有弯度的翼型上表面凸起较多而下表面凸起较少（有的翼型甚至是凹的），加上机翼有一定的迎角，使气流流过翼型上表面的管道面积比流过翼型下表面的管道面积小，翼型上表面的空气流速比下表面大。低速时由伯努利定理可知，翼型上表面的静压比翼型下表面的静压小，所以上、下翼面之间产生一个压力差，这个压力差在垂直于气流方向上的分量就是机翼产生的升力（见图 2-10）。

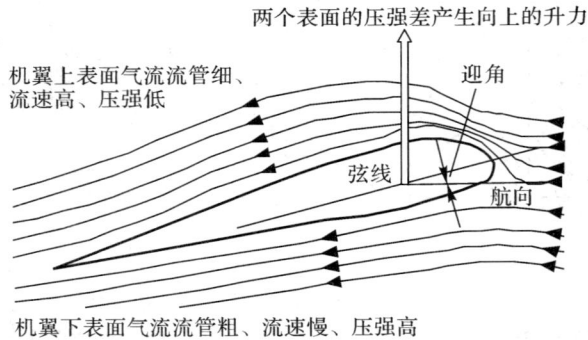

图 2-10　翼型升力的产生

作用在机翼上的力并不像图示那样是作用在一点的集中力，而是分布在整个机翼表面。通过实验和理论研究，提出如下升力公式用来计算飞机升力的大小，即

$$Y = C_y \left(\frac{1}{2} \rho v^2 \right) S \tag{2-3}$$

式中：$\frac{1}{2} \rho v^2$ 为动压，它与飞机所具备的能量有关，其中 ρ 为飞行高度处的空气密度，v 为飞机相对于空气的飞行速度；S 为机翼的投影面积；C_y 称为升力系数，与机翼的形状以及迎角的大小有关，由风洞实验测定。

对于某一种翼型，可由实验得出一条升力系数与迎角的关系曲线，如图 2-11 所示。曲线中的升力系数等于零时的迎角称为零升力迎角。对于不对称翼型，零升力迎角一般为负；对于对称翼型，零升力迎角就等于零度。升力系数随着迎角的增大而增大，达到最大值 $C_{y\max}$ 时的迎角为失速迎角。当迎角超过临界迎角后，升力系数就很快下降，这是因为迎角过大，机翼上表面的气流不能维持平滑的流动，气流绕过前缘点很快就开始分离，产生杂乱无章的流动（称为紊流），使机翼上表面的压力加大，升力很快下降。这种现象叫作"失速"，如图 2-12 所示。

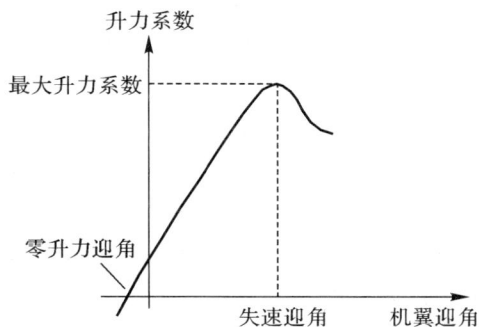

图 2-11 升力系数与迎角的关系曲线

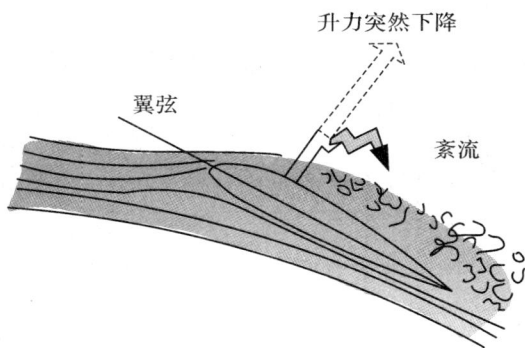

图 2-12 失速示意图

在失速之前，机翼升力系数与迎角呈线性比例关系，以 C_y^a 表示比例系数（升力线斜率），则 $C_y = C_y^a \alpha$。升力的大小可以进一步表示为

$$Y = C_y^a \alpha \left(\frac{1}{2} \rho v^2 \right) S \tag{2-4}$$

由升力公式可以得到如下增加升力的主要措施：① 利用增升装置增加机翼面积 S；② 利用增升装置增大翼型弯度以增加升力线斜率 C_y^a；③ 利用增升装置改善气流，即延缓附面层的气流分离，增大失速迎角。机翼上常用的增升装置主要有各种襟翼和前缘缝翼，如图 2-13 所示。

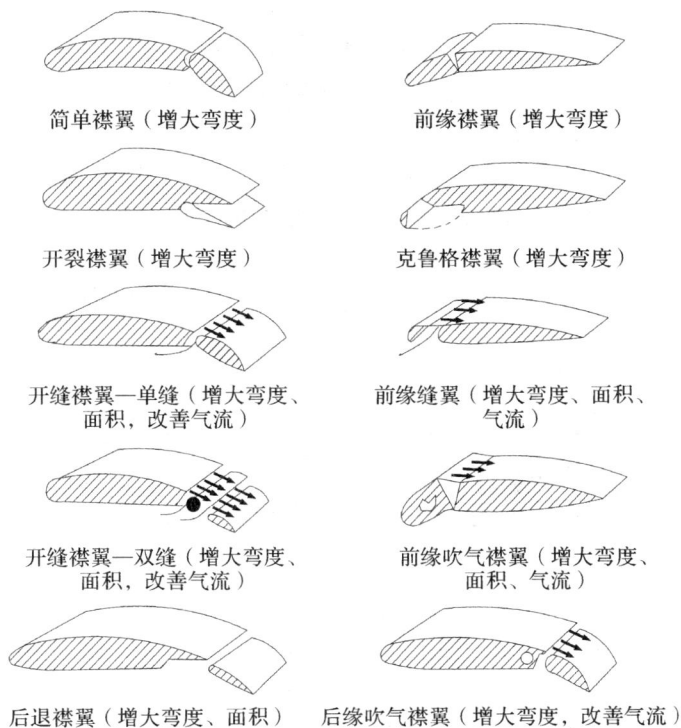

简单襟翼（增大弯度）

前缘襟翼（增大弯度）

开裂襟翼（增大弯度）

克鲁格襟翼（增大弯度）

开缝襟翼—单缝（增大弯度、面积，改善气流）

前缘缝翼（增大弯度、面积、气流）

开缝襟翼—双缝（增大弯度、面积，改善气流）

前缘吹气襟翼（增大弯度、面积、气流）

后退襟翼（增大弯度、面积）

后缘吹气襟翼（增大弯度，改善气流）

图 2-13 各种襟翼和前缘缝翼及增升原理

(1) 简单襟翼。简单襟翼的形状与副翼相似,其构造比较简单。简单襟翼向下偏转时,相当于增大了机翼翼型的弯度,从而使升力增大。简单襟翼能使升力系数增大 65%~75%。

(2) 分裂襟翼。分裂襟翼也称为开裂襟翼,是紧贴于机翼后缘下表面的一块薄板。分裂襟翼向下偏转时,在后缘与机翼之间形成一个低压区,对机翼上表面的气流有吸引作用,使气流流速增大,从而增大了机翼上下表面的压强差,使升力增大。除此之外,襟翼下放后,也增大了机翼翼型的弯度,同样可提高升力。这种襟翼一般可把机翼的升力系数提高 75%~85%。

(3) 开缝襟翼。开缝襟翼有单缝和双缝两种,均由简单襟翼改进而成,除了具有简单襟翼的增升效果以外,还具有前缘缝翼的增升效果。因为在开缝襟翼与机翼之间有一道缝隙,下面的高压气流通过这道缝隙以高速流向上面,延缓气流分离,从而达到增升目的。开缝襟翼的增升效果较好,一般可使升力系数增大 85%~95%。

(4) 后退襟翼。后退襟翼平时作为机翼后缘的一部分。在运用时,后退襟翼一边向下偏转一边向后移动,既加大了机翼翼型的弯度,又增大了机翼面积,从而使升力增大。此外,它显然还具有开裂襟翼的增升效果。这种襟翼的增升效果比前 3 种襟翼(均属于后缘襟翼)都好,一般可使翼型的升力系数增加 110%~140%。

(5) 前缘襟翼。后缘襟翼移到机翼的前缘,就变成了前缘襟翼。前缘襟翼可以看作是可偏转的前缘。在大迎角下,前缘襟翼向下偏转,前缘与气流之间的角度减小,使翼型上部分的气流流动比较光滑,避免发生局部气流分离,同时也可增大翼型的弯度。前缘襟翼与后缘襟翼配合运用可进一步提高增升效果。

(6) 克鲁格襟翼。克鲁格襟翼与前缘襟翼作用相同,一般位于机翼前缘根部,靠作动筒收放。克鲁格襟翼打开时,伸向机翼下前方,既增大机翼面积,又增大翼型弯度,具有较好的增升效果,同时构造也比较简单。

(7) 前缘缝翼。前缘缝翼是安装在机翼前缘的一段或者几段狭长小翼,靠延缓气流分离以增大失速迎角来增加升力(见图 2-14)。前缘缝翼打开时与机翼前缘表面形成一道缝隙,下翼面压强较高的气流通过这道缝隙得到加速而流向上翼面,增大了上翼面附面层中气流的速度,消除了这里的分离旋涡,从而延缓了气流分离,避免了大迎角下的失速,使得升力系数提高。

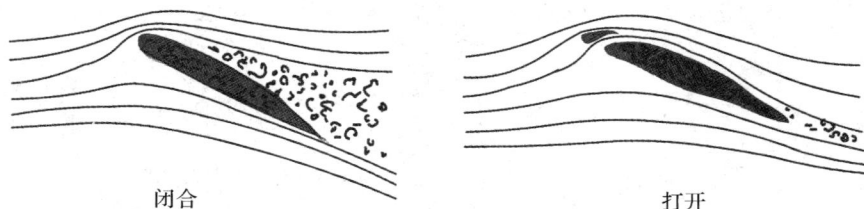

闭合　　　　　　　　　　　打开

图 2-14　前缘缝翼的增升原理

2) 阻力

飞机飞行时除了受到升力 Y 以外还受到与飞行方向平行且方向相反的阻力 Q。飞机上不但机翼会产生阻力,其他部分如机身、起落架、尾翼等都会产生阻力。现代飞机在巡航飞行时，机翼阻力占总阻力的 25%～35%。

通常，飞机飞行时应该尽可能减小阻力，但有时也需要利用阻力。例如，当歼击机同敌机在空中格斗时，为了提高机动性，有时突然打开阻力板（又叫做减速板）来迅速增大阻力，降低速度绕到敌机后方有利位置进行攻击。另外，某些高速飞机在着陆时依靠减速板和阻力伞来缩短滑跑距离。

阻力同升力一样，也是总空气动力的一部分，所以同样可以得出阻力公式为

$$Q = C_x \left(\frac{1}{2} \rho v^2 \right) S \tag{2-5}$$

式中：C_x 为阻力系数，与飞机形状、迎角大小、飞机表面的粗糙程度等因素有关，由风洞实验测定；S 为飞机的面积。

低速飞行时飞机上的阻力包括摩擦阻力、压差阻力、诱导阻力和干扰阻力。跨声速和超声速飞机上除具有上述 4 种阻力外，还会产生激波阻力，简称波阻。其中诱导阻力是由升力引起的，升力为零，则诱导阻力也为零。摩擦阻力、压差阻力、干扰阻力和激波阻力在升力为零时依然存在，并不是由升力诱导产生的，故也称为零升阻力。阻力系数可以表示为零升阻力和诱导阻力之和，即

$$C_x = C_{x_0} + k C_y^2$$

（1）摩擦阻力。当气流流过飞机表面时，由于黏性，空气与飞机表面发生摩擦而产生的阻力叫作摩擦阻力。

如图 2-15 所示，靠近机翼表面的空气附面层中，气流的流动情况有两种：附面层的气流各层不相混杂而呈分层流动（叫作层流附面层）；层流附面层后面的气流的活动转变为杂乱无章（叫作湍流附面层）。层流转变为湍流的那一点叫作转折点。

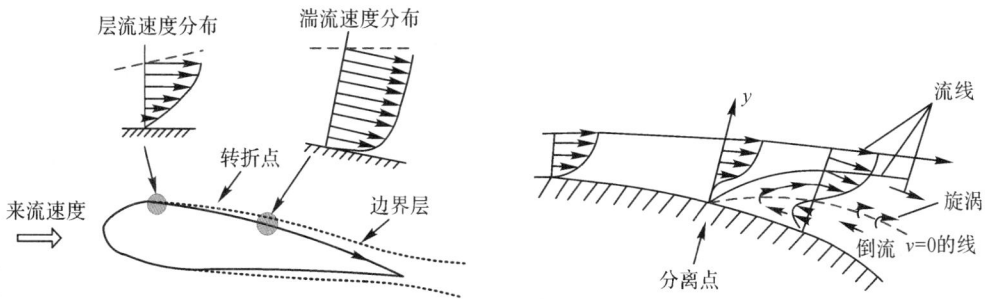

图 2-15　翼型表面的空气流动

虽然湍流附面层内空气微团的运动是紊乱的，但是整个附面层仍然紧贴在机翼表面流动。在湍流附面层之后，如果附面层脱离了翼面，则会形成大量的宏观旋涡。附面层开始分离的那一点叫作分离点。

附面层内的摩擦阻力同气流的流动情况有很大关系。实践证明，层流附面层的摩擦阻力小，而湍流附面层的摩擦阻力大。因此，应尽可能在机翼和飞机其他部件表面保持层流流动。由于层流翼型上部分的层流附面层的区域比一般翼型要大，所以它的摩擦阻力要小得多。

为了降低飞机的摩擦阻力，除了尽可能减小飞机的表面积和使飞机表面尽量光滑外，

还需考虑机翼、机身、尾翼的表面形状。

(2) 压差阻力。运动的物体由于前后的压强差所产生的阻力称作压差阻力。飞机上的压差阻力是由于气流分离产生的。

如果把一块平板垂直地竖立在气流中，它后面的气流分离区形成了很多旋涡，压强减小，而平板前面的空气由于受到压缩，压强很大。平板前后形成巨大的压强差，从而产生巨大的压差阻力。

压差阻力的大小同物体的迎风面积有关。所谓迎风面积，就是物体上垂直于气流方向的最大截面面积。从经验得知物体的迎风面积越大，压差阻力也就越大。如果把平板平行地放在气流中，则产生的压差阻力就微乎其微。

压差阻力的大小还与物体的形状有关，如图 2-16 所示。

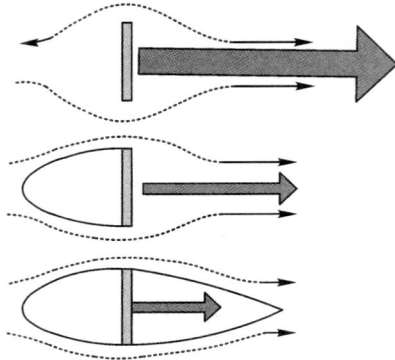

图 2-16   不同形状物体的压差阻力

为了减小机翼的压差阻力，应该尽量采用流线型的翼型。流线型翼型之所以能大幅度降低压差阻力，实际上是因为流线型翼型的头部占据了平板前面气流滞止所形成的高压区，同时流线型翼型的尾部又填满了物体后面气流分离后充满旋涡的低压区，使气流能平滑地流过物体表面来降低物体前后的压力差。

为了降低压差阻力，飞机的迎风面积要尽可能小，同时所有飞机部件都要加以整流形成流线型形状。

(3) 诱导阻力。机翼上的摩擦阻力和压差阻力合称为翼型阻力，简称型阻。除翼型阻力外，机翼上还有诱导阻力，这是机翼所独有的一种阻力(当然，尾翼上也有)。因为这种阻力是伴随着机翼上升力的产生而产生的，所以也可以说诱导阻力是为了产生升力而付出的一种"代价"。

当飞机巡航飞行时，下翼面压强大，上翼面压强小，由于机翼翼尾长度有限，上、下翼面的压强差使得气流从下翼面绕过两端翼尖，向上翼面流动。当气流绕过翼尖时，在翼尖处不断形成旋涡。这种旋涡，从飞机的正前方看去，右边(飞机的左机翼)是逆时针方向的，左边(飞机的右机翼)是顺时针方向的。旋涡可以带动四周的空气随之旋转，离旋涡中心越近，旋转越快；离旋涡中心越远，旋转越慢。空气由旋涡带动而具有的速度称为诱导速度。机翼上气流除了向后流去的速度外，还具有旋涡诱导产生的向下的附加速度，称为下洗速度。图 2-17 所示为气流下洗速度与翼尖旋涡。

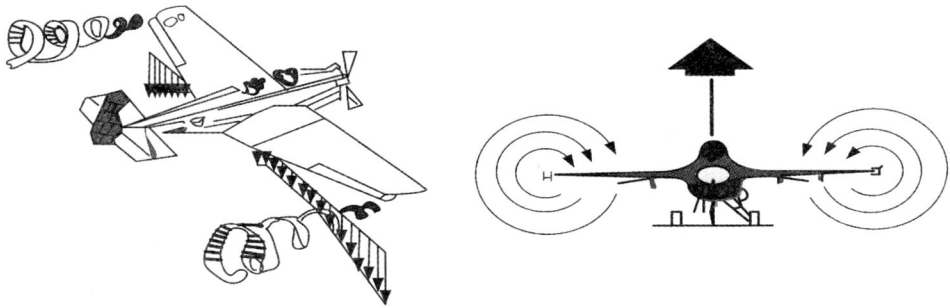

图 2-17   气流下洗速度与翼尖旋涡

这种旋涡诱导现象常被雁群所利用。当雁群随着气候的变化而迁徙时往往排成"人"字形或斜"一"字形。领队的大雁排在最前面，幼弱的大雁常排在斜后方。前面的大雁翅膀尖端所形成的旋涡带动翅膀外侧的空气向上运动，形成上升气流。这样就使后面幼弱的大雁处于上升气流中，飞行比较省力，这对于雁群长途飞行十分有利。

由于气流下洗现象的存在，流过翼型的气流除了原来向后的相对速度 v 之外又产生了垂直向下的下洗速度 ω。由 v 和 ω 叠加的合速度 u 是气流和翼型之间的真正相对速度。u 与 v 的夹角 $\Delta\alpha$ 称为下洗角。可见，下洗速度 ω 使原来的相对气流速度 v 的方向向下转折一个下洗角 $\Delta\alpha$，而成为 u 的方向，如图 2-18 所示。

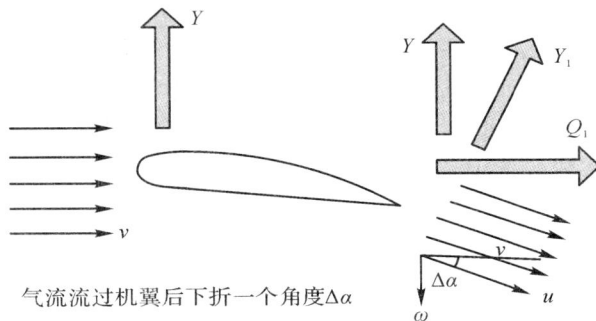

气流流过机翼后下折一个角度$\Delta\alpha$

图 2-18   诱导阻力的产生原理

我们知道，升力 Y 是定义为总空气动力 R 在垂直于相对速度 v 的方向上的分力。因此升力 Y 也由于下洗速度偏转一个角度而变成与 $\Delta\alpha$ 垂直的新的升力 Y_1。然而飞机的飞行方向仍然是原来 v 的方向，因此 Y_1 就产生一个与飞机前进方向相反的水平分力 Q_1，这是阻止飞机前进的阻力。这种阻力的产生过程可概括为：升力引起旋涡运动，再由旋涡产生诱导速度 ω，诱导速度 ω 与原来的气流速度 v 叠加，使升力的方向改变一个角度 $\Delta\alpha$，从而产生附加的阻力 Q_1。因此这种附加阻力叫作"诱导阻力"。诱导阻力同机翼的平面形状、翼剖面形状和展弦比有关。

为了减小机翼的诱导阻力，对于低速飞机，可以选取平面形状为椭圆形的机翼，并尽可能加大机翼的展长，即增加展弦比，使翼尖处下洗严重区在机翼展长中所占的比例下降。同时，还可以采用机翼翼梢减阻装置(翼梢小翼、翼梢帆片、翼梢涡扩展器等)部分地阻断上绕气流，使旋涡减弱，从而减小飞机的诱导阻力。

(4) 干扰阻力。低速飞机上除了摩擦阻力、压差阻力和诱导阻力以外,还有一种干扰阻力。

实践表明,低速飞机的各个部件如机翼、机身、尾翼等,单独放在气流中所产生的阻力的总和并不等于飞机的总阻力,而往往是小于飞机的总阻力。

所谓干扰阻力,就是飞机各部分之间由于气流相互干扰而产生的一种额外阻力。机翼和机身的连接处、机身和尾翼的连接处以及机翼和发动机吊舱的连接处都可能产生干扰阻力。干扰阻力数值上等于飞机总阻力减去各个部件的阻力之和所得到的差值。

现在我们以机翼和机身之间的干扰为例,分析这种额外阻力是怎样产生的。机翼和机身的连接处形成了一个截面由大到小、再由小到大的气流通道:翼面前缘处截面比较大,到翼面最高点处时气流通道收缩到最小,翼面后缘处通道又逐渐扩大。根据流体的流动特性,气流经过机翼和机身的连接处的通道时,通道最窄处的速度大而压强小,翼面后缘处的速度小而压强大,所以在这一段通道中气流有从高压区回流到低压区的趋势,这就形成了一股逆流。但飞机前进时不断有气流沿通道向后流,遇到了后面这股逆流就形成了气流的阻塞现象,使气流开始分离并产生很多旋涡。这些杂乱无章的旋涡耗散掉气流的一部分动能,动能的消耗表明产生了一种额外的阻力。这种阻力是由气流相互干扰而产生的,所以叫作干扰阻力。

从干扰阻力产生的原因来看,它显然和飞机不同部件之间的相对位置有关。如果在设计飞机时,仔细考虑飞机不同部件的相对位置,使得各部件连接处压强的增加不大也不急剧,干扰阻力就可减小。另外还可采取在不同部件连接处加装流线型的整流片的办法,使各连接处圆滑过渡,尽可能减少旋涡的产生,从而减少干扰阻力。

(5) 激波阻力。20 世纪 40 年代,飞机的时速可达到 700 km 以上,且俯冲时已经接近声速。当飞机速度接近声速时,飞机会发生剧烈的抖振,而且变得很不稳定,几乎无法操纵,甚至出现过飞机坠毁的事故。科学家调查发现,有的失事飞机在空中裂成了几块,好像撞上了山一样,这就是所谓的"音障"。后来人们认识到,"音障"其实就是一层极薄的、高度压缩的空气,称为激波。激波产生的阻力称为波阻。

为了说明激波和波阻的问题,先要研究声波和声速的物理本质。声源在空气中振动,使周围的空气发生周期性的压强和密度的变化,形成一疏一密的疏密波,这种传播声音的空气疏密波就叫作声音或声波。可见声音的本质是空气的扰动。声音在空气中传播的速度就是声速,在海平面标准状态下,声速约等于 340 m/s。

飞机飞行时也压缩前面的空气造成疏密波,这种疏密波与声波本质一样。空气被压缩的程度与空气的密度和施加于空气的压力有关。空气的密度越大(例如,在低空或海平面处),则空气越难以压缩,其压缩程度就越小;施加于空气的压力越大,空气被压缩的程度也越大。

空气密度与声速有某种对应关系,密度大则声速也大,密度小则声速也小,所以空气密度可以用声速来衡量。施加于空气的压力与在空气中运动的物体速度有关,速度越大压力也越大,速度越小压力也越小。因此可以用物体运动速度与声速之比来衡量空气被压缩的程度,这个比值称为马赫数,通常用 Ma 表示,即有

$$Ma = \frac{v}{a} \tag{2-6}$$

式中：v 表示飞机相对于空气的飞行速度，a 表示该处的声速。飞行速度越大，飞机施加给空气的压力也越大，空气被压缩得就越厉害；声速越大，表示空气的密度越大，空气就越难被压缩。

根据马赫数的大小可以把飞机飞行速度分为以下 5 类：

① $Ma < 0.4$ ——低速飞行，空气的压缩程度不大，密度可看作是恒定不变的；

② $0.4 < Ma < 0.85$ ——亚声速飞行，空气的压缩程度较大，密度不能再看作是常数；

③ $0.85 < Ma < 1.3$ ——跨声速飞行，空气的高度压缩将出现激波，激波前后的气流物理性质产生突变；

④ $1.3 < Ma < 5.0$ ——超声速飞行；

⑤ $Ma > 5.0$ ——高超声速飞行，气动加热问题十分严重。

✈ 第3章　先进飞机总体设计

本章以第四代先进飞机(以下简称"四代机")为例,介绍飞机的总体设计思想、设计方法等内容。

3.1　设　计　思　想

F-22"猛禽"(如图3-1所示)飞机是美国洛克希德·马丁公司和波音公司联合研制的单座、双发、超声速隐身飞机。F-22以空中优势为主要作战任务,并且能够对先进的陆基防空导弹系统等地面目标实施隐身突防和全天候精确打击。美国空军称F-22为"空中主宰"飞机,该机将在美军联合作战中扮演"踢开大门"的角色,用于开战之初清除最为严重的空中和地面防空导弹系统的威胁。按照美国空军的设想,四代机将在未来充满不确定性和各种严重威胁的空中战役中,依靠领先敌方至少一代的技术优势(因单机杀伤力大为提高而可减少飞机总数),以己方伤亡最小的代价迅速而决定性地赢得胜利。

四代机是于冷战高峰时期的20世纪80年代初根据先进战术飞机(Advanced Tactic

图3-1　四代机"猛禽"飞机

Fighter,ATF)计划正式开始研制的,其设计目标是对抗苏(俄)可能为数众多的苏-27和米格-29高性能飞机及其先进的陆基防空导弹系统,并且美国空军要求该机具备较远的无空中加油作战半径和大载弹量。与第三代飞机F-15相比,四代机具备隐身、超声速巡航、非常规机动(超机动性)、综合航空电子以及自保障等诸多全新的技术性能特征。四代机几乎综合了超视距空战和近距格斗所需的全部技术,拥有"先敌发现、先敌开火、先敌摧毁"的优势。在空战中,四代机强调超视距发射后不管多目标攻击能力的强弱,力争以少打多并且不给敌方还手的机会;对地攻击时,可在超声速飞行条件下运用GPS制导的远程或防区外精导武器对先进的陆基防空导弹系统实施打击。

1. 飞机设计理念

20世纪70年代中期,美国根据各种(包括卫星侦察)情报认为,美军90年代中期及以后所面临的主要威胁有两个:一是苏联正在研制的高性能飞机(即苏-27和米格-29)将至少可与美国空军的主力制空飞机F-15匹敌;二是苏联陆基防空导弹系统对常规作战飞机的探测和攻击威胁越来越大。并且按照苏联的传统做法,其新型飞机和陆基防空导弹很可能会大批量生产并装备部队，而这种情况的出现将导致美国无法以技术优势来对抗华约的数量优势。由于当时 F-117 隐身攻击机正在秘密研制之中且后来改型发展了 F-15E 双重任务飞机，因此美国空军将大大提高制空能力列为其新一代飞机最为迫切的首要设计目标，并且要求这种新一代飞机兼顾对敌先进地面防空导弹系统的突防打击能力。经过向工业界广泛调研并在系统研究的基础上，1981 年 11 月美国批准立项研制 ATF。美国空军提出 ATF 拥有所需制空能力的关键因素包括杀伤力、生存力和（后勤）保障性。以这些顶层要求为基础并经一系列权衡研究后，美国空军在任务构成需求书中提出了 ATF 的任务范围为战略性防空、制空以及近距空中支援/遮断。为满足 1990—2010 年空对空和空对地的任务需求，新一代飞机必须在性能与后勤保障性之间取得平衡并具备以下能力：

（1）在各种环境条件下，于敌机攻击己方空中或地面目标之前将其摧毁；

（2）在各种环境条件下，搜索、探测、跟踪、识别、攻击并摧毁敌方地面目标；

（3）全球响应；

（4）能驻扎在条件简陋包括跑道受损/支援不足的基地；

（5）利用"正在出现的"隐身技术增强生存力；

（6）拥有同时跟踪和攻击多个目标的能力；

（7）在减少人力和零件需求的情况下具备高的任务胜任率。

据此，四代机的设计思想是通过传统与非传统两个途径来满足美国空军的需求。其中，传统也是显而易见的途径是设计出一种性能极为先进的飞机，其特征包括隐身（最为重要）、更高的气动和发动机性能（超声速巡航和敏捷性）以及更好的武器系统。非传统途径则基于国防预算削减导致军力缩编的考虑，要求数量较少的四代机比三代机拥有高得多的致命性。另外，四代机应具备"无忧操纵"飞行品质及传感器数据融合和目标优先级排序功能，并且飞机的各子系统具备自诊断和机内检测（BIT）功能，从而使飞行员摆脱了传统飞机上大量的系统操作工作。美国空军和研制厂商在四代机的人机界面以及飞行操纵和武器运用自动化设计上下了很大功夫，从而大大降低了飞行员的任务负荷并使飞机效能最大化。

经过多方面的各种权衡研究，四代机将隐身特性、气动外形、推进系统、机载电子设备、机载武器以及保障性等很好地结合起来，从而形成了一个具备强大制空能力并拥有对地精确打击能力的综合武器系统。

四代机的设计思想具体表现在以下几个方面：

（1）达到"空中主宰"。针对世界范围内正在出现的高性能飞机和先进地对空导弹系统这两大严重威胁，四代机应于战役之初通过制空作战和对地精确攻击建立起战区绝对制空权（美国空军称之为"空中主宰"），从而保证己方部队能随时随地自由开展其他各种军事行动。在整个战区实现空中主宰，可以保证己方地面部队免遭敌方攻击，并能无任何阻碍地攻击敌方地面部队。

（2）采用革命性技术。作为战役中最先投入运用的飞机，四代机所面临的威胁最大（因这时敌方拥有完整的作战能力），该机必须能对设防严密的敌方空域实现突防，并具备多目标攻击和"先敌发现、先敌摧毁"能力，从而保证美军以较小的伤亡代价迅速而决定性地赢得战争胜利。为此，四代机采用了许多革命性的技术，主要包括雷达和红外隐身技术、推重比 10 涡扇发动机技术、推力矢量和飞行/推进综合控制技术、综合航空电子技术（综合处理、综合控制和综合显示）等。这些革命性技术使其效能至少比三代机提高了一倍。与此同时，四代机从设计之初即考虑了后勤保障问题,其机内检测(BIT)等新技术大大简化了后勤保障工作。

(3) 在性能上实现飞跃。为了对抗现代综合防空系统的巨大威胁并以少打多,四代机与三代机相比实现了飞机性能上的巨大飞跃。

① 四代机利用隐身特性和先进传感器获得了"先敌发现、先敌发射、先敌摧毁"能力,提高了突防现代尖端综合防空系统(由高性能飞机和先进的陆基防导弹系统构成)的能力。

② 四代机(不开加力)的持续超声速巡航能力以及超机动性大大扩展了其作战飞行包线(速度与航程),并大大缩短了敌方的反应时间(探测、武器瞄准和发射时间),从而提高了自身生存力。

③ 四代机具备优异的敏捷性,即具有在各种飞行速度下的快速机头指向和瞄准能力;先进的气动设计、大推重比和推力矢量使四代机在低速和极高超声速条件下依然持续可控并拥有优异的中、高空机动能力。

④ 高度综合的航空电子系统使单座四代机的操作简化,飞行员因此可以更专注于作战战术而非沦为传感器的管理者。

⑤ 无空中加油的作战半径大为增加,使飞机能深入敌方空域作战并为远程空对地作战飞机和预警机等提供护航。

⑥ 除拥有极大的杀伤力和高生存力外,按美国空军的要求四代机还具备比三代机更高的可靠性、维护性和出击率,而且在各相关(性能)指标上至少提高了一倍。

(4) 掌握"信息优势"。

"信息优势"是四代机基本的设计指导思想,而非单纯追求更高推重比的发动机、更低的翼载、更好的稳定或瞬时盘旋性能、最大飞行速度和高度或过失速和大迎角机动能力。"信息优势"是指该机能最大限度地利用信息,与此同时还能阻止敌方获取信息。

① 最大限度地利用信息,即四代机能从许多信息源(包括机载和机外传感器)收集信息,并将信息融合处理成单一、连续且直观的全方位简单图像。

② 阻止敌方获取信息,即四代机在设计上应有利于阻止敌方获取己方的行动信息(特别是利用隐身特性)。

机载计算机技术的快速发展和广泛运用是实现四代机设计思想的重要保障或关键所在,使四代机得以实现技术上的巨大飞跃,使效能至少提高一倍以及可成功地应对项目实施过程中技术与组织上的巨大挑战,并使项目的各个方面(从战争推演、飞机性能/效能仿真评估、飞机详细设计制造和试验/试飞直到项目沟通管理以及飞机座舱本身)都发生了根本性变革。

2. 飞机综合特性

与三代机相比,四代机的效能至少提高了一倍。四代机可机内携带美国现有和研制中的中、近距空对空导弹以及一门 20 毫米口径航炮,并能运用中远程或防区外精导对地攻击武器。四代机在空战中强调"先敌发现、先敌发射、先敌摧毁"优势,力争先发制人地实施超视距多目标攻击(以少胜多),尽量避免胜负难料的近距格斗而不给敌机还手的机会。四代机几乎综合了远战和近战所需的全部技术,尽管以超视距发射后不管多目标攻击为主要空战方式,但在不得不进行近距空战格斗时,由推力矢量所提供的非常规机动能力大大弥补了隐身外形布局对亚声速机动性的不利影响。隐身与超声速巡航和精确制导攻击能力相结合,还将使四代机具备突防先进的陆基防空导弹系统并予以致命打击的能力。四代机相对于三代机的技术性能进步和作战优势如表 3-1 所示。

表 3-1　四代机相对于三代机的技术性能进步和作战优势

技术性能	机型及比项			
	四 代 机			三 代 机
	性能水平	技术措施	作战优势	
隐身能力	具备全向隐身能力，其前向雷达散射截面（RCS）≈ 0.1 m^2，比 F-15 低两个数量级	飞机外形为气动与机身综合布局，机体采用雷达吸波结构与（或）材料和涂料以及减弱超声速巡航气动加热引起的红外辐射的机体蒙皮涂料，采用内部武器舱、有源相控阵雷达和无源传感器等	具有"先敌发现、先敌发射、先敌摧毁"优势，缩短了敌方的反应时间，引起空战战术的改变，提高了突防先进陆基防空系统的生存力	头向 RCS > 10 m^2，不具有隐身能力
巡航速度	可以 Ma 为 1.5 左右超声速巡航	大推重比发动机配合现代飞机气动布局（非常薄的机翼、翼身融合，同时具有高的结构效率，可增大载油系数，低的超声速零阻系数等）	可从相对安全的后方快速抵达战区，增大作战半径并对攻、防行动十分有利，并可增大导弹发射的初始动能	不具有超声速巡航能力
机动性和敏捷性	非常规机动（60°大迎角时仍可控飞行）	采用二元推力矢量喷管和飞行/推进综合控制技术	更小、更快的转弯，独特的战斗机动为飞机提供了无与伦比的敏捷性，可短距起落	亚、跨声速高机动性，但不具备非常规机动能力
航空电子系统	良好的人机界面，综合显控和传感器数据融合，多功能显示器以形象化的图形符号显示最重要信息，任务计算机融合传感器数据；飞行员根据计算机综合信息选择行动方案，任务计算机优化火控计算和飞行轨迹，计算机的数据快速更新加强了飞行员态势感知能力	采用综合航空电子技术，不仅扩展了各个传感器的功能以及增强了其数据融合能力，还提高了航空电子系统的可靠性并减小了其重量、体积和成本	高速数据更新和修正，使飞行员能很好地了解战情，及时而准确地做出战术决策并采取战术行动，使飞机发挥最大的作用	具有分离的显控和飞行员修正传感器输出；飞行员只能在情况了解有限的情况下做出战术决策；高工作负荷限制了飞机效能
信息保障	除具有强大的机载有源和无源探测及综合电子战能力外，还可直接接收机外多种平台（包括陆、海、空、天和同型友机）发送的信息	配备联合战术信息分发系统（JTIDS）终端并安装有编队内部数据链（EFDL）	有利于联合作战	只有极少量飞机装有 JTIDS 终端
运用保障能力	在战斗准备和空运要求等方面均比 F-15 有所改善，与以往的隐身飞机相比易于维护，一个中队 24 架飞机在 20 年运用期内，F/A-22 的保障费用比 F-15 少 5 亿美元	在设计之初即提出较高的保障性要求，采用机内自检技术和两级维护体制，维护人员易于接近维护部位；改善隐身涂层耐久性和口盖密封技术，无需在缝隙处填充雷达吸波带或吸波腻子	降低了运用与维护费，减少了全寿命周期费用	—

除空战和对地攻击任务外,四代机还有扩展以下多种非传统飞机性能的较大潜力。

1) 信息战能力

与三代机相比,四代机具备强大的隐身、超声速巡航、态势感知和传感器数据融合能力等许多全新的技术性能特点,而快速机动、高生存力的平台特性加上功能广泛的先进航空电子系统,将使之在网络中心战概念中拥有重要的地位和作用。由于四代机采用现有的数据链路还无法使其充分利用自身强大的态势感知能力,因此现有两种考虑:一是将有源相控阵雷达用作高速通信设备,向作战网络的其他节点传送雷达图像等信息;二是将其他新的高速网络化通信技术用于四代机,例如波音公司已在 F/A-18 战斗/攻击机和 F-15E 战斗轰炸机上成功验证过的战术瞄准网络技术(TTNT)。四代机可利用自身强大的态势感知能力,更好地帮助整个作战体系构建全面、单一的作战空间图像。

2) 空中预警功能

四代机装备有探测距离很远的高分辨率雷达,可利用自身的传感器从高空迅速识别(超低空)目标并将相关信息传输给其他飞机。四代机可以靠近敌方而先于专用信号情报飞机发现目标,并将有关数据提供给专用信号情报飞机而改善其态势感知能力。

3) 拦截巡航导弹

四代机用于拦截巡航导弹的优势在于:可以 $1.5M_a$ 超声速巡航 40 余分钟,其有源相控阵雷达可精确地探测和跟踪小型低飞目标,将来还可能利用其发射的高功率微波能量干扰巡航导弹。

3. 飞机设计特点

经过一系列的设计权衡,四代机实现了将隐身(或低可探测性)、超声速巡航(达到并维持超声速飞行的能力)、敏捷性、先进的航空电子系统(提供全向态势感知能力)、保障性(通过更高的可靠性和两级维修体制来实现)等战术技术要求融为一体。

1) 隐身

优异的全向隐身能力是四代机最重要的特性之一,也是其最重要的技术优势之一,并且是在不过度损害气动性能的前提下实现的。四代机证实了在飞机设计上实现隐身与气动综合布局的可能性,并展现了满足高隐身性能要求所需的设计技术和工艺。四代机的前向RCS 比 F-15 低两个数量级。

四代机代表了第三代隐身技术,其隐身设计重点是雷达隐身和红外隐身。雷达隐身设计途径包括飞机外形调整、发动机进气道和尾喷管设计以及在飞机结构上使用特殊材料,红外隐身设计途径则有不开加力超声速巡航、尾喷管遮挡、采用扁平状的二元喷口和机体蒙皮红外吸收涂料等。另外,四代机发动机消除了烟迹而有利于目视隐身。

2) 超声速巡航

四代机采用超声速低阻力气动布局和高性能的进气道,从而实现了超声速巡航。

三代机、四代机发动机技术性能演变如表 3-2 所示。它们使用的 F119-PW-100 发动机采用的新技术及其特征和优点如表 3-3 所示。

表 3 - 2　三、四代机发动机技术性能演变

项目	机　型	
	三代机	四代机
年代	1960—1980 年	1980 年至今
典型 飞机/发动机组	F - 15/P&W F100 F - 16/GE F110	F/A - 22/P&W F119 F - 35/P&W F135 或 GE F136
技术挑战	• 进气道气流 • 压气机失速 • 转子失效 • 可靠性 • 维修性 • 其他大量技术挑战	• 可靠性 • 维修性 • 发动机老化问题 • 隐身 • 超声速巡航 • 推力矢量
新的发动机性能	发动机技术： • 装有可调叶片的定子 • 叶片冷却 • 环管形与环形燃烧室 • 加力式涡扇发动机 • 单元体设计 • 高涵道比涡扇发动机 材料/工艺： • 超级合金（镍基或钛基） • 低温固化但高温运用的复合材料 • 定向凝固 • 动力冶金 • 无损检测技术	发动机技术： • 故障诊断 • 数字式电子控制 • 低可探测性 • 整体叶盘 • 空心风扇叶片 • 推力矢量 • 压气机对转转子 • 综合飞行/推进控制 • 射流控制喷管 材料/工艺： • 单晶硅 • 热障涂层 • 自动真空焊接 • 高温复合材料 • 低应力部件用陶瓷 • 激光喷丸强化 • 减轻高循环疲劳 • 整体叶盘调整和修复 • 预测和完好性管理 • 先进涂层
战略意义	军事任务领域： • 空中优势 • 遮断攻击 • 近距空中支援 • 监视和侦察	空军核心能力： • 空中优势 • 信息优势 • 全球攻击 • 精确交战 • 快速全球机动 • 快速灵活的作战支援

表 3 - 3   F119 - PW - 100 发动机采用的主要新技术及其特征和优点

新 技 术	特 征	优 点
整体叶盘转子	大多数叶盘和转子都是由一块金属合金经机械加工而成的	提高了发动机性能和减少气流外泄
宽弦空心风扇叶片	—	较宽的叶片提高了发动机的工作效率
小展弦比、高负载的压气机叶片	—	较宽的叶片具有更高的强度和效率
高强度耐高温钛合金压气机定子	含碳的创新性钛合金	提高了定子的耐久性,允许发动机在更高的温度下以更快的速度运转,从而产生更大的推力和效率
耐高温钛合金加力燃烧室和燃气喷口	含碳的钛合金	用于保护承受发动机高热影响以及超声速巡航和大过载机动应力的后机身部件,从而保证了更大的推力和耐久性
浮壁式燃烧室	采用钴含量较高的抗氧化材料制造的绝热壁板	使燃烧室具有更好的耐久性,同时还可以降低对发动机的维护要求
低烟排气	—	降低了被敌方目视发现的可能性
改进的保障性	所有的零件、电缆和管件都安装在发动机底部,所有外场可更换单元都不叠放安装,每个外场可更换单元均只用到全部 6 种标准工具中的 1 种	便于维护人员接近,易于发动机拆卸
第四代全权限数字式发动机控制系统(FADEC)	采用双余度并与其他机载系统相同的全权限数字式控制	保证了发动机控制系统的高可靠性,使推进/飞行控制一体化
推力矢量喷口	二元喷口可上下偏转 20°,推进与飞行综合控制	改善飞机的敏捷性,飞机滚转速率提高 50%,有利于满足飞机的隐身要求

3）敏捷性

四代机具有优良的气动性能，采用飞行/推进综合控制和全权限数字电子控制系统（FADEC），并且发动机带有俯仰轴二元推力矢量喷管，从而实现了优异的敏捷性。

4）综合航空电子系统

先进的综合航空电子系统是四代机实现远距作战能力的必不可少的要素。四代机实现了由综合处理、综合控制和综合显示构成的 3 级综合航空电子系统。

（1）综合处理，采用共用、标准的处理模块以及"开放"式结构和接口。

（2）综合控制，共享同时分发的战情、任务和系统数据，共享战情和任务数据用于对抗措施控制、传感器数据融合、传感器任务分配、传感器控制、战情评估、嵌入训练、火控和显控、航路管理和系统完好性监控。

（3）综合显示，采用统一标准、连贯的人机(所有传感器、系统和任务数据)界面。

四代机综合航空电子系统降低了飞机重量、体积和成本并提高了系统的可靠性。其综合航空电子系统的子系统构成见表 3-4。

四代机航空电子系统功能完整的软件约由 170 万条程序语句构成，其中 90% 是用通用的 Ada 高级计算机语言编制而成的，只有在特殊处理或维护要求需要的情况下才批准运用非 Ada 语言。

表 3-4　四代机综合航空电子系统的子系统说明

子系统	配 置 说 明	技术特点与功能
通用综合处理器（CIP）	CIP 是四代机航空电子系统的大脑，承担着所有机载传感器和任务航空电子设备的全部信号与数据处理工作。每架四代机上都有两个 CIP，每个 CIP 有 66 个底板相同的模块插槽，只需 7 个不同类型的处理器模块即可满足全部处理需求。在不更改现有硬件的情况下，四代机有 30% 的性能扩充能力。另外，为安装第 3 个 CIP 预留了空间、功率和冷却储备，因此四代机能轻易地实现 200% 的航空电子功能扩展	·综合系统/传感器运用控制 ·大容量存储和数据流能力 ·多个灵活的总线配置 ·故障隔离和容错 ·传感器与 CIP 之间用光纤连接
惯性基准系统	—	·先进环形激光陀螺 ·方位和速率信息
综合通信/导航/识别（CNI）系统	—	综合 CNI 功能： ·通信：声音加密/数据链、IFDL、ACMI、JTIDS ·导航：GPS、"塔康"、ILS、MLS(拓展功能) ·识别：IFF 询问应答机、精确无线电射频定位 低可观测天线与先进天线阵 CIP 信号/数据处理

续表

子系统	配置说明	技术特点与功能
AN/APG-77 有源相控阵机载雷达	采用有源器件,电子扫描阵列天线的数千个手指大小的辐射振子都具有独立的收/发器特征,因消除了机械部件而更加可靠。这种雷达天线可提供频率捷变而符合隐身飞机的要求,并在被敌方发现之前可提供详细的威胁信息	· 有源电子扫描天线阵 · 多模态:空空、空地 · 低可观测兼容 · MMIC 技术 · CIP 信号/数据处理
综合电子战系统(INEWS)	—	威胁告警: · 雷达 · 导弹 威胁对抗: · 红外 · 射频 机载低可观测天线 CIP 信号/数据处理
外挂物管理系统	—	· 空空和空地武器控制 · 消耗物控制
控制和显示系统	与以往飞机座舱最大的不同之处,是通过优化设计和充分利用计算机使飞行员由传感器操作者得以向专注战术问题转变。采用全玻璃座舱,即没有传统的仪器仪表备份。座舱具有夜视功能,并有头盔显示系统拓展能力。为便于飞行员直观识别,多功能战术信息显示器采用不同形状和色彩的形象化符号。采用侧置双杆操纵(HOTAS)方式,手柄上不同形状和结构的按钮与开关可以控制数十种攻击与防御功能	· 彩色液晶显示器 · 平显(主飞行仪表) · 阳光和夜视兼容 · 机载视频磁带记录仪 · CIP 信号/图形处理

例如 F-22 飞机配备了诺斯罗普·格鲁门/雷神公司的 AN/APG-77 雷达,该雷达采用由 2000 个低功率 X 波段收/发模块组成的有源固态相控阵天线,可以交错执行空对空搜索与多目标跟踪功能。另外,AN/APG-77 还具备气象地图测绘和空对地工作模式并能增添侧视阵列。据 2005—2006 年版英国《简氏世界飞机年鉴》,对于 RCS 为 1.2 米的空中目标,AN/APG-77 的探测距离约为 200 千米。与机械扫描雷达相比,AN/APG-77 有源相控阵雷达的技术特征和运用性能优势如下:

(1) 可在空间快速(无惯性)调整波束;

(2) 降低了天线系统的 RCS,相应地降低了整架飞机的雷达信号特征;

(3) 系统具有高可靠性,并且部分模块失效不会影响有源相控阵天线的正常工作;

(4) 每个模块具有较低的能量消耗,因而在电力强度要求较低的情况下能获得更强的辐射功率及其控制能力;

(5) 可以控制波瓣图及其型式,从而优化信号接收和抑制干扰;

（6）由于对波瓣图和信号的状态、形状和样式采用电子控制，因而有源相控阵雷达可同时在空对空和空对地两种状态工作，并能实现对目标的空间扫描和跟踪、电子对抗、无线电通信和指挥系统的并行工作；

（7）有源相控阵天线的模块设计使其具备很好的生产工艺性并便于机内维护。

四代机的被动探测系统为 AN/ALR-94 雷达告警接收机，其最大作用距离超过了 AN/APG-77 雷达。

5）自保障能力与两级维修体制

四代机采用外场和后方基地两级维护体制，取消了三代机所需的战区全机级维护（需要厂房、设备和人员），发动机采用单元设计而使总体结构较为简单且组件更加耐用；采用机载综合诊断（先进机内自检）技术，机载设备尽可能采用三化（模块化、标准化和通用化）设计，使得飞机所需支援保障装备的种类和数量大大减少并易于维护。四代机相对于三代机的运用保障性改善如表 3-5 所示。由表可知，四代机具有更长的无需维护的作战周期以及更快速的再次出动准备，因而提高了飞机的利用率，且便捷的保障能力使飞机可以迅速而灵活地部署到全球危机地区，从而也使所需的空运量减少了。

表 3-5　四代机相对于三代机的运用保障性改善

阶段	具体项目	性能参数	四代机与三代机比较	四代机改善程度
战斗准备情况	能完成任务率	完全胜任的时间百分比	四代机：93% 三代机：86%	改善 7%
	战备完好率	在没有大的停顿情况下的连续出动架次	四代机：12 架 三代机：5.9 架	改善 1 倍
	再次出动准备时间	再次出动所需的停留时间	四代机：18 分钟 三代机：25 分钟	所需时间减少 30%
空运要求	空运支援情况	30 天部署一个中队共 24 架飞机所需的 C-141B（现已退役，将由数量更少的 C-17 替代）的出动架次	四代机：6.2 架 三代机：18 架	只需 1/3 的运输机
维护情况	直接维护人员	每架飞机	四代机：8.5 人 三代机：16.6 人	只需一半的人员
	维护人时	每架飞机每飞行小时	四代机：4.6 人时 三代机：15 人时	只需 1/3 的人时
	换发所需时间	完全换发所需的时间	四代机：89 分钟 三代机：147 分钟	约 1 小时

四代机高效率的运用与维护特性，在使其作战生存力和任务效率得到明显改善的同时也节省了全寿命周期开支。根据研制厂商所做的费用估算，一个中队共 24 架飞机在 20 年寿命期内，四代机的运用与维护费比三代机少 5 亿美元，而四代机的后勤保障费用比三代机低 30%。

3.2　总体设计方法

作为超声速隐身飞机，四代机代表了军用航空技术的革命性飞跃。四代机将隐身、超声速巡航、敏捷性等技术性能特点融于一体，本节以 F - 22 飞机为例介绍其气动布局设计、总体布局和隐身设计特点。

3.2.1　气动布局设计

四代机采用正常式布局，采用大型外倾双垂尾，机身与机翼相融合。宽大的机身不仅装有双发动机，并且还容纳了进气道、武器舱、燃油箱和整个起落架。菱形机翼平面形状介于梯形和削尖三角翼之间，机翼后缘略为前掠。机翼后缘根部有切口，平尾根部前缘安装在切口内。机头上下两部分具有明显的侧棱，形成机头折角线。飞机尾部的推力矢量矩形喷口可上下偏转，喷口调节板呈尖角形。

1. 气动布局

四代机采用翼身融合体，机翼为上单翼，采用修型的切尖菱形，机翼前缘后掠 42°，下反角 3.25°，机翼后缘前掠 17°，根梢比 0.169，修型翼型，翼根相对厚度 5.92%，翼尖处 4.29%。全翼展前缘襟翼，偏转范围 0°~35°；后缘内侧为襟副翼，偏转范围 20°~35°；外侧为副翼，偏转范围 -25°~25°。四代机的机翼面积较大，有利于飞机短距起降并拥有良好机动性。尾翼包括平尾和垂尾，平尾为全动式差动五边形，其前、后缘分别与机翼的前后缘平行以缩减 RCS，双垂尾采用双曲翼型，前缘后掠 22.9°，后缘前掠 22.9°，垂尾外倾，与垂线夹角 28°。四代机的四尾翼布局为其良好的机动性和控制裕度提供必要的控制力。

四代机气动布局的主要特点如下：

(1) 翼身融合体带内置武器舱和满足长续航任务的内部燃油；

(2) 菱形机翼具有等弦长的全翼展前缘襟翼、等弦长的副翼和襟副翼；

(3) 外倾双垂尾和等弦长方向舵；

(4) 全动截尖菱形平尾；

(5) 二维收敛-扩张型尾喷管，具有独立的喉道和出口面积调节器以及俯仰轴矢量推力；

(6) 形状固定的超声速进气道，具有后掠的整流罩唇口、附面层抽吸及机外旁路系统，能够遮挡雷达波的相当长的扩压段；

(7) 脊形(chinned)前体，带有与雷达相容的机头，整体座舱盖具有良好的飞行员视野

（机头下视角 15°）；

　　（8）截斜角的翼尖，以便安装各种天线；

　　（9）所有外边缘角与机翼前缘或后缘平行；

　　（10）一体化电子飞行/推进控制系统，完全由软件控制。

　　2. 气动特性

　　为了实现以上性能要求，在研制四代机的过程中突破了以下关键技术：

　　（1）先进气动布局技术，包括满足超声速巡航和持续超声速机动要求的低波阻外形设计，满足航程和作战半径要求的高升阻比设计，满足过失速机动的大迎角/超大迎角空气动力学设计等。

　　（2）推进系统技术，包括小涵道比的高推重比发动机、Caret 进气道（双后掠双压缩斜板进气道）及具有低可观测特性的二元推力矢量喷管。推进系统是四代机实现超声速巡航以及高敏捷性/高机动性的关键因素之一。

　　（3）总体优化设计技术，将气动、隐身、结构和飞行控制在总体设计中进行平衡与折中，以满足各方面指标要求并达到最好的综合效果。

　　四代机在机体设计上充分体现出了气动、隐身和结构的良好平衡。从设计指标及飞行试验看，最终的四代机气动性能达到了美国空军的要求。该机的常规机动性至少与三代机相当，而超声速飞行性能和大迎角机动性则有显著提高。

　　F-22 飞机的隐身设计经验主要来自 F-117 的设计，但其外形已完全不是多面体的组合，而是对气动外形进行了综合优化的曲面外形。这主要得益于对雷达反射特性的计算能力的改进。借助于“克雷”（CRAY）超级计算机可计算曲面体的雷达反射特性，在隐身特性和气动外形之间进行充分的协调和优化，该机的 RCS 分析/计算采用了整机计算机模拟，综合了进气道、雷达吸波材料（RAM）和雷达吸波结构（RAS）等的影响。

　　3. 飞行性能

　　四代机飞行性能的主要特点如下：

　　（1）充分的推力-最小阻力范围，获得无加力超声速巡航以及带加力的最大马赫数、1g 单位剩余功率和加速性要求；

　　（2）足够低的翼载和充分的机翼弯度满足持续与瞬时过载要求；

　　（3）不需要限制迎角的稳定性和控制缺陷；

　　（4）充分的机头上仰控制力，采用矢量推力和平尾可以进行极大迎角下的配平飞行；

　　（5）发动机正常状态下的快速机头下俯响应；

　　（6）在无深失速、两台发动机都失效（停车和停转）和无喷流效应的情况下达到中等速度的机头下俯恢复；

　　（7）合适的前体设计和恰当的机翼与垂尾位置可获得所有迎角下的横侧向稳定性；

　　（8）多个控制面提供所有迎角下的良好滚转能力；

（9）无进气道气流品质不佳引起的发动机失速；

（10）具有抗尾旋能力和从尾旋状态中恢复的能力。

四代机超声速巡航所要求的低超声速阻力是通过多项技术的综合来实现的，其中包括先进的机翼设计、翼身融合体、细致的面积律设计和内埋式武器舱等。低超声速阻力要求翼型的相对厚度很小，而这从结构角度看是难以接受的。四代机为提高机翼的绝对厚度，将机翼平面形状设计成菱形，在翼根处弦长很大，满足了气动和结构的双重要求。进气道的位置对飞机截面积的分布影响很大，许多设计表明，若保证进气道位置较佳，就难以保证前部气动力装置（如前翼和前缘边条）结合到好的面积律布局中去。为保证超声速巡航采取的措施有：像 F-18 那样将进气道充分后移，或者像苏-27 那样将前机身加长。而四代机由于隐身的需要，进气道不能后移（S 形进气道要有足够的长度），所以它的设计是进气道位置靠前，但只采用机头和进气道侧缘的窄边条。后体的设计对超声速阻力的影响很大，且影响因素很多，其中双发喷管的间距是个非常重要的因素。在亚声速时，双发喷管间距大、阻力小，但影响的程度不大；而在超声速时，间距小、阻力亦小，且影响的程度非常大，间距的稍微减小就会大大降低阻力。因此，在重视超声速性能的情况下应尽量减小间距。

四代机将飞机的机动性和敏捷性向前推进了一大步，它在转弯半径、加速性能、爬升率和作战半径方面亦有显著提高。四代机在飞行包线的低速、大迎角角点附近具有突出的性能，大面积的垂尾和其前移使大迎角下的方向稳定性有较大改善。四代机具有单独的水平尾翼，垂直安定面较高且位置很靠前，垂尾顶部能在大部分情况下处在来自机翼上升尾流之外。由于机身较短，所以在俯仰方向的惯性较小。

四代机首次采用了俯仰轴推力矢量技术，并首次在飞机上实现了过失速机动。由于推力矢量用于俯仰控制使平尾可以差动偏转，从而大大提高了滚转速率并使大迎角过失速滚转成为可能。四代机在 60°迎角下还能以约 30°/s 的速率滚转，从而迅速改变机头指向，这使四代机具备卓越的过失速机动性和敏捷性。

四代机极好的大迎角特性，还得益于首创性地采用了前体涡控制技术。从机头顶点到进气口前缘，有一条脊（chine），使机头正视时呈菱形；从进气口到翼根，有一条窄边条，从侧面看，则明显形成一条从机头顶点一直延伸到翼根的边条。该边条在大迎角时形成很强的脱体涡，涡中的高速气流对机翼上的气流有稳定作用，并且因为旋涡的低压作用而直接产生附加升力。但边条涡也有不利的地方，它可能引起垂尾抖振或使其位于低压区而造成飞机不稳定，非对称涡有可能在低速大迎角下产生偏航力矩。

3.2.2　总体布局

四代机的总体布局如图 3-2 所示。

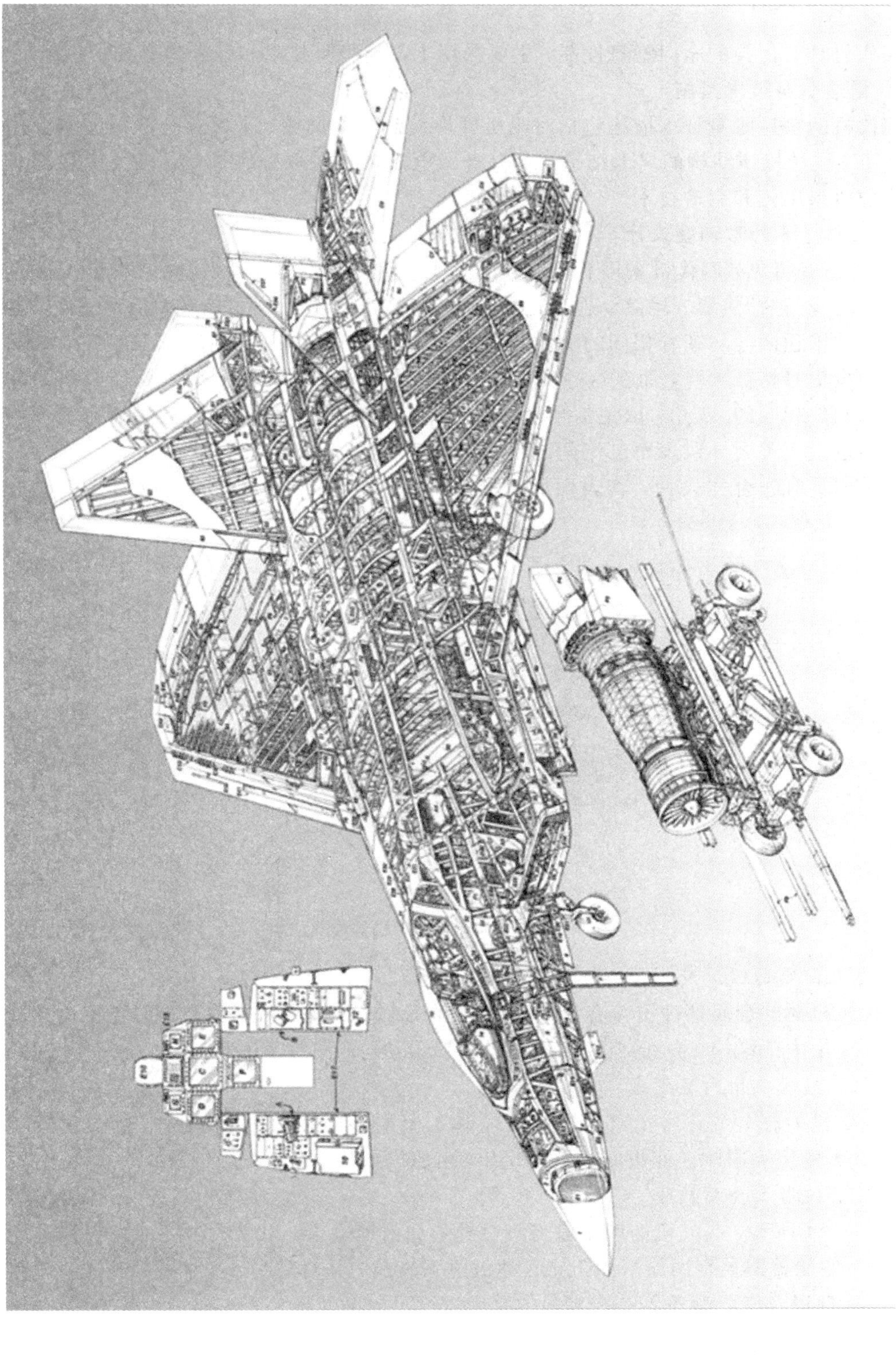

图3-2　四代机总体布局图

3.2.3　隐身设计

四代机具有优异的全向隐身性能,主要采用了雷达隐身技术和红外隐身技术措施。

1. 雷达隐身技术措施

四代机的雷达隐身技术措施包括对飞机外形设计进行调整、采用雷达吸波涂料/材料/结构、仔细设计机体结构的局部细节、对自身的电磁辐射采取分级控制,以及应用隐身飞机所需的材料工艺和制造技术。

1) 飞机总体外形调整设计

由图3-3可见,四代机采用后掠前缘而使反射信号偏离发射源入射信号方向,并且所有的主要边缘(包括机翼、尾翼、进气道唇口和尾喷口边缘)都尽可能排列在同一方向上。故其最强的雷达回波均朝着相同的少数几个方向,因而形成了少量相对较强但难以被探测和跟踪的窄信号特征尖峰,而在这些尖峰之间的信号特征则非常弱。双垂尾以及机身和座舱盖两侧倾斜相同的28°角,以免信号直接反射回雷达。另外,各边缘之间的所有表面均光滑地均匀过渡而不会导致表面电流间断,从而避免了因表面突变导致飞机信号特征增强。四代机采用翼身融合体设计,其表面所有突变部位如控制面和舱门的边缘均与机翼边缘平行。

图3-3　四代机的计算机模型

2) 电表面雷达吸波处理

四代机机体的金属部件覆盖有雷达吸波材料(RAM)或雷达吸波涂料,以免雷达波进入飞机内部而由内部结构、布线或部件等引起RCS剧增。

3) 机载武器采用内置方式

四代机机内有3个武器舱(2个侧武器舱和1个主武器舱),从而消除了外挂武器对整个飞机RCS的巨大影响。另外,在航炮不用时由舱门盖住炮口。

4) 舱盖玻璃加金属镀膜

如图3-4所示,四代机的座舱盖与飞机外形光滑地融合,以最大限度地减少雷达反射波。另外,座舱盖覆盖金属涂层以阻止雷达波进入座舱,并对隐身、光学特性、抗鸟撞和防雷击、耐久性以及应急抛盖等结构方面的要求进行了权衡处理。

图 3-4　四代机全尺寸座舱试验模型

5）固定进气口的 S 形进气道管道

如图 3-5 所示，四代机采用 S 形进气道管道将发动机进口隐藏在后面，从飞机外部无法迎面看到发动机风扇叶片。另外，采用无活动部件的固定外压缩斜板进气道且进气口边缘与机翼前缘平行，这些设计特点大大降低了由发动机和进气道引起的 RCS。

图 3-5　全尺寸进气道试验模型

6）发动机尾喷管隐身设计权衡

为解决发动机尾喷管空腔引起的后向 RCS 大为增加的问题，研制厂商对四代机的发动机尾喷管进行了设计权衡并用全尺寸的双喷口模型实施了广泛的试验计划。

7）低截获率雷达及频率选择雷达罩

四代机采取低截获率雷达与频率选择雷达罩并用的措施，解决了机载雷达所导致的RCS 明显上升的问题。四代机的雷达采用有源相控阵天线，并且雷达天线向后斜置以减少直接反射波。雷达罩是四代机结构最为复杂的部件之一，在其设计中主要考虑了频段内的雷达性能、隐身、包括鸟撞完好性在内的结构载荷、雨水侵蚀、维护性以及雷击完好性等多方面的因素。

8) 采用内嵌式或保形天线

四代机的天线组包括大量的内嵌式和保形天线，这些天线在性能与隐身要求上进行了最佳权衡，既符合低可观测目标又维持了令人满意的增益性能。另外，大气数据系统探头是在机头和机身两侧保形安装的。

9) 对自身的电磁辐射分级控制

四代机由飞行员根据战术态势来分级控制自身的电磁辐射，机载探测装置的运用从完全被动的无源传感器逐步升级到完全主动的雷达。四代机综合电子战系统的无源告警装置，能超远距离被动探测和跟踪目标信息。另外，四代机配备了编队内部数据链(IFDL)，当一架四代机雷达开机并接收其他外部信息源的信息时，编队内的其他四代机可以通过IFDL获取信息而保持自身的无线电静默。

10) 尽可能减少了隐身材料用量

四代机采用雷达吸波材料(RAM)和雷达吸波结构(RAS)。RAM用来减少表面突变造成的散射，而RAS用来最大限度地减少来自主要边缘的散射。与前几代隐身飞机相比，四代机的隐身材料用量少得多，但满足了雷达隐身性能要求，从而大大降低了飞机重量并节省了成本。

11) 计算机辅助设计与制造技术

在四代机项目中，运用计算机辅助工具对部件和工装进行设计制造，满足了隐身飞机对尺寸精度、表面光洁度和平整度等极高的制造公差要求，并且保证了在美国各州制造的部件都能精确地装配起来。

12) 维护工作基本无需隐身复原

在 30 天的部署期内，四代机高达 95% 以上的维护工作无需触动覆盖隐身材料的部位即可完成。对于需要进行隐身复原的另外 5% 的维护工作，美国空军的维护人员则直接参与完成了可在外场条件下实施的维护程序和所需材料。

2. 红外隐身技术措施

四代机重点缩减了发动机尾喷流和超声速巡航气动加热引起的红外信号特征，所采取的主要技术措施包括：

(1) 尾翼对喷口进行遮挡。四代机的平尾和垂翼从侧面遮挡住了尾喷口。

(2) 不开加力超声速巡航。四代机不开加力超声速巡航大大降低了发动机的工作温度，从而有效缩减了红外信号的特征。

(3) 增大热喷流冷却面积。四代机的发动机采用二元喷管，扁平状的热喷流增大了与周围空气的接触面积而可迅速冷却。

(4) 运用红外吸收涂料。四代机采用 Topcoat 红外吸收涂料来减弱超声速巡航气动加热引起的红外信号特征，这种红外吸收涂料可以保证飞机的雷达隐身和红外隐身性能相匹配。另外，四代机的发动机尾喷流无烟迹，从而减小了被目视发现的可能性。

第 4 章 先进飞机组成与功能

4.1 发 动 机

为满足飞机的要求，如超声速巡航、隐身、超机动性、短距起落和高保障性，先进飞机的发动机采用了许多新技术，如三维黏性流叶轮机设计方法、整体叶盘结构、高温升浮壁燃烧室、先进复合冷却技术和隔热涂层、第三代单晶材料、双性能粉末冶金涡轮盘、强旋流加力燃烧室、二元矢量推力喷管、具有自检和容错能力的第三代双通道双余度全权限数字电子控制（FADEC）系统和陶瓷/碳碳复合材料静止件。

4.1.1 总体结构

F119 是一种小涵道比加力式涡扇发动机，本节以 F119 为例介绍先进飞机的发动机的总体结构。F119 由 3 级风扇、6 级高压压气机、带气动雾化喷嘴的浮壁式环形燃烧室、单级高压涡轮、与高压涡轮反转的单级低压涡轮、加力燃烧室和二元矢量喷管组成，其叶轮机级数为 3+6+1+1，而上一代的 F100 发动机为 3+10+2+2。F119 与通用电气公司的变循环发动机相比，在结构设计上属于比较常规的设计，强调简单、结实，尽量采用成熟技术，以避免高的研制风险和降低制造成本。

整台发动机分为风扇、核心机、低压涡轮、加力燃烧室、尾喷管和附件传动机匣等 6 个单元体，此外还有风扇机匣、附件组件、FADEC 和发动机监测系统，如图 4-1 所示。

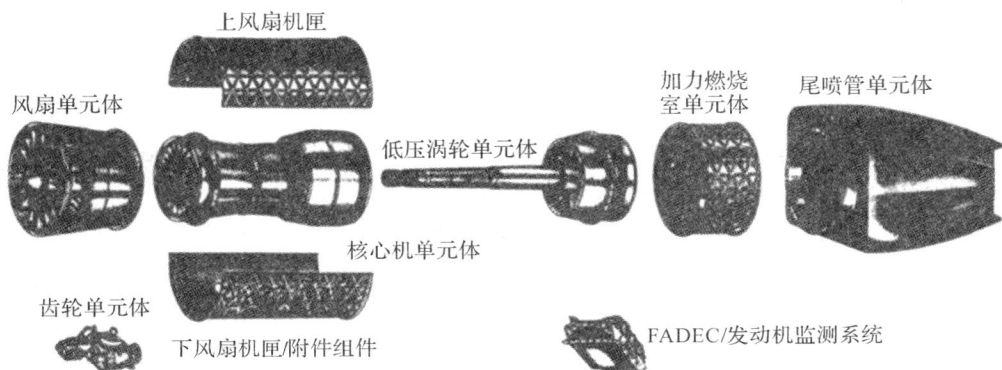

图 4-1 F119 单元体

F119 在支承系统设计方面，改变其传统的高压转子 1-1-0 支承方式，而改用常用的 1-0-1 支承方式。1-1-0 支承方式需要的承力框架数多，而且要求高压涡轮前装轴承的轴径要小,以及要求涡轮盘是悬臂支承的,给转子动力学设计带来困难。1-0-1 支承方式的后支点设在高压涡轮后,而且设置有中介轴承。1-0-1 支承方式的这种布局可以减少一个承力框架,而且高压涡轮轴径可以做得大些,增加了转子的刚性,缺点是中介轴承的润滑和封严比较复杂。

4.1.2　部件和系统设计特点与关键技术

F119 发动机各部件及系统的设计特点分述如下。

1. 进气口

进气口带有防冰的固定环形,采用后缘可调进口导向叶片和中央头锥支承低压前轴承。

2. 风扇

F119 发动采用 3 级轴流式风扇,其宽弦无凸台叶片与盘做成整体叶盘,用线性摩擦焊连接。第 1 级叶片为超塑性成型/扩散连接的空心钛合金叶片。非定常黏性三维流计算方法提高了级压比、效率和喘振裕度。3 级静子叶片均采用弯曲设计,利用 NASTAR 程序设计,上下端均可弯曲,可大大减小两端的气流分离,提高风扇/压气机的效率和喘振裕度。

机匣为整环,可以保持机匣刚性和叶尖间隙均匀。为此,风扇转子做成可拆卸的,第 2 级盘的前后均带鼓环,分别与第 1 和第 3 级盘连接。风扇压比为 4.0,涵道比为 0.3。

3. 高压压气机

F119 的高压压气机为 6 级轴流式高压压气机。此种高压压气机采用非定常黏性三维流计算方法进行高级压比气动设计,静子叶片也是弯曲的,第 1 和第 2 级是可调的。6 级均为整体叶盘结构,采用激光冲击强化,提高抗高周疲劳能力。前机匣采用新研制的 Alloy C 阻燃钛合金。这种钛合金在高温下有阻燃性并能保持高强度,消除了常规钛合金易燃烧的问题。

为了增加出口机匣的纵向刚性,燃烧室机匣前伸到第 3 级压气机处,形成双层机匣。

4. 燃烧室

F119 采用单环形高容热强度浮壁燃烧室,利用气动雾化喷嘴改善雾化质量,提高燃烧完全度,减少排污和积炭。

目前使用的短环形燃烧室的长度已经相当短,进一步缩短长度和减轻重量的潜力已不大,其改善重点将是提高可靠性和耐久性,保证稳定工作,减少排放物。F119 的燃烧室设计采用了两相三维数值计算和仿真方法。燃烧室头部采用三维高紊流度的强旋流结构,以达到油气的均匀混合。

为改善耐久性,F119 燃烧室采用浮壁结构,即在承力的外壳内铺设多块内壁,内、外壁之间可通冷却气,起隔热作用。每块内壁只有一端固定,可自由热胀冷缩,从而消除了温度变化时产生的热应力,提高了耐温能力和寿命。

5. 高压涡轮

F119 的高压涡轮为单级轴流式涡轮。此种涡轮采用非定常黏性三维流计算方法设计以及复合倾斜和端弯叶型,具有高的级负荷。涡轮叶片采用第三代单晶材料,耐温能力可达 1070℃~1100℃。叶片采用隔热涂层,这种新型的隔热涂层由 MCrAly 底层和氧化锆陶瓷面层组成。底层作为基体与面层之间的结合层,同时保护基体合金不受氧化和腐蚀。面层是一种高度致密、低导热率且与基体合金膨胀系数相匹配的新型陶瓷材料，即经过氧化钇、氧化镁和氧化铈稳定化处理的氧化锆陶瓷材料，主要作用是隔热。冷却方式为气膜加多通道对流复合冷却，其冷却效果可达到 $450 \sim 500 \, ^\circ\mathrm{C}$。高压涡轮叶片不带冠，但带可磨蚀涂层。

粉末冶金涡轮盘采用双重热处理，在轮缘处是粗晶粒，有利于提高损伤容限特性，中心处呈细晶粒，有利于提高强度和低周疲劳特性。

6. 低压涡轮

F119 的低压涡轮采用单级轴流式涡轮。其设计特点是采用对转涡轮，高压和低压涡轮为单级，且反向旋转。采用对转涡轮设计可省去低压涡轮的导向叶片排，因而使涡轮部件轴向长度短，重量轻，零件数目减少，而且对转的两个转子可以相互抵消陀螺力矩，使整个发动机转子系统所受的力和力矩减小，从而传到飞机机体上的力和力矩也减小，可提高飞机的操纵性。

7. 加力燃烧室

加力燃烧室一般采用曲壁截锥短形扩压器与菊花形或裙边形或平行混合器相结合，喷油杆和火焰稳定装置紧接扩压器出口，甚至设置在扩大器通道内。这样的整体布局既缩短了加力燃烧室长度，减小扩压器通道气流分离趋向，又有利于分别组织内外涵加力燃烧。对火焰稳定器和直流喷油杆进行掺混冷却可以提高耐久性。加力燃烧室和喷口外壳也都采用具有阻燃性能的 Alloy C 钛合金。

8. 尾喷管

F119 的尾喷管采用第三代二元收敛/扩散推力矢量喷管。矢量推进有利于提高飞机在低速大迎角下的机动性、短距起落性能和隐身能力，从而大大提高飞机作战的有效性。

F119 的矢量推力喷管是在从 20 世纪 70 年代中就开始研究的二元矢量推力喷管的基础上发展的。为减轻重量，F119 发动机取消了喷管的反推力功能，矢量角为 $\pm 20^\circ$，推力矢量角速度为 $45^\circ/\mathrm{s}$。

二元矢量喷管研制过程中主要的技术问题有：圆形-矩形转接段的气动设计、封严和冷却问题、操纵机构设计、推进/飞行一体化控制和重量问题。

9. 控制系统

F119 发动机的控制系统为第三代双-双余度全权限数字电子控制系统（FADEC）。FADEC 进一步提高了发动机的可靠性，可对发动机实行故障诊断和处理，并能根据飞机推进系统一体化来确定发动机的最佳工作参数。

与第一代和第二代 FADEC 相比，第三代 FADEC 具有自检、容错、故障诊断和处理能力，而且实现了飞行/推进综合控制。其在可靠性方面，通过采用余度技术大大提高了发动机的可靠性。

10. 可靠性和维修性设计

F119 发动机在设计时采用经过验证的技术，发动机结构简单、零件少，可靠性和维修性有大幅度提升。在设计时还特别加强了维修性设计，例如包括燃油泵和控制系统的大部分附件都可作为外场可更换件，而且每个外场可更换件的拆换时间不超过 20 分钟，所用工具仅是 11 个标准手动工具。在外场维修时允许拆装的紧固件不允许使用保险丝、开口销。所有导管和导线均用不同的颜色予以区别，滑油箱装有目视的油位指示器，连接件做成能快速装卸的设计，有 8 个孔探仪插孔。所有的附件、导管和导线均装在发动机下部的一个层面上，每个外场可更换件均能直接达到。

此外，F119发动机还采用了一些新材料和新结构，如钛合金无凸肩空心风扇叶片、高温树脂基复合材料外涵机匣、核心机全长双层机匣、加力燃烧室双层火焰稳定器和内锥、陶瓷基复合材料涡轮外封严环、碳-碳材料加力燃烧室和喷管衬里、刷式封严等。

4.2   航空电子系统

四代机的航空电子系统采用了"宝石柱"计划的设计思想及研究成果，通过硬件和软件的多重应用实现了系统的通用化；通过把硬件划分成小的易于替换的基本硬件实现了系统的模块化；通过资源共享、互连和信息融合实现了系统的综合化。

四代机的航空电子系统结构具有如下特征：

(1) 通过数据总线进行信息传送；

(2) 通过平显、下显和头盔显示器实现综合显示；

(3) 采用模块化结构实现结构的简化和资源共享；

(4) 通过传感器数据融合获取更丰富、准确，质量更高的目标信息；

(5) 通过机内自检测、系统重构和容错能力提高系统的可靠性和维修性。

4.2.1   航空电子系统结构

四代机的航空电子系统采用标准电子模块(SEM-E)结构，用通用可编程模块来替代传统的单功能飞行事故记录器(俗称"黑匣子")来完成基本的航空电子设备功能，大大减少了航空电子系统元器件的种类和数量。以F-22飞机为例，其航空电子系统元器件一览表如表4-1所示。

表4-1   F-22飞机的航空电子系统元器件一览表

航空电子系统元器件	总 数	类 型 数
数字模块	329	23
模拟模块	101	47
电源模块	84	11
机架和机箱组件	43	26
天线口径组件	34	16
航空电子系统 LRU 和 LRM	591	123

1. 硬件组成与结构

四代机的航空电子系统由核心处理系统、雷达与通信系统、导航与识别(CNI)系统、电子战(EW)系统、显示和控制系统、悬挂物管理系统(SMS)和惯性参考系统(IRS)7个子系统组成，如图4-2所示。其中，计算机平台(核心处理子系统)是四代机航空电子系统的心脏，完成航空电子系统的火控计算、CNI计算和管理、座舱显示图形发生、系统任务的调度及整个系统的管理。

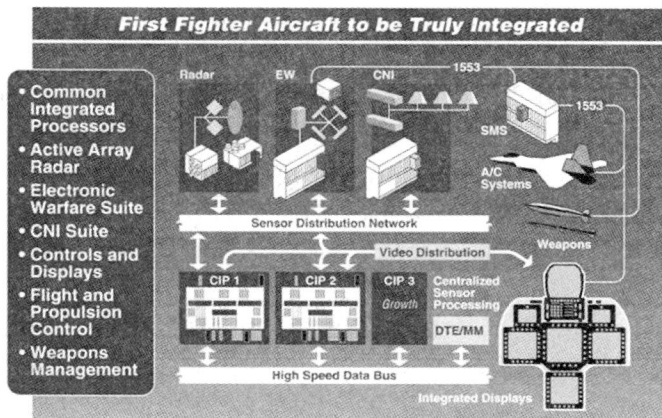

First Fighter Aircraft to be Truly Integrated—第一架真正实现集成结构的战斗机；

Sensor Distribution Network—传感器数据分配网络；

Video Distribution—视频网络；Centralized Sensor Processing—计算机平台；

High Speed Data Bus—高速数据总线；Integrated Displays—集成座舱显示器；

SMS—悬挂物管理系统；A/C Systems—四代机；Weapons—机载武器；

Common Integrated Processors—通用集成处理器；

Active Array Radar—阵列雷达；

Electronic Warfare Suite—电子战系统；

CNI Suite—导航与识别系统；

Flight and Propulsion Control—飞行和动力控制；

Weapons Management—机载武器管理。

图 4 - 2　四代机航空电子系统组成

　　四代机采用了多种数据总线。其中，传感器与核心处理部分由传感器数据分配网络（SDDN）连通，核心处理部分与座舱由视频网络连通。SDDN 向通用信号处理机提供传感器预处理机信息，它可使任一传感器同任一信号处理机直接连接，每个通道的单向数据流传输速率为 500 Mb/s。由于 SDDN 具有余度通道，功能信号处理区若发生故障或主要任务方式变更，它可以迅速完成系统重构。而视频网络则提供所有视频数据源同各接收点之间的连通，它传送的所有数字式图形数据都采用通用格式。其中，视频信号源包括信号处理机和悬挂物管理系统等，视频信号接收点包括座舱中各种显示装置以及视频记录器等。

　　2. 软件组成与结构

　　四代机的航空电子系统软件是首次在战斗机上大规模运用的软件。该软件系统沿用了为"宝石柱"计划研制的航空电子实时操作系统，由系统执行程序、核心执行程序、分布执行程序组成。现代航空电子软件的不断增长标志着航空电子系统已由电子机械密集型向软件密集型过渡。与此同时，系统软件的大规模增长成为航空电子系统成本占飞机总成本比例不断增大的主要原因之一。

　　四代机的软件采用分层结构，主要目标是在经济可承受性、安全性、实时性方面取得重要的突破。图 4 - 3 所示是四代机通用综合处理器软件的简化结构。航空计算机软件系统的底层是航空电子操作系统（AOS），中层是航空电子系统管理器（ASM），上层是各种应用程序。这种分层结构保证了底层软件不涉及应用任务，应用程序不涉及硬件结构，实现了软件与硬件设计的分离。软件系统存放在公用磁盘或只读存储器(ROM)存储区。系统启动后，软件模块首先在全局大容量本机存储器(GBM)中组成各种具有特定处理功能的逻辑模块，即系统建立过程；其后各个逻辑模块被传送到硬件模块中，构成能完成特定任务的物理模块，即系统加载过程；当系统检测到某些模块出现故障后，能够进行系统的再建立和再加载，并将故障模块的处理任务转移到备份模块或其他模块上去。

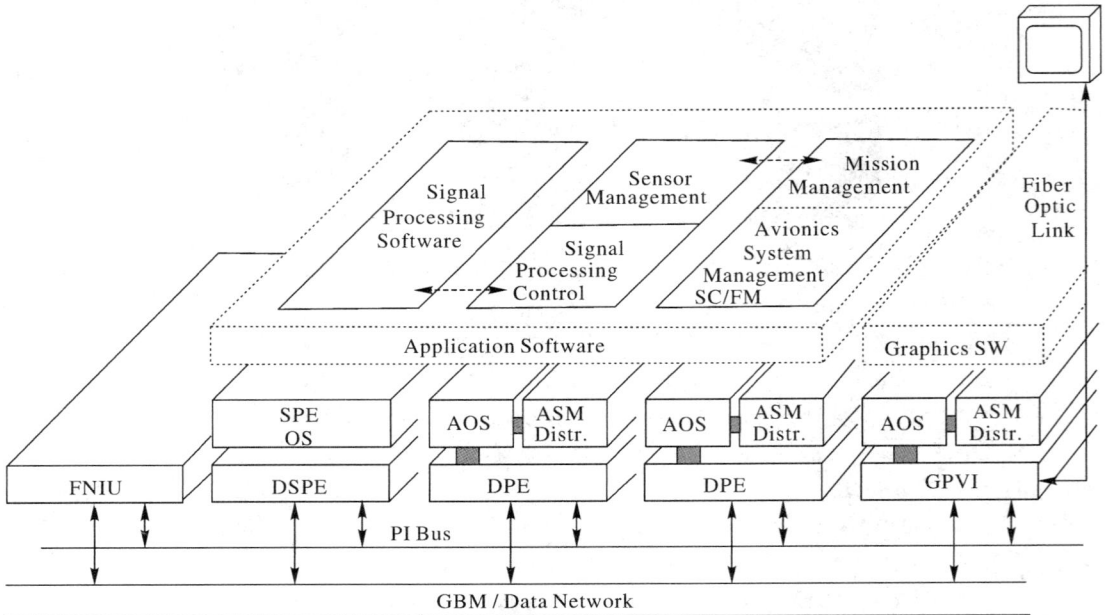

FNIU—光纤发射/接收机/网络接口单元；　　DSPE—双通道信号处理部件；
DPE—数据处理部件；　　　　　　　　　　　GPVI—图形处理器/视频接口；
AOS—航空电子操作系统；　　　　　　　　　ASM Distributor—航空电子系统管理器；
SC/FM—传感器控制/设备管理；　　　　　　Signal Processing Software—信号处理软件；
Signal Processing Control—信号处理控制；　Sensor Management—传感器管理；
Mission Management—任务管理；
Avionics System Management SC/FM—航空电子设备控制系统；
Graphics SW—图像显示屏；　　　　　　　　GBM/Data Network—数据网络全景。

图 4-3　四代机的软件分层结构

4.2.2　综合核心处理系统

在四代机的航空电子系统中，其高度综合的核心处理系统可以完成大部分的计算、处理、控制和管理功能，实现传感器输入数据的综合处理、数据融合、任务计算、视频信息生成、导航计算、悬挂物管理、电子支援与防御管理、通信管理、系统控制以及故障监视、检测和重构等多种功能。通用综合处理器(CIP)是四代机上的中央数据处理器，它充分利用通用模块、并行多处理机系统和分布式实时操作系统的结构特性，共享核心处理资源，改善性能和可靠性，为驾驶员在信息密集的环境下提供简便的操作，可完成战场态势感知、任务管理等工作。

1. 通用综合处理器

四代机的通用综合处理器(CIP)是第一部完全综合的航空电子处理系统，被称作为航空电子系统的"大脑"，采用了允许高速数据传输的光纤外部接口、满足尺寸限制条件的超高密度封装和支持安全信息交接的实时操作系统。该 CIP 基于一个异构、光开关式体系结构，具有任务系统节点控制和通信系统节点控制能力，可完成任务处理和传感器融合、雷达信号和数据处理、综合电子战处理，以及综合通信、导航和识别处理任务，大幅度降低了飞行员的工作负荷，使飞行员能将主要精力集中于赢得空对空作战胜利和完好无损地返航。

CIP 采用的是双层共享存储器式星型拓扑结构，又称机内局域网型，如图 4-4 所示。每个 CIP 由各种类型可编程序的数字信号处理与管理模块、数字数据处理模块、飞行员和武器视频接口、显示与地图发生器、内部总线、输入/输出(I/O)接口等 30 多个模块组成。其中，数字信号处理与管理模块和数字数据处理模块按照群集器分组，以便进行有效的处理和数据流动。

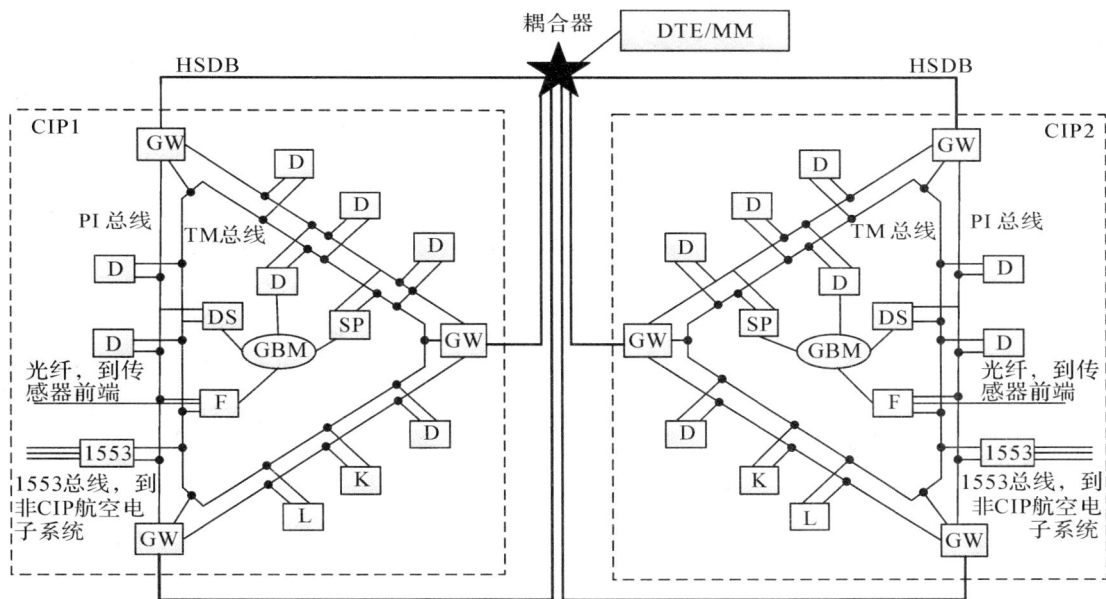

D—数据处理单元；DS—数据服务器；1553—1553 服务器；SP—信号处理单元；GW—网关；
HSDB—高速数据总线；PI—并行接口总线；TM—测试及维护总线；F—光纤网络接口；
GBM—全局大容量存储器；K—图像处理单元；L—低时延信号处理单元；
DTE/MM—数据传输设备/大容量存储器。

图 4-4 四代机的核心处理器结构

CIP 的核心处理部件是可自动路由的数据网络(DN)(包括数据处理器(数据处理单元 D+图像处理单元 K)和数据服务器 DS)和本机全局大容量存储器(GBM)，负责控制整个系统程序、I/O 接口设备、系统操作时序的执行和处理等功能。核心处理部件的外围是信号处理模块(包括信号处理单元 SP 和低时延信号处理单元 L)和高速接口模块(包括门通道(也称为网关)GW 和光纤网络接口 F)，形成分布式处理网络，它们由 3 段并行接口(PI)总线、测试及维护总线(TM)在内部连接，由高速数据总线在外部连接，从而构成处理机的框架。

组成 CIP 的各外场可更换模块(LRM)通过电子底板连接,在物理上构成了一个机箱,在逻辑上是一个分布式处理网络,在任务执行时是一个完整的运算网络,可完成管理、在线诊断、传感器综合(数据融合、任务分配)、作战管理、火力控制、导航飞行、航迹管理、应急指南等工作。

从可增加的 LRM 数量计算,四代机的信号/数据处理能力还有超过 80% 的裕量,四代机航空电子系统的增长潜力为 200%。随着电子设备体积越来越小,功能越来越强,将来四代机航空电子系统的增长潜力可达 300%。

2. 总线设计

四代机系统互连的总线有多种,包括星型拓扑结构的高速光纤数据总线(HSDB)、点对点结构 HSDB、MIL-STD-1553B 总线、MIL-STD-1773 总线、CIP 底板上的并行模块间总线(PI-Bus)、数据网络(DN)、测试/维护总线(TM-Bus)以及传感器/视频/机架内部互连总线。

MIL-STD-1553B 总线是一种广泛应用于军用飞机的总线结构,所有传输均由中央控制器控制,传输速率仅为 1 Mb/s,每条线只能挂 32 个终端。MIL-STD-1773 总线是 MIL-STD-1553B 总线的光纤传输介质型,具有不产生电磁干扰(EMI)的特性。四代机采用双余度的 MIL-STD-1553B 总线将飞行器管理系统(VMS)、综合飞行器子系统控制器(IVSC)以及发动机诊断装置与惯性参考系统(IRS)、外挂物管理系统(SMS)、显示器以及中央处理器交联在一起。

PI-Bus 总线连接数据处理模块和一般的接口模块(含 MIL-STD-1553 接口模块),是 CIP 内的主要通信介质,具有 400 Mb/s 的带宽。TM-Bus 总线也连接到每个模块,用于错误探测和恢复。

采用 HSDB 总线是四代机航空电子系统的一个重要特征,是实现系统高速大容量数据传输以及容错、重构和资源共享的关键。HSDB 的传输速率高,采用并行分布式令牌传递的存取控制方式,每个终端都有获取"令牌"的机会,实现对总线的存取访问。每条线可挂 128 个终端。HSDB 总线构成了一个 50 Mb/s 的光纤网络。

"联合先进攻击技术"(JAST)还计划运用以光开关为基础的统一航空电子系统互联网络。新型网络的应用不只是传输速度的提高,还使整个系统中各部件之间的传输速度达到同一个量级,使外场可更换模块在机内所处的物理位置对于处理任务不再是一个重要的影响因素,为高度系统综合创造了条件。未来四代机航空电子系统互联网络还将可能采用 RapidIO 和 InfiniBand 标准。

4.2.3 有源相控阵雷达

良好的生存性、致命性、可靠性和保障性是四代机所用雷达的 4 个重要设计目标。四代机机载火控雷达采用有源电子扫描阵列(AESA)技术、低噪声接收元器件和高密度的电路封装技术,在功能、性能、可靠性和低可观测(LO)特性等方面都有突破性的进步。这些进步对四代机的作战性能、隐身特性和生存能力都产生了重大影响。

为了提高雷达的可靠性,减少维修工时和外场保障设备,有源相控阵雷达在设计时采取了一系列措施,主要包括:采用了外场可更换模块(LRM)的封装结构,不需采用任何外场校准,机内检测(BIT)能将 98% 的故障隔离到 LRM;采用了快速拆卸冷却管路、防静电放电的连接器、天线阵的"柔性"降级特性，等等。

如图 4-5 所示，有源相控阵雷达硬件包括 5 个主要部件，分别是 AESA 天线阵面/波束扫描控制器（BSC）、雷达支持电子组件（RSE）、射频接收机（RFR）、阵列电源（APS）以及安装支架。具体介绍如下：

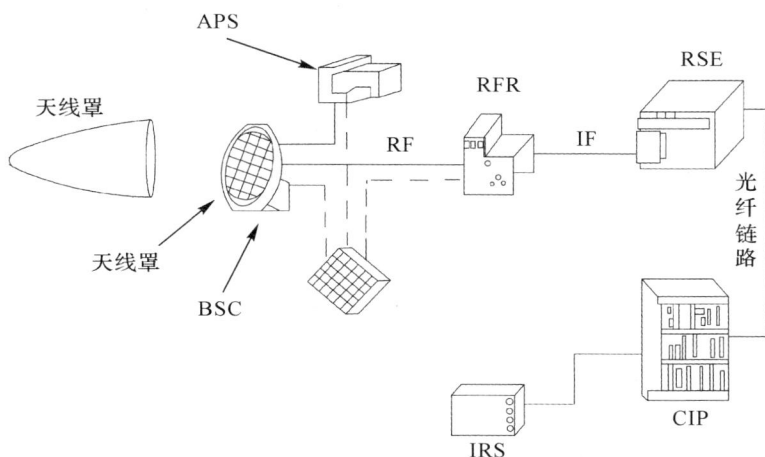

图 4-5　有源相控阵雷达的硬件组成示意图

（1）AESA 天线阵面与 BSC 安装在飞机头部。其中，AESA 天线阵面是雷达的关键组件，由若干"子阵"组成，用来在阵面前方的一个锥形区内产生电子扫描波束。子阵是一个机械和电子部件的组合，由一个中空的冷板（cold-plate）和在其上安装的 RF 分支线路、逻辑/电源分路器、T/R 模块和辐射器所组成，并固定在一个长方形的构件板上。所有子阵都包含同样的功能部件，但它们的尺寸有所不同，这主要取决于它们各自包含的 T/R 模块和辐射器的数量。根据雷达控制软件发来的指令，BSC 通过微处理器计算分配给不同 T/R 模块的射频信号的相位和幅度，以便得到所需要的天线波束形状和扫描特性，实现对雷达波束进行控制的目的。

（2）RSE 作为雷达的核心电路，包含 24 个电路模块，包括接收机、激励器、末级下变频器、控制器、同步器、A/D 变换器以及提供低压电源的功能电路。RSE 的激励器产生的雷达射频信号可以驱动相控阵面上的 T/R 模块，同时产生雷达系统时钟信号。雷达的状态控制和接收机数据的传输就是通过 RSE 和 CIP（通用综合处理器）之间的高速光纤总线实现的。

（3）RFR 包含 5 个电路模块，具有带通滤波、射频放大和第一下变频功能。此外，它还可以通过开关通道转换从主阵面和旁阵面来的信号。RFR 和 RSE 安装在前设备舱上方的稳定平台上。

（4）APS 包含 3 个电路模块，安装在天线阵面的后方。飞机电源向 APS 提供 270 V 直流电源。

AN/APG-77 雷达的工作频率为 8～12 GHz，雷达系统重约 240 kg，其装备的 T/R 模块多达 2000 个，每个模块的峰值功率为 10W。每个 T/R 模块的发射模块和接收模块分开封装，通过环形器连接在一起，并向辐射器馈电。其中，发射模块是一个微波功率放大部件，提供功率放大、相位控制、发射定时、数据变换和电压调节等功能；接收模块提供低噪声射频放大、移相、后置放大以及接收机保护等功能。T/R 模块采用多种砷化镓（GaAs）器件,在一对组合的 T/R 模块上有 6 个单片微波集成电路(MMIC)芯片和 5 个专用集成电路(ASIC)。AN/APG-77 是首次在战斗机上运用的 AESA 雷达,它使飞机具有更为锐利的眼睛,具有"先敌发现、先敌发射、先敌摧毁"的先进作战能力,这些是以前战斗机雷达所无法实现的。

下面介绍 AN/APG-77 雷达的空中优势模式、先进的空空模式和先进的对面目标攻击模式。

1. 空中优势模式

AN/APG-77 具有空空搜索与多目标跟踪组合雷达模式(CRM),其中空空搜索模式包括边测距边搜索、上视搜索和速度搜索(提供测距选项)模式,多目标跟踪模式增加了态势感知和单目标跟踪功能。

此处,AN/APG-77 雷达的空战机动(ACM)模式用于近距格斗,飞行员通过油门杆上的按钮进入该模式,平显自动提供火控系统的信息,便于飞行员操纵飞机。

2. 先进的空空模式

AN/APG-77 雷达具有以下一些先进的空空模式。

(1)边测距边搜索(RWS)模式:上视/下视模式能够在严重杂波环境中提供针对空中目标的全向探测功能;聚束照射模式可以扫描飞行员选定的空域,以便尽早发现目标。

(2)搜索高度显示(SAD)模式:提供被飞行员选定的任一目标的高度数据,以增加飞行员对空域环境的了解。目标信息包括距离、方位角以及在多功能显示器上显示的历史数据。

(3)边速度搜索边测距(VSR)模式:提供对于前半球进入的、上视/下视目标的最大探测距离。VSR 模式虚警率低,雷达作用距离大于 RWS 模式。

(4)边扫描边跟踪模式(TWS):帮助飞行员对付敌方数量占优势的空情。该模式最多可跟踪 10 个目标。所有被跟踪的目标在丢失后和取消跟踪之前,可在显示器上显示最多13 s,以便保证在多目标环境中工作的有效性。

(5)单目标跟踪(STT)模式:可以通过飞机操纵杆和油门杆从任何一种空空搜索模式进入。STT 模式实现对目标的可靠和精确跟踪,并可显示目标参数。

(6)多目标分辨(RCR)模式:采用高峰值功率中脉冲重复频率(MPRF)模式分析目标回波,通过不同的速度确定组成目标群的目标数量。

(7)改进的上视搜索(远距搜索)模式:与 RWS 模式相比,该模式增加了雷达在低到中等杂波环境下的全向目标探测能力。

(8)态势感知(SAM)模式:通过隔行扫描技术为飞行员提供搜索和跟踪功能。SAM 模式能够提供对 1 个或两个目标的高质量跟踪,并同时在飞行员指定的一个独立空域内搜索其他目标。

(9)通过凹口进行跟踪记忆(TRTN)模式:TRTN 在 STT 和 SAM 模式的跟踪阶段自动启动,当雷达无法获取目标信息时,该模式仍保持原工作状态数秒,直至雷达重新获得目标信息。

3. 先进的对面目标攻击模式

AN/APG-77 雷达具有以下先进的对面目标攻击模式。

(1)增强实波束地图测绘(GM)模式:该模式提供最远 148 km 的导航和目标探测能

力,采用单脉冲地图测绘技术提高对飞机前方和两侧的地形以及硬目标的探测能力。雷达显示画面可以冻结,此时雷达停止发射,保持静寂状态,降低飞机接近目标时被发现的概率。

(2)扩展地图(GM EXP)模式:GM EXP 模式从任何地图模式都可进入,它能够以 4∶1 的比例放大地面的局部,并可改善像素分辨率。扩展的区域可以选定在雷达的扫描和探测距离范围内的任何位置。雷达显示画面冻结选项可用于该模式。

(3)多普勒波束锐化(DBS)模式:当雷达工作在扩展地图模式,并且距离范围在 18 km、37 km 或 74 km 内时,可以进入 DBS 模式。这时雷达的分辨率可得到进一步的提高。雷达的 DBS 模式有两级:DBS1 和 DBS2。DBS1 的锐化比为 8∶1,DBS2 为 64∶1。雷达显示画面冻结选项可用于该模式。

(4)海上(SEA)模式:用于在中、低海情时探测海上目标。与 GM 模式相似,运用较低的扫描频率可以提高对目标回波的积累,增加了对海上目标(舰船等)的探测距离。雷达显示画面冻结选项可用于该模式。

(5)海上扩展(SEA EXP)模式:与 GM EXP 模式功能相似。

(6)固定目标跟踪(FTT)模式:用于对固定目标进行自动精确跟踪和武器投放。FTT 模式可以从 GM、GM EXP、SEA、SEA EXP 和 DBS 任一模式进入。GM 和 SEA 模式运用该模式后可以获取慢速运动目标的信息。

(7)地面动目标指示(GMTI)模式:能够探测 74 km 以内的地面或海面动目标,其中包括运动中的汽车、坦克、舰船以及在跑道上滑行的飞机等。GMTI 模式还可用在高海情状态下探测运动海面目标。雷达显示画面冻结选项可用于该模式。

(8)地面动目标跟踪(GMTT)模式:可以自动保持对地面/海面目标的精确跟踪,以便于武器投放。该模式仅能从 GMTI 模式进入。

(9)信标(BCN)模式:能够对地面设置的信标台进行探测,以保证导航修正和武器投放。BCN 模式可用于同空中加油机会合。雷达显示画面冻结选项可用于该模式。

4.3　机 电 系 统

四代机的机载机电系统包括电源、燃油、液压、第二动力、机轮刹车、环境控制、生命保障和弹射救生系统等,其主要特点如下:

(1)已开始从自成一体的常规系统向综合系统的方向发展。诸如公共设备管理系统、闭式蒸气循环环境控制系统、机上制氧系统/机上惰性气体发生系统、燃油热管理系统等,从控制、功能或能量等方面实现机载机电系统综合化的新技术已开始在四代机上正式装机运用,这使飞机性能和经济可承受性同时得到改善。

(2)一些新颖的机电技术在四代机上装机运用,如 270V 高压直流发电系统和蒸气循环制冷技术等。

(3)数字控制技术在四代机的机电系统中得到了更广泛的应用,如公共设备管理系统、电传刹车系统、数字化的燃油油量测量和指示系统等。

1. 电源系统

四代机采用 270 V 高压直流供电系统。主电源为两台 65 kW 的直流发电机,发电机采用喷油冷却,绕线转子式电励磁发电机内加整流装置,发电机安装在飞机的发动机附件机匣上;二次电源为两台 6 kVA 的直-交(270 V DC/115 V、400 Hz 三相)逆变器和 4 台 2.1 kW 的直-直(270 V DC/28 V DC)变换器;辅助电源为一台由辅助动力装置驱动的 27 kW 高压直流发电机。所有这些设备的供电技术水平和指标均符合 MIL-STD-704E 标准。另外,飞行控制系统是由 3 台 400 W 的功率变换器供电的,这 3 台功率变换器连接在两台主发电机上。

四代机电源系统采用由计算机控制的配电中心,为了集中监控而由 1553B 总线将配电中心连接到飞机的主计算机上。这些配电中心将在故障情况下保护飞机布线,并为电力管理和余度配电进行负载转换。基于可编程的固态开关、1553 总线、微处理机和负载自动管理技术的固态配电系统也在四代机上成功应用。

2. 第二动力系统

四代机装备了新式的气压型第二动力系统(如图 4-6 所示),由 335 kW 的 G250 辅助动力装置(APU)、75 kW 的自备式贮能应急动力装置和再充气装置组成,系统重 120 kg。

图 4-6　四代机的第二动力系统

G250 APU 除在地面可启动发动机外,还具有在 12 500 m 高空亚声速飞行时应急启动发动机的能力。另外,它还可驱动一台 27 kW 的高压直流发电机和一台 100 L/min 的液压泵,并具有向环境控制系统供气的能力。

自备式贮能应急动力装置能在任何高度、速度和姿态下,在联机后的 5 s 内提供应急液压动力和应急电力,以确保继续控制飞机。由于该装置与辅助动力装置安装在同一齿轮箱上,取消了自备式贮能装置的齿轮箱、发电机和液压泵,从而使系统的复杂性下降,系统部件减少。另外,再充气装置使第二动力系统具有不依赖地面保障设备的能力。

3. 液压系统

四代机采用的是 27.6 MPa 的液压系统,具有下述特点:

(1) 功率为 560 kW,几乎是 F-15 战斗机液压系统功率的两倍。

(2) 在系统中用直接驱动阀(见图 4-7)取代了电液阀,从而简化了液压系统部件。

图 4-7　四代机液压系统运用的直接驱动阀

（3）飞机上配备了两个液压系统，但每个操纵面上只有一个作动器，以减轻重量和降低成本。为了在作动器或液压系统发生故障时提供安全的飞行品质，采用了多种控制重建模式。此外，每个作动器上的补偿器可在出现液压故障时提供刚度。

（4）采用了液压作动的推力转向系统，作为对飞行控制的补充。

（5）主液压泵性能先进，其功率为 140 kW，额定流量为 270 L/min，功率重量比为 9.2 kW/kg。

4. 机轮刹车系统

四代机采用了新的数字式电传刹车系统（电传控制、液压作动）。该系统是一种"减速指令"刹车系统，具有防止机轮锁定或自转的全时防滑和保护功能。该系统设计成能实现多段刹车力矩控制，从而使刹车能量的不均匀度减到最小，以确保踏板力与刹车力矩之间保持恒值关系。该系统包括带光缆的无方位磁-光机轮转速传感器、采用 16 位处理机的刹车控制模块、刹车踏板的线性可变差分传感器和可探测故障的刹车阀等部件。该系统是无方位的，这是因为轴向的静止传感器只感受衬套的旋转。磁-光机轮转速传感器指示的机轮转速是通过嵌入旋转衬套中的铁磁体元件的作用而感受到的，并通过静止轴中的光纤输出。该系统是先进碳刹车和高强度铝合金机轮系统的一部分。在四代机上，数字式电传刹车系统的控制功能已综合到飞机分系统综合控制器中。

5. 燃油系统

四代机采用综合控制布局的燃油系统，不但把机体燃油热管理系统与发动机燃油热管理系统综合在一起，而且把环境控制系统的热负荷也纳入了燃油冷却系统，从而促进了机载机电系统的综合化。由于燃油成为冷却飞机系统和发动机附件的主要介质，因此燃油将经受更高的温度以及进行更多的加热和冷却循环。燃油在循环过程中吸收环境控制系统、次级功率系统以及发动机滑油的热量后，一部分去了发动机，另一部分经冲压空气散热后回到油箱。燃油系统把燃油调节到适当温度，以便使发动机获得最高的效率。

在四代机的燃油系统中，燃油油量测量和指示系统采用了微处理机和超声探头，这是燃油油量测量和指示系统现代化的标志。采用微处理机，使油量测量和指示系统实现了数字化，从而提高了系统的测量精度，同时也明显改善了系统的可靠性和维修性。超声探头则是一种直接测量油面高度的传感器，因而它具有测量精度高的特征。另外，它还具有易于标准化和成本低的优点。

机上惰性气体发生系统将在燃油消耗时用氮气充填油箱，以抑制燃油蒸发和在油箱万一被炮火击中时尽可能地防止发生意外爆炸。

6. 环境控制系统

四代机装备了全综合的环境控制系统（ECS），制冷能力达到了 60 kW，在整个飞行包线内为飞行员和航空电子设备提供热调节。该系统主要具有航电设备冷却、为飞行员提供适宜空气、座舱除雾和压力调节、防火基本功能。

四代机的 ECS 由开式空气循环、闭式蒸气循环和液体冷却循环三大系统组合而成。其中，开式空气循环系统是高压和低压两级分水的两轮开式空气循环制冷系统，用于冷却关键飞行航空电子设备，并向生命保障系统提供空气；闭式蒸气循环系统是两级蒸气压缩系统，用液体来冷却关键任务航空电子设备和天线。整套环境控制系统有两个特点：其一，稳定性强;其二,由燃油热管理系统将上述两种环境控制系统组合在一起,以使整个环境控制系统具有很高的效率和性能。

开式空气循环系统从四代机的两台发动机引气(输入温度为649~1093℃),经由主热转换器冷却至接近205℃,从主热转换器出来的空气再进入空气循环制冷包。由于空气必须是干燥的空气,因此该系统还包括水分离器。从空气循环制冷包出来的空气温度接近10℃,用于冷却重要飞行设备。同时该空气也被引入机载制氧系统为飞行员提供可呼吸的氧气和操作飞行员全身的供氧抗荷调节器阀,以及进行飞机座舱盖除雾和座舱增压。

四代机的航空电子设备采用液体冷却(简称液冷)而不是空气冷却,液冷环控系统的特点是抗高温和耐久性。

液体冷却循环系统分成两条回路:一条在机前,一条在机尾。液体冷却循环系统使用的工作介质是聚α烯烃(PAO)。前回路用于冷却关键任务航空电子设备,使其处于适宜的20℃环境中。PAO通过蒸发循环系统、过滤器传至航空电子设备,然后到达机翼以冷却嵌入式或混合传感器。随后,加热的PAO冷却剂进入机尾回路,并通过空气循环机散发热量,然后进入油箱再次进行散热。

7. 生命保障系统

四代机采用综合生命保障系统,即将服装、防护装置和飞机上与生命保障相关的设备的所有关键部件进行综合。系统具有高空(18 km)、高过载(9g,其中装备防护效果为5g)、热负荷、浸冷水、生化环境、火、噪声和高空/高速(1112 km/h)弹射等防护功能,并较好地兼顾了飞行员的视野、舒适性和活动性。该生命保障系统能满足更大范围尺寸和多种体型的飞行员使用。

生命保障系统包括:① 机载制氧系统,用于提供飞行员呼吸用氧气;② 综合呼吸调节器/抗荷阀,用于控制面罩和加压服的气体流量和压力;③ 防化学/生物武器及抗浸防寒服,用于提供生化武器环境和浸冷水条件保护;④ 高空代偿服,由上体代偿服和下体抗荷服组成;⑤ 空气冷却通风服,用于为飞行员降温、散热;⑥ HGU-86/P头盔(带防生化镜和防生化帽套)和MBU-22/P供氧面罩(含软管系统)。

四代机采用分子筛制氧系统,它是生命保障系统的一个组成单元,其体积不大,并配有一种集呼吸调节器和抗荷调压器为一体的简单的呼吸调节器/抗荷阀,以便在高空和高过载时实现加压呼吸。生命保障系统有一条专用管路与通风服连接,可以为飞行员提供13~32℃的调压空气。在通风服外是一件多功能的飞行服,它具有抗浸防寒、防化学/生物武器、防火焰等功能。在飞行服外是抗荷服。由于该抗荷服是一种均匀加压、气囊覆盖面积遍及整个下体的抗荷服,因而其抗荷面积大,过载耐受时间长,并使飞行员仍有足够的活动能力。

四代机的生命保障系统能为暴露在高达1100 km/h风速下的飞行员提供保护。其头盔采用先进技术设计,具有抗噪声设施,包含防化学/生物武器的遮目镜、防化学/生物武器的兜帽、呼吸面具等部件。另外,该头盔还改善了被动噪声保护性能,通过一个主动减噪系统为飞行员提供更优保护。

防化学/生物武器及抗浸防寒服在冷水浸没试验中,穿着该服装的测试对象在接近0℃水中坐2 h之后,体温下降远小于1℃。

8. 弹射救生系统

四代机采用先进概念弹射座椅Ⅱ（ACESⅡ）的改进型，主要改进包括：① 增加一个主动式限臂器，以在高速弹射时避免手臂摔打损伤；② 采用改进的快速作用座椅稳定减速伞，以便在高速弹射时为飞行员提供座椅稳定性和安全性；③ 采用新的电子式座椅和飞机程序器，以改进与飞行员弹射有关的各种动作的定时，如弹射启动、抛座舱盖、座椅弹射器点火等；④ 采用氧气容量更大的氧气瓶，为飞行员在更高的高空弹射时提供呼吸用的氧气。ACESⅡ改进型座椅重量为 68.5 kg，座椅椅盆最大宽度均为 0.51 m，弹射性能包线扩大至速度为 1300 km/h 和升限为 21 km。

四代机采用抛盖弹射方式，在应急弹射抛座舱盖时，将座舱盖向后移，并由一个火箭推力器将其前缘抬起，使其成为一个飞行物，利用座舱盖重量不对称确保它与弹射出舱的飞行员运动路径分开，从而保证座舱盖与飞行员互不干扰。

四代机的弹射座椅采用标准的模拟式三模式座椅开伞程序器。该程序器是采用数字式微处理机技术发展起来的电子程序器，使降落伞在高速条件下能连续可变延时开伞，它自动感受座椅的速度和高度，然后选择合适的回收模式。三种模式分别对应低空低速、低空高速和高空高或低速三种状态，具体如下：模式 1 为速度小于 462.5 km/h、高度在 0～4.6 km 间，在此模式下，稳定减速伞不展开；模式 2 为速度大于 462.5 km/h，高度在 0～4.6 km 间；模式 3 为高度大于 4.6 km，速度为高速或低速。在模式 2 和模式 3 下，从飞行员拉动手环到降落伞打开平均只需要 2.48 s。

4.4　飞行器管理系统

四代机的飞行器管理系统(VMS)包括综合飞行/推进控制系统和公共设备管理系统两部分。图 4-8 给出了四代机的 VMS 体系结构图。

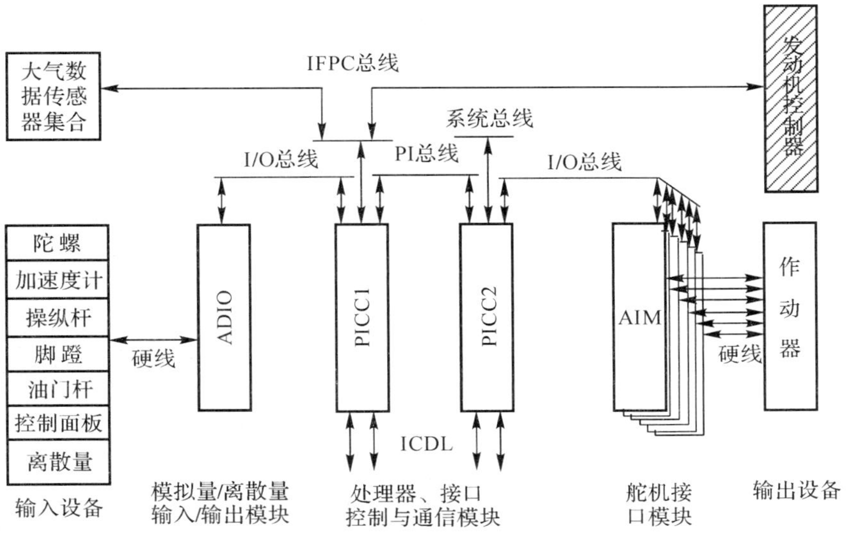

图 4-8　VMS 的体系结构图

4.4.1　综合飞行/推进控制系统

在四代机上，大气数据系统、推力控制系统和飞行控制系统的功能结合在一起构成了综合飞行/推进控制(IFPC)系统。飞机的飞行状态、发动机的推力要求和推力转向的命令通过数据总线传到发动机控制器。发动机响应推力要求，将喷管定位在适当的矢量角，同时将动作响应回传到飞行控制计算机。飞行控制系统对发动机的回传信息进行分析，并发出新的指令。发动机油门杆与发动机没有机械的联系，由飞行控制计算机将油门杆位置电信号转换成推力需求信号，并由飞行控制计算机计算出油门位置输入信号与推力要求的输出信号。

1. 四代机的综合飞行/推进控制系统

四代机综合飞行/推进控制系统包括操纵杆、油门杆、脚蹬、大气数据系统、速率陀螺、加速度计、前缘襟翼驱动作动器、主飞行控制作动器以及控制这些设备的软件。综合飞行/推进控制系统(IFCS)控制14个操纵面，包括水平尾翼、副翼、襟副翼、方向舵、前缘襟翼、进气道和涵道舱门等。

图4-8中给出的飞行/推进控制系统包括输入设备、模拟量和离散量的输入/输出(ADIO)模块、处理器及接口控制和通信(PICC)模块、舵机接口模块(AIM)、输出设备以及连接系统中各个部分的各种总线等。总线包括IFPC总线、综合飞行器子系统控制(IVSC)总线、航电系统总线的接口、PI局部总线和I/O局部总线以及FADEC系统的接口。

1) IFPC计算机

IFPC计算机由三个机柜组成。图4-8中的PICC、ADIO和AIM模块在三个机柜中都是相同的配置，构成三余度配置的数字控制计算机系统。

在每一个机柜中有两个用于飞控的PICC模块，这两个PICC有不同的分工。PICC1进行输入信号的表决监控、控制律计算、大气数据计算、余度管理和BIT。PICC2进行作动器监控、输出监控、余度管理和BIT。

三个机柜间相同功能的PICC模块之间通过通道间数据链(ICDL)通信。每个机柜中的两个PICC模块之间通过PI局部总线通信。

2) 总线

IFPC总线的体系结构如图4-9所示。

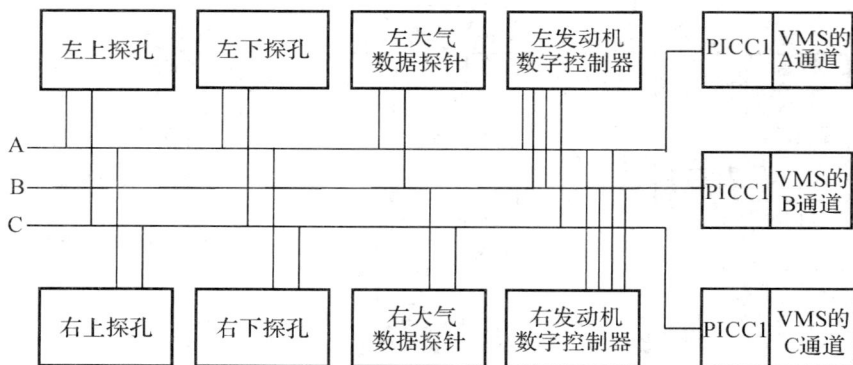

图4-9　IFPC总线的体系结构

IFCS 系统中的全局 IFPC 1553B 总线与大气数据传感器、发动机控制及 PICC1 模块连接；三余度的 IFPC 总线控制器位于三个机柜的 PICC1 模块中；PI 背板总线连接同一 VMS 机箱内的各个 PICC 模块；I/O 总线负责同一 VMS 机箱中 PICC 模块与 ADIO 模块及 PICC 模块与 AIM 模块之间的通信；IVSC 全局数据总线是 1553B 总线。

3）接口关系

IFCS 中的所有接口关系如下：

（1）IFCS 的主要接口是通过 1553B 数据总线连接到发动机控制器（FADEC）的接口。IFCS 的接口实现综合飞行/推力控制功能。

（2）其他的 1553B 总线接口是到大气数据传感器的接口。

（3）飞机状态传感器和驾驶员控制指令（包括杆指令、脚蹬指令和控制盒输入）通过硬线接入 ADIO 模块。

（4）ADIO 模块的数字输出信息通过 I/O 总线传递到 PICC1。

（5）飞机的大气数据信息（动静压、迎角、侧滑角）通过 IFPC 总线传递到 PICC1。

（6）作动器指令通过 I/O 总线从 PICC2 传递到 AIM 模块。

（7）AIM 模块的输出通过硬线传输到作动器。

（8）到航电总线的接口是通过 PICC2 模块实现的。

4）飞行控制作动器

四代机的 IFCS 中有两类舵机：直接驱动阀（DDV）作动器和电液阀（EHV）作动器。

DDV 应用在飞行关键操纵面上，包括平尾、襟副翼和前缘襟翼，由两个液压源系统供油进行工作。EHV 应用于其他操纵面和子系统，如副翼、方向舵、前轮导向和旁路门，由一个液压源系统供油进行工作。

2. 大气数据系统

低可探测的气压大气数据系统（PADS）由多个安装在机身上的大气数据探头（雷达天线罩后面的机身两侧）和多个保形安装的静压孔（雷达天线罩后面两侧机翼边条上、下各 1 个）组成。总压、静压和迎角信息可从大气数据探头的数据中得到。机身边条上部静压孔用于测量小迎角时的侧滑角，下部的静压孔则用于测量大迎角时的侧滑角。PADS 在常规迎角范围内为飞行控制系统和其他飞机系统提供大气数据。在迎角大于 33°时，飞行控制运用来自惯导数据得出的迎角值。气压侧滑角可用到更大迎角，即迎角达到 60°时，侧滑角信号由惯导数据获得。迎角和侧滑角信号在 −5°和 −20°时也采用惯性迎角及侧滑角。

3. 操纵面

四代机的机翼后缘几乎全部为副翼和襟副翼，外部为一片副翼，内侧为一片襟副翼，采用单片全翼展前缘襟翼，垂直尾翼上带常规方向舵，全动平尾，无减速板（差动方向舵和机翼后缘表面用于速度控制）。

所有控制面采用液压驱动。滚转控制由副翼、襟副翼和平尾差动控制，全翼展前缘襟翼、副翼和襟副翼按迎角、马赫数和起落架位置对称偏转。低速飞行时所有控制面均下偏以满足升力要求。俯仰控制由平尾和发动机喷管的对称偏转实现。方向舵提供航向控制并在滚转时用于协调控制。

4.4.2 公共设备管理系统

公共设备管理系统是指利用计算机对机载机电系统从控制方面进行综合和自动管理的

系统，其功能是实现机载机电系统在布局、能量利用和控制信息共享上达到最优。四代机的公共设备管理系统对液压、机轮刹车、配电、燃油、灭火、第二动力、环境控制等机载机电系统实施统一的控制和管理，并直接与 VMS 的其他部分连接，这样更便于将控制信息和传感器数据转换到综合飞行/推进控制器。公共设备管理系统的主控制器集中在 VMS 的控制处理机中，并在不同的飞机分系统综合控制器之间进行余度管理。如果飞机分系统综合控制器失效，则每个飞机分系统综合控制器能使其管理的机载机电系统独立运行。

第5章 飞机导航原理与运用

5.1 无线电导航原理与运用

无线电导航技术是指利用无线电波引导飞行器沿着规定的航线、在规定的时间到达目的地的导航技术。无线电导航的过程是：首先利用无线电波的传播特性测定飞行器导航参数（位置、航向、高度、速度、距离等）并计算出当前航线与规定航线的偏差，然后由飞行员或自动驾驶仪操纵飞行器消除偏差以保持正确航线。

无线电导航系统操作较为简单方便，不受气象条件的限制，导航定位精度也比较高。但无线电导航系统属于非自主式（被动式）导航系统，需要有地面导航台的配合才能正常工作，而地面导航台易受到敌方摧毁，因此这种导航系统的生存能力不高。另外，由于工作时需要发射无线电波，因此无线电导航系统的抗干扰能力和隐蔽性都比较差。

根据测定的导航参数不同，无线电导航系统分为测向无线电导航系统、测距无线电导航系统、测距差无线电导航系统和测速无线电导航系统。测向和测距无线电导航系统用于近程导航与定位，测距差无线电导航系统用于远程导航与定位。

5.1.1 测向无线电导航系统

方向性天线在不同的方向上接收地面导航台发射的无线电波时，产生的感应电动势也各不相同。利用这一原理可以构建测向无线电导航系统。飞机上目前应用最广泛的两种测向无线电导航系统是自动测向器和甚高频全向信标系统。

1. 自动测向器

自动测向器（ADF）利用方向性天线接收来自地面中波导航台发射的无方向性的中长波，确定无线电波来向（导航台与飞行器的连线方向）与飞行器机体轴线之间的夹角。

自动测向器常用于中长波段（150 Hz～2 MHz），主要靠地波传播，作用距离约300 km。利用自动测向器只能确定飞行器相对于无线电导航台的方位，要想得到飞行器相对于地球北极的方位，还需结合其他的导航方法来提供航向基准。如果同时测出飞行器相对于两个导航台的方位角，并已知这两个导航台的地理位置，则可以确定飞行器的位置，如图5-1所示。

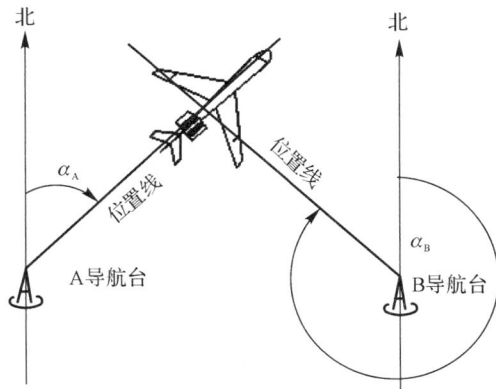

图5-1 测角法确定飞机位置

2. 甚高频全向信标系统

甚高频全向信标系统(VOR)是一种近距测向导航系统,它由地面导航台向飞行器提供以导航台所在点北向子午线为基准的飞行器方位信息,或者为飞行器提供一条"空中道路",以引导飞行器沿着预定航道飞行。

VOR地面信标台发射的信号有两个:一个是固定相位的基准信号;另一个是可变相位信号。可变相位信号像灯塔的旋转探照灯一样,朝360°范围内各个角度发射相位不同的信号。飞机上的VOR接收机根据所收到的两个信号的相位差就可判断出飞机处于信标台的哪一个角度上(可以判断出飞机在以信标台发射机为圆心的哪一条"半径"上)。例如,向地磁北极(360°)发射的可变相位信号与基准信号是同向的,而向地磁南极(180°)发射的可变相位信号与基准信号是反向的。

VOR信号发射机和接收机均工作于高频波段(108.0~117.95 MHz之间)。由于VOR的无线电信号是直线传播的,会被山峰等障碍物阻隔,所以飞机要飞至离地1000 m高度左右才能收到信号。飞机在6000 m高度以上时,最大接收距离约为250 km。同自动测向器一样,VOR也可以利用两个导航台确定飞行器的位置,如图5-2所示。

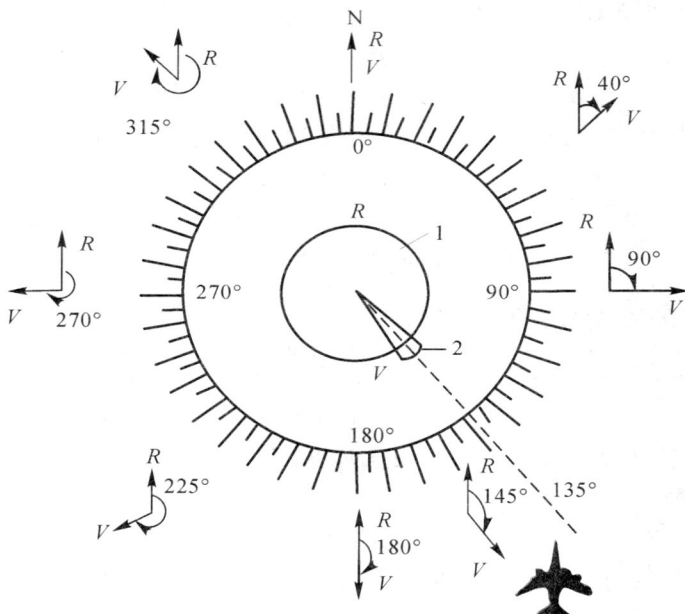

图5-2　VOR信号导航系统

5.1.2　测距无线电导航系统

测距无线电导航系统(DME)的原理是:利用频率较高的无线电波以光速c直线传播的特性,通过测量传播时间Δt来确定飞行器到地面导航台之间的距离r,即$r=\frac{1}{2}c\Delta t$,如图5-3所示。测距无线电导航系统的位置线是一个圆周,测定飞机同两个导航台之间的距离,再由两条圆位置线的交点即可确定飞机的位置(两个交点中的另一个可由第三条圆位置线来消除）。测距无线电导航系统可以是脉冲式的、相位式的或频率式的。DME 的作用距离约为 590 km。

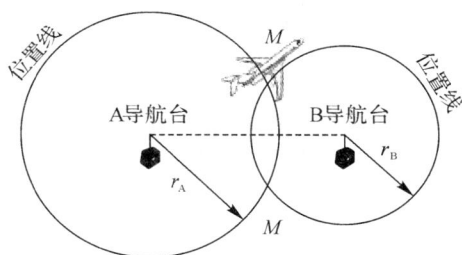

图 5 - 3　测距法确定飞机位置

如果某个地面导航台同时具有 VOR 发射机和 DME 测距装置，则仅由这一个导航台就可确定飞机的位置（VOR 提供角度信息，DME 提供距离信息）。我们也可以利用一个 DME 和一个 VOR 电台测定飞机位置。

塔康（TACAN）系统就是一种同时测向和测距的导航系统，其 DME 通过可变相位脉冲测定方向（类似于 VOR），如图 5 - 4 所示。塔康系统的优点是地面站体积小、设置方便、可以移动，因此被美国空军和民用航空广泛采用。

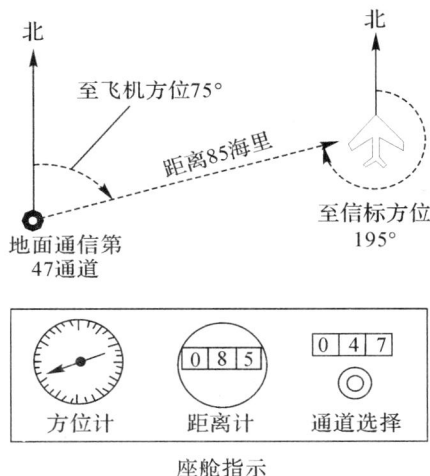

图 5 - 4　塔康导航系统

5.1.3　测距差无线电导航系统

上述无线电导航系统都是近距导航，地面导航台作用距离只有几百千米，因此需要沿着飞行路线连续设置多个导航台。在飞机进行远距离尤其是跨洋飞行时，不可能在海上设置多个导航台，因此远程无线电导航采用测距差无线电导航系统。

测距差无线电导航系统的原理如图 5 - 5 所示。在地面上设置 2～4 个导航台，各导航台同步发射无线电信号，各信号到达飞机接收器的时间差与导航台到飞机的距离差呈比例。测出它们到达的时间差，就可求得距离差。由解析几何的知识可得，与两个定点保持等距离差的点的轨迹是双曲线,利用 3 或 4 个地面导航台可求得两条双曲线。根据两条双曲线的交点即可确定出飞机的位置,定位的双值(两个交点)可用第三条双曲线来消除。测距差无线电导航系统的作用范围可达 1000 km 以上。

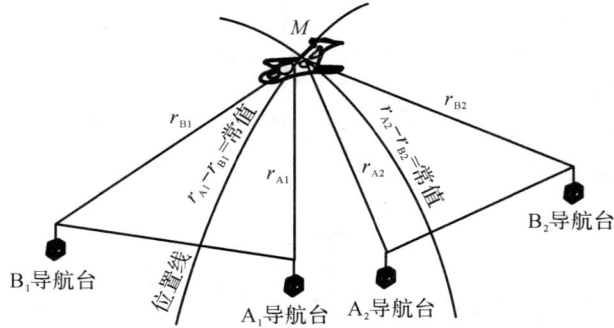

图 5-5　测距差无线电导航系统原理图

罗兰系统(LORAN)就是一种测距差无线电导航系统,其作用距离白天约 1300 km,夜间约 2500 km。罗兰系统通过地面上 A、B、C 三个导航台工作,其中 AB、AC 构成两对导航台(A 为主台,B、C 为副台),飞机通过测距差产生两条双曲线用于定位。

奥米加系统(OMEGA)是一种超远程测距差无线电导航系统,其作用距离可达 11 000 km 以上,只要设置 8 个导航台即可覆盖全球。飞机在地球上任何一个地方一般可同时接收到 5 个导航台的信号,从中挑选 3 个导航台的信号确定出两条双曲线就可用于飞机定位。

5.1.4　测速无线电导航系统

测速无线电导航系统大多是利用多普勒效应工作的,又称为多普勒导航系统。

在日常生活中,我们都会有这种经验:当一列鸣着汽笛的火车向我们驶近时,火车汽笛的声调(频率)越来越高;当火车远离时,火车汽笛的声调越来越低。这种现象称为多普勒效应,如图 5-6 所示。当发声体不断靠近时,两重声波的时间间隔比发声体静止时小些,即频率变大;当发声体不断远离时,两重声波之间的时间间隔比发声体静止时大些,即频率变小。发声体的速度越大,频率的变化也就越大。

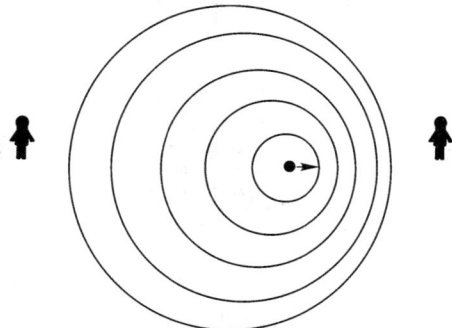

图 5-6　多普勒效应

多普勒效应指出：当波源和观察者之间有相对运动速度 v 时，观察者接收到的波的频率与波源的振动频率不同，二者的频率差 Δf（又称为频移）与相对速度 v 之间存在比例关系。因此只要测定了频移 Δf，就可以确定相对速度 v。

多普勒导航系统的工作过程（参见图 5 - 7）是：飞行器上的多普勒雷达向地面发射无线电信号，由于存在多普勒效应，飞行器接收到由地面反射回来的信号频率与发射信号频率之间存在一个多普勒频移 Δf，测出多普勒频移，就可求出飞行器相对于地面的速度 v，这个速度是飞行器相对于地面的瞬时速度。将速度 v 分解到大地水平坐标系的东向和北向，然后分别对时间求积分，即可得出飞行器在地球经度和纬度上的行程。多普勒导航系统的测速精度约为千分之几，定位精度为飞行距离的 $1\%\sim2\%$。

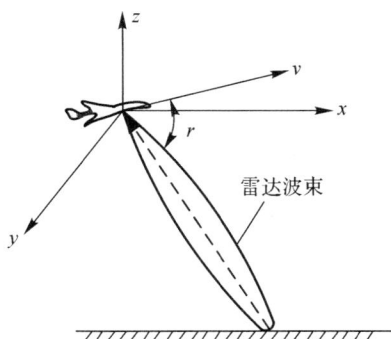

图 5 - 7　多普勒导航系统工作过程

5.2　惯性导航原理与运用

惯性导航系统（INS）是指利用加速度计测量飞行器的加速度并自动进行积分运算，获得飞行器瞬时速度和瞬时位置的导航系统。惯性导航系统的设备都安装在飞行器内，工作时不依赖外界信息，也不向外界辐射能量，不易受到干扰，是一种完全自主式的导航系统。其缺点是惯性器件误差随积分时间而积累影响导航精度。因此，对工作时间较长的惯性导航系统，常运用其他辅助导航方式来修正惯性测量装置的积累误差，构成组合导航方式，如惯性＋地形匹配组合导航、惯性＋地形匹配＋景象匹配组合导航等。

惯性导航系统通常由惯性测量装置、计算机、显示器组成。惯性测量装置包括加速度计和陀螺仪，加速度计用来测量飞行器沿三个坐标轴的线加速度，陀螺仪用来测量飞行器绕三个坐标轴的角速率。计算机通过对加速度的积分运算获得飞行器的速度和位置信息。显示器用于显示各种速度和位置信息。

按照惯性测量装置在飞行器上的安装方式，惯性导航系统可分为平台式惯性导航系统（惯性测量装置安装在惯性平台上）和捷联式惯性导航系统（惯性测量装置直接安装在飞行器上）。

5.2.1　平台式惯性导航系统

平台式惯性导航系统将惯性测量元件安装在惯性平台上。惯性平台（见图 5 - 8）是利用陀螺的定轴性使台体保持方位不变的装置，又称陀螺稳定平台（用稳定电机补偿由外力引起的进动不稳定）。惯性平台可以在飞行器上建立一个不受飞行器转动影响的参考坐标系，用以测量飞行器相对于参考坐标系的姿态角和加速度。根据惯性平台建立的参考坐标系，平台式惯性导航系统又分为空间稳定的平台式惯性导航系统和当地水平的平台式惯性导航系统两种。

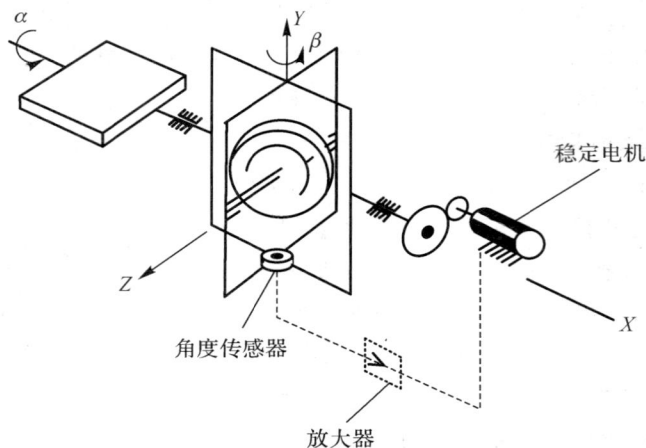

X、Y、Z—惯性平台的稳定轴；α、β—轴的转动方向。

图 5-8　惯性平台

（1）空间稳定的平台式惯性导航系统。空间稳定的平台式惯性导航系统通过陀螺仪及相应的伺服回路将陀螺平台稳定在惯性空间（地球坐标系），不随飞行器转动，保持初始状态。其惯性平台由台体、陀螺仪、内框架、外框架、力矩电机、角度传感器和伺服电子线路等组成，陀螺仪安装在台体上，台体通过内框架和外框架支撑在基座上。由于陀螺仪具有定轴性，飞行器转动时，台体在惯性空间的方位保持不变。这种系统多用于运载火箭主动段和某些航天器上。

（2）当地水平的平台式惯性导航系统。当地水平的平台式惯性导航系统通过计算机对陀螺平台台体上的陀螺仪施加控制力矩，使陀螺平台台体始终跟踪并稳定在当地水平面内。该系统多用于沿地球表面做等速运动的飞行器，如飞机和巡航导弹。

由于平台式惯性导航系统的陀螺平台隔离了飞行器的振动和角运动，给陀螺仪和加速度计提供了一个良好的测量基准，因此测量精度很高，初始对准也较容易实现。但陀螺需要高速旋转，平台系统结构复杂，维护困难，成本较高。

5.2.2　通信、导航与识别系统

四代机的通信、导航与识别（CNI）系统是沿用了"综合通信、导航与识别系统"（ICNIA）计划的设计思想，是在 ICNIA/ADM（预先研究）技术成功验证的基础上确定的。1988 年，美国空军先进战术战斗机（ATF）计划办公室为了使设计的 ICNIA 系统能够用于这些战斗机，对 ICNIA 计划进行了修订。1989 年，ATF 计划办公室为了尽量减少技术风险和缩短研发时间，开始采用新的技术和设计概念，由 TRW 公司、GEC 公司、ITT 公司和洛克韦尔·柯林斯公司组成一个研发小组进行新的系统的研制。

CNI 系统由能够处理 2~2000 MHz CNI 信号的模块组成。

从图 5-9 中可以看出，该系统设计采用了射频转换开关和总线结构，并以分配在 RF工作组、信号处理器工作组和数据处理器工作组中的通用模块来替代通信与导航以及识别功能中的共有组件，实现资源共享。特定设计要求的 CNI 功能则由各专用模块以软件编程来实现。专用模块的类型数取决于所要完成的 CNI 功能数。这些模块以超高速大规模集成电路(VHSIC)为基础,采用表面贴装技术(SMT),可以拆卸和独立更换,具有完善的机内检测(BIT)能力。电子结构的模块化使得综合 CNI 系统可以根据不同的任务需求和不同的应用平台进行重构。

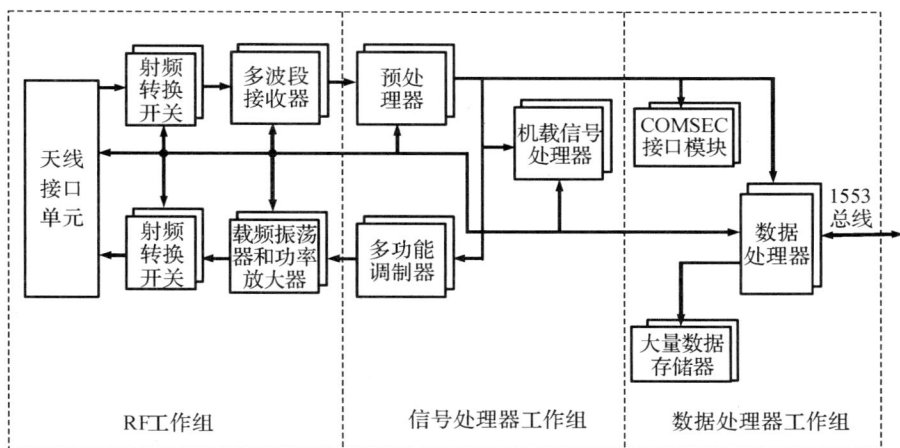

图 5-9　典型 CNI 系统体系结构

四代机的 CNI 系统能够实现的功能主要包括:超高频/甚高频(UHF/VHF)无线电台、Have Quick 话音通信、全球定位系统(GPS)、塔康系统(TACAN)、仪表着陆系统(ILS)、MKXII 敌我识别机(IFF)、联合战术信息分发系统(JITDS)、微波着落系统(MLS)等。此外,四代机采用了可扩展功能模块的总线结构,开发了机间飞行数据链(IFDL)、机内通话和应急话音通信等功能。四代机通过 JTIDS 可以从机外信息源,如其他战斗机、空中预警机上获得必要的战术信息。四代机也可以通过 IFDL 在飞行中不需通过无线电呼叫就能从信息网络获取数据,同时也为信息网络提供本机传感器数据,使得多机协同作战成为可能。

图 5-10 所示为四代机 CNI 系统的拓扑结构。该 CNI 系统主要由孔径与外部/孔径电子设备、两个 CNI 综合航空电子机架(IAR)、两个通用综合处理器(CIP)和机内话音通信系统 4 个部分组成。其中,两个 CNI/IAR 最初是完全冗余且相同的,但为了减轻重量,现在每个 IAR 的功能有所区别,但是任一机架都可支持对飞机来说非常关键的功能,如 UHF/VHF 通信、ILS、TACAN 导航或 MKXII IFF 应答。

(1) 孔径与外部/孔径电子设备:用来接收和发送多种 RF 信号,外部/孔径电子设备可按照功能需求,远离或靠近孔径安装。例如,对于 GPS 功能,一个 GPS 孔径前置放大单元可以提供低的系统噪声系数,这是接收极低 GPS 信号电平所必需的。

(2) CNI 综合航空电子机架(IAR):专门设计用来容纳完成 CNI 功能的各种标准电子模块,包括天线接口单元(AIU)、RF/预处理器和各种 CNI 功能模块。这些标准电子模块是综合 CNI 系统的结构元素,CNI 子系统可以根据专用平台特定需求任意进行裁减。在四代机的综合 CNI 系统中,AIU 是分立的现场可更换组件(LRU),可将外部/孔径电子设备输出的 RF 信号直接输入到 RF/预处理器的接收机,消除了对多路 RF 接收切换模块的需要。此外,AIU 交互地与两个 RF/预处理器中的发射机进行操作,可解决在共享口径过程中任何可能出现的冲突；RF/预处理器用于 RF 发射和接收处理，使数字发射和接收处理资源被分配到两个 CNI/IAR 的功能模块中去。

（3）通用综合处理器(CIP)：CIP 是 CNI 系统的核心部件，也是四代机综合航空电子系统的主机。在执行 CNI 功能时，CIP 也可以运用数据传输设备/海量存储器(DTE/MM)。另外，KOV-5 和 LLSP 模块是四代机 CNI 系统的另外两个功能性优势。其中，KOV-5 是摩托罗拉开发的通信保密模块，对所有 CNI 信号传输的保密性予以支持，并满足机上文档的加密/解密需求。LLSP 是 TRW 开发的低延时信号处理模块，用于支持 CIP 的 CNI 处理。CNI 系统软件采用分布式层次结构，用 Ada 语言来实现。

（4）机内话音通信系统：用于为应急/地面操作模式提供专用和控制接口。音频控制台是机内话音通信的基本元素。

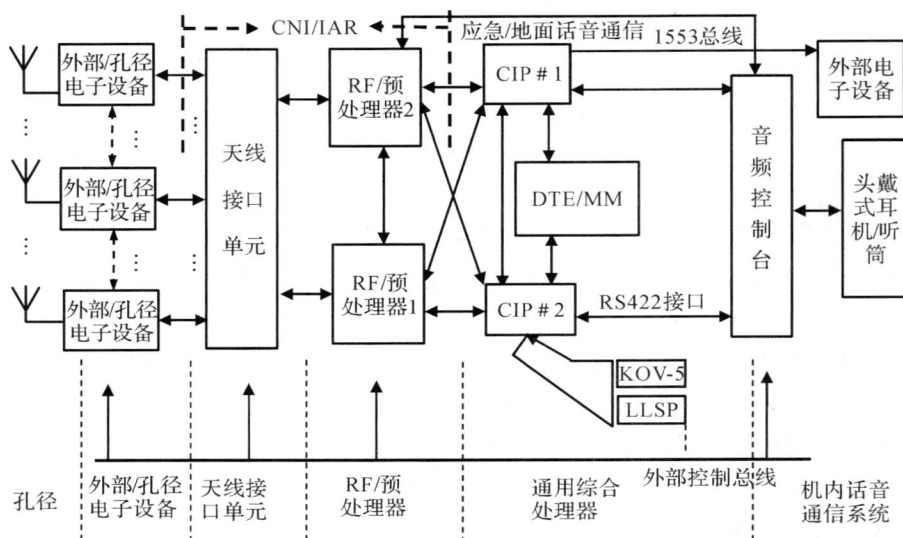

图 5-10　四代机 CNI 系统拓扑结构

5.2.3　综合电子战系统

四代机的电子战系统沿用了综合电子战系统(INEWS)计划的思想。INEWS 是美国空军和海军为四代机及其他下一代战斗机联合研制的任务电子战系统。INEWS 的概念设计自 1984 年就开始了。该计划与 ICNIA 计划一样，作为重要战术综合化发展计划，其目的都是提高四代机及下一代战斗机的性能、任务可靠性和系统容错能力，降低设备的尺寸、重量、复杂性以及返修率，降低飞行机组在白天、黑夜及全天候作战时的工作负荷。

INEWS 在作战过程中的主要任务是接收、识别和处理各种告警信号，并根据干扰信息库中欺骗性和投掷式干扰方法启动响应信号，最后产生回避机动或与其他飞机协同干扰的指令数据。四代机的 INEWS 与传统的电子战系统相比，具有许多创新点，具体包括以下几点：

（1）为了提高可靠性和可维护性，降低寿命周期费用，INEWS 采用模块化设计，并且在模块设计中尽最大可能与已经由美军的综合航空电子设备联合工作小组批准的先进航空电子结构规范相一致。INEWS 开发的模块可以按照给定的要求综合到一个平台（或系统/子系统）上以满足其功能要求，并保持与其他应用中所选用模块的硬件和软件通用。INEWS 开发的模块可以应用到所有新型飞机的设计中去，也可以应用到现有飞机的改进设计中去。

（2）INEWS 计划由几个分计划组成，包括导弹告警系统、激光告警系统、雷达告警接收机、先进的投放式干扰等。INEWS 不是一个安装在飞机上的"黑盒子"，而是努力形成一系列具有特定功能与物理特性以及接口的相关模块和系统。

（3）运用大容量、高速度的 CIP。综合处理机中有两个专用的电子战模块，这两个模块具备电子战设备的信号处理能力。所有软件都用 Ada 语言编写。用 Ada 语言编写的软件模块同硬件模块一样具有通用性，当软件运用不同编译器或由不同微处理机运行时，软件不必全部重写。

（4）充分利用数据融合技术，采用综合显示器，通过传感器信息共享向飞行员提供管理有序的综合化结果；一改过去所有处理过程都以黑盒子形式进行、飞行员仅能看到一个输出结果的传统，使飞行员具有检查原始数据的能力。

（5）INEWS 的频率覆盖远远超出了 $2 \sim 18$ GHz 的范围，一直延伸到毫米波、红外光和可见光。并且，由于强大的中央处理系统与飞机的各种灵敏传感器和航空电子模块相连接，INEWS 系统能够根据来自各种辐射源和传感器的信号提供告警，对所接收到的信号进行评估或处理，并启动干扰、欺骗和投放（箔条、曳光弹、假目标）技术数据库做出反应。它最终将为规避机动或与其他飞机的合作式对抗提供命令数据。系统将具备自检、容错和完美降级能力，能够迅速适应变化的威胁环境，可靠性很高。

四代机的综合电子战系统代表了对传统电子战系统的一次重大变革。曾经被认为是防御性的无源电子战系统，现在成了探测、跟踪甚至攻击目标的关键设备。2006 年 6 月份，BAE 系统公司已向洛克希德·马丁公司交付了首套生产型数字电子战系统。

四代机的综合电子战系统的组成部分主要包括：低可观测性孔径和阵列，完成四代机电子战系统的孔径布置；远程天线接口单元（RAIU），完成低噪声放大、射频滤波和切换功能；RF 综合航空电子机架，用于安装射频、接收和处理的标准电子模块；导弹发射探测器；对抗措施控制器和投放单元，用于投放各种诱饵及箔条束；基于 CIP 的信号/数据处理模块。具体的电子战设备包括 BAE 系统公司研制的 AN/ALR - 94 无源接收机和 AN/ALE - 52 干扰投放器以及洛克希德·马丁公司研制的 AN/AAR - 56 导弹发射探测器等。其中，AN/ALE - 52 干扰投放器除了可以投放普通红外曳光弹外，还能对付某些新的威胁，但具体的细节目前还在保密中。

AN/ALR - 94 是四代机上技术最复杂的设备。它能在各个频段提供 $360°$ 的方位覆盖，对前方区域还能提供仰角覆盖。AN/ALR - 94 组合了雷达告警、电子支援措施（ESM）、精确测向和窄波束交替搜索与跟踪功能。其性能比在大多数其他战斗机上安装的简单雷达告警系统强得多。它除了能探测主瓣信号外，还能探测旁瓣辐射。其覆盖的频率范围包括微波、毫米波、红外光、激光。系统采用人工智能/专家系统进行智能化的功率管理，根据威胁类型智能地确定最佳干扰样式，并及时评价干扰效果，实时修正干扰参数；采用标准化、模块化设计,具有现场重编程能力,能为特定飞机和各种电子战任务进行最佳的组配,达到最佳效能。AN/ALR-94 除了用于四代机以外,该系统还广泛用于美国空/海军的下一代空中优势战斗机和攻击机以及陆军的新一代轻型多用途直升机。

AN/ALR-94 有两种工作模式。第一种模式在敌机用雷达对四代机进行搜索时,AN/ALR-94 可以无源地侦收到 460 km 外的目标,先于敌机发现对方并进行探测、跟踪和识别,敌机到 220 km 附近时,则引导 AN/APG-77 的探测方向,这样雷达可以不采用大空域扫描方式,以针状窄波束对所指示的方向进行扫描,且雷达可以根据目标的威胁等级调整脉冲功率和数量,从而在减小被截获概率的同时提高雷达的搜索效率。第二种模式是对近距离高威胁等级的辐射源(例如近距离打开雷达的敌战斗机)进行实时跟踪,其测向结果可作为空空导弹的火控数据,目标精确距离和速度信息则由 AN/APG-77 雷达提供,这样,AN/ALR-94 就能够引导空空导弹对辐射源实施攻击,使该导弹实际起到反辐射导弹的作用。这种超视距攻击模式也被称为"窄波束交错搜索与跟踪"。

四代机上没有专用的干扰设备,主要是通过利用 AN/APG-77 雷达的有源电扫相控阵天线阵列部分 T/R 模块和先进的信号处理技术形成电子干扰能力,从而对某个频率范围内的敌方雷达进行大功率干扰。其干扰功率比 EA-6B"徘徊者"的干扰信号还要强,实现了雷达与电子战功能的综合一体化。四代机同样也运用了经典的速度门拖引干扰和距离门拖引干扰技术。

5.2.4　座舱显示与控制系统

四代机先进座舱显示与控制系统(如图 5-11 所示)为飞行员提供了在作战环境下前所未有的战场态势感知。为实现向飞行员提供对知识向量完全的信息变换,四代机设计采用一种带大型彩色显示器以及多个通用和专用按键与开关的先进座舱布局。这些显示器均拥有专用的处理芯片和视频芯片,运用了先进的软件工具和加工工艺。该系统还详细考虑了人因工程设计的基本思想,包括运用了一种适应未来不断增强的航路导航能力的技术评审分析方法。

图 5-11　四代机的座舱显示与控制系统

四代机的座舱布局为带周边键的彩色正方形液晶显示器排列成冠状"T"型配置：以 1 台 203 mm×203 mm 显示器为基础，侧边包围着 3 台 152 mm×152 mm 显示器，在"T"字两侧之上，各带一台 76 mm×102 mm 矩形显示器；一台宽视场平视显示器（HUD）位于仪表板顶部中央；HUD 下方为一块综合控制板（ICP），装有一些专用开关、键盘和字母数字显示器；油门与驾驶杆手动操纵机构上装有带装饰的驾驶杆和油门控制杆，其配置的功能类似于其他战斗机；两个简单侧板由数个键钮、开关和其他控制功能组成，其中，左侧板装有油门控制器，包括两个独立座侧油门杆，右侧板装有座侧驾驶杆。全部座舱照明均兼容夜视镜，不超出显示系统的亮度范围。

1. 显示器

四代机的座舱显示器包括 8 套多功能显示器（MFD）：1 台大型 203 mm×203 mm 主多功能显示器（PMFD）、3 台中等 152 mm×152 mm 辅助多功能显示器（SMFD）和两台小型 76 mm×102 mm 前上方显示器（UFD）（如图 5-12 所示）以及 1 台 HUD 和 1 副头盔显示器（HMD）。

图 5-12 四代机上的三类彩色有源矩阵液晶显示器（AMLCD）

1）PMFD

PMFD 为 203 mm×203 mm 彩色有源矩阵液晶显示器（AMLCD），640×640 像素，每英寸含 82 个像素，像素点间距 0.31 mm，像素采用红绿绿蓝（RGGB）四色一组配置，如图 5-12 所示。但由于光学成像系统（OIS）公司对 LCD 板基础结构的改动正迫使人们对 PMFD 进行重新设计。目前人们正在开发基于物理平板 750×750 像素及拥有 640×640 像素的投影显示器，具有每 5～6 像素插入 1 个像素、750×750 像素规格插入 90 个像素的能力，每英寸含 96 个像素，点间距为 0.26 mm，全彩色配置，预期其亮度适用于战斗机的座舱。

PMFD 又称态势显示器（SD）或指引地平仪（ADI），采用战术格式，通过多级软键（OSB）菜单进行特征控制，显示全部轨道文件的图标和导航数据，而居中显示的则是其固有的字符系统。ADI 设计用作 HUD 的备份，详细备份了 HUD 字符和工作机制，此外，还可在可选色彩或单色的背景上覆盖带俯仰高程尺度的天/地线。

2）SMFD

3 台 SMFD 为 152 mm×152 mm AMLCD，512×512 像素，每英寸含 82 个像素，像素为 RGGB 四色一组配置，OIS 公司基础 LCD 板的更新对其仅有极小的影响，并有另一家供应商可提供完全相同的液晶板。

SMFD 又称攻击显示器（AD）、防御显示器（DD）、扩展显示器（EXD）、备用态势显示器(SD－S)、悬挂物管理显示器(SMD)、燃油显示器、发动机显示器、任务数据编辑(MDE)显示器簇、备份综合控制仪表板显示器、飞行试验显示器(FTD)、平面位置显示器(SPD)和电子清单(ECL)显示器。AD、DD、SD－S、EXD 均为战术格式,其中 AD、DD 显示一组定义较明确的跟踪文件图标,如武器和有效载荷的专用数据、无线导航数据,居中显示其固有的字符系统。SD－S 为物理显示屏更小的 SD,其图标与 SD、AD 或 DD 的大小相同,但间距相对更紧密一些。EXD 与 SD－S 相似,但显示的图形居于飞行员所选定图标符号的中心,而非固有字符的中心。其余 SMFD 显示器均采用标准玻璃座舱显示格式。

3) UFD

两台 UFD 均为 76 mm×102 mm AMLCD,240×320 像素,每英寸含 82 个像素,点间距为 0.31 mm,像素为 RGGB 四色一组配置。OIS 公司基础 LCD 板的更新对其仅有极小的影响,并有另一家供应商可提供类似的液晶板——基于 RGB 带状配置和拥有近似点间距的车载液晶玻璃。

UFD 又称通信、导航和识别系统(CNI)显示器或备用飞行组合(SFG)显示器。如有可能,也可在 CNI 显示器的中间栏显示综合警告、咨询和警报(ICAW)数据。该 CNI 显示器用绿或白色文字描述无线电台、导航控制点、敌我识别模式和代码、记录于磁带记录器上的磁带时间等状态信息。ICAW 的数据以红色文字显示表示警报,以黄色文字显示表示警告,以蓝绿色文字显示咨询信息。SFG 作为 ADI 和 HUD 的小型和简化型,是提供姿态数据以及数字式高度、速度和航向的读出装置。在姿态显示窗下面为用于低油量警报、以字符和色相编码显示可用油量的垂直油量表——战斗机(一般携带较少的燃油量和拥有较高的耗油率)上的一种重要机械仪表。在以远离良好起降地点、额定地速 1000 knot、额定耗油率 500 lbs/min 条件下飞行时,UFD 可为飞行员提供最佳的燃油管理性能。

4) HUD

HUD 是一种双目视场为 20°×24°(俯仰×方位)的单色全息综合显示器,是四代机的主飞行仪表(PFD)。该 HUD 字符系统可提供姿态、飞行路径、导航和武器载荷信息,工作机制类似于 F－15、F－16 和 F/A－18 飞机。此外,四代机 HUD 遵循 MIL－STD－1787 标准,已于项目初期用作设计指南。该 HUD 还嵌入式安装了一部彩色视频摄像机。另外,用户拥有对所选中字符的可扩展编辑控制功能。

5) HMD

头盔显示器(HMD)为一套具有 20°视场、遵循美国家标准的联合头盔提示系统(JHMCS)。该 HMD 为单色单目型(仅适用于右眼),可提供类似于 HUD 显示的专用字符系统。用户拥有对所选中字符的可扩展编辑控制功能。

2. 控制器

四代机的座舱控制器包括显示器周边按键、综合控制板(ICP)、油门与手不离操纵驾驶杆(HOTAS)以及含有各按钮和开关的侧板。

1) 显示器周边按键

每台显示器均带有周边按键。PMFD 和 3 台 SMFD 四周共有 20 个计算机软件辅助编程按键开关(称之为软键(OSB)),每边各分布 5 个按键;两台 UFD 各带 4 个 OSB,其中 3 个分布于底部,1 个处于顶部。OSB 通过利用与其自身邻近显示器上显示的合适标签进行菜单导航、页式调度和功能选择。每台显示器还带有 1 个设置各种不同参数的多功能控制

（MFC）旋钮，如高度表设置、航程选择、航向选择等，位于各个显示器的左侧。

2）综合控制板（ICP）

ICP 包含围绕顶层专用功能设置的 9 个功能运用按键（FAB），如无线电通信、导航、敌我识别、HUD 显示备选、机载视频记录器等按键。该 ICP 带有 1 个 MFC 摇臂开关，与平板显示器上的 MFC 旋钮类似。该 ICP 还带 5 行单色文字读出装置，显示 FAB 所执行的功能，每个菜单行拥有 1 个菜单键（MK），提供对该行的备选控制。菜单行底部还带有 1 个子菜单摇臂开关，在菜单行超过 5 行时使用。用于数据输入时，ICP 带 1 块包含标准 10 位阿拉伯数字以及"删除"和"取消"键的键盘。此外，ICP 还包含一些专用的控制开关，如无线电台音量、HUD 亮度和自动驾驶仪控制开关等。

3）HOTAS

HOTAS 控制器上共有 20 个控制器开关以及变换器，可控制 63 种功能。油门手柄为位于左侧板顶部的铰接控制杆，每台发动机 1 个，其形状和开关配置类似于 F－15 飞机。驾驶手柄是位于右侧板的一根座侧杆，其形状和开关配置类似于 F－16 飞机。大部分开关为 5 位置型（4 路正值和 1 路负值），一些为 3 位置型（两路正值和 1 路负值）。这些开关不能同时为负值和变位。左侧油门手柄上带 1 个由传感器俯仰控制的旋转变换器，右侧油门手柄上带 1 个由游标转动控制的双轴向位移变换器。

该 HOTAS 在逻辑上基本不存在模棱两可的选择，大部分开关在每一开关位置下只有唯一 1 种功能。相关的功能集结成组，置于同一开关或毗邻开关上。时间关键的系列功能，如武器选择及武器投放，被分别置于油门杆和控制杆上，以便双手工作，减少延迟。左油门手柄包括搜索深度开关、由传感器俯仰控制的变换器、舱门和校靶开关、惊恐事故开关（Panic Switch）和扩展用开关；右油门手柄包括游标转动控制和指示开关、射击列表开关、武器选择开关、电磁辐射控制级开关、审查开关（EXCM Switch）、通信开关和减速板开关。驾驶杆手柄包括显示开关、识别开关、自动目标截获开关、弹射开关、武器投放开关、扳机开关、配平开关、开锁开关和叶板电门。运用右侧的座侧驾驶杆基本上使飞行员的工作负荷降低至具有左手"一手作战"的能力（除了油门杆之外）。

4）侧板

侧板包括各种类型的键钮和开关，如燃油系统、机外照明、机内照明、话音音量、主显示器亮度、发电机等键钮和开关，其设计类似于 F－15、F－16 和 F/A－18 飞机。

近年来，液晶显示器技术已发展到与显示器外形尺寸无关的程度。人们不必为使所有的显示器具有相同的尺寸而提高效率，可无需强制运用同一尺寸液晶显示器而达到多方面的高效性。此外，新一代平板显示器正变得更轻，更耐用，更加合理地处理早期型别中存在的振动及其他的环境问题。这些因素都为未来四代机座舱控制/显示系统实现重要的突破创造了可能。

5.2.5　捷联式惯性导航系统

捷联式惯性导航系统将加速度计和陀螺仪直接固连在飞行器上。加速度计用于测量沿飞行器机体坐标轴方向的线加速度，陀螺仪用于测量沿飞行器机体坐标轴方向的角速度或角位移。

按陀螺仪的不同，捷联式惯性导航系统分为速率型捷联式惯性导航系统和位置型捷联式惯性导航系统两种。速率型捷联式惯性导航系统采用速率陀螺仪测量飞行器的角速度；位置型捷联式惯性导航系统采用位置陀螺仪(自由陀螺仪)测量载体的角位移。

捷联式惯性导航系统省去了平台系统，所以结构简单，体积小，维护方便，可靠性高，容易实现余度配置。但惯性测量器件(陀螺仪和加速度计)直接安装在飞行器上，工作条件不稳定，测量精度受到一定的限制。捷联式惯性导航系统的加速度计输出的是飞行器机体坐标系的加速度分量，需要经计算机转换成惯性坐标系(地球坐标系)的加速度分量，计算量较大，对计算机的容量、速度要求较高。

5.3   卫星导航原理与运用

卫星导航系统(SNS)是指利用导航卫星对用户进行导航定位的系统。人类利用太阳、月球和其他自然天体进行导航的历史已有数千年，由人造天体导航的设想早在 19 世纪后半期就有人提出，直到 20 世纪 60 年代美国的"子午仪"卫星导航系统才实现了这一设想。

卫星导航具有全天候和全球导航能力，且导航定位精度在 10 m 以内。但它需要有专门的机载设备和专用的地面设备，还必须精确预计卫星轨道，当卫星轨道下降或设备失效时需要更换卫星，这些技术都比较复杂。尽管如此，卫星导航系统作为一种非常理想的全球导航手段，仍然受到各国的普遍重视，具有极其广阔的发展前景。

卫星导航的过程是：用户依靠无线电设备测出用户相对于卫星的位置，再由地面站测出卫星相对于地球的位置，然后可以推算出用户相对于地球的位置(经度、纬度、高度等)和速度。卫星导航系统的主要组成包括导航卫星、地面台站、用户设备，如图 5-13 所示。

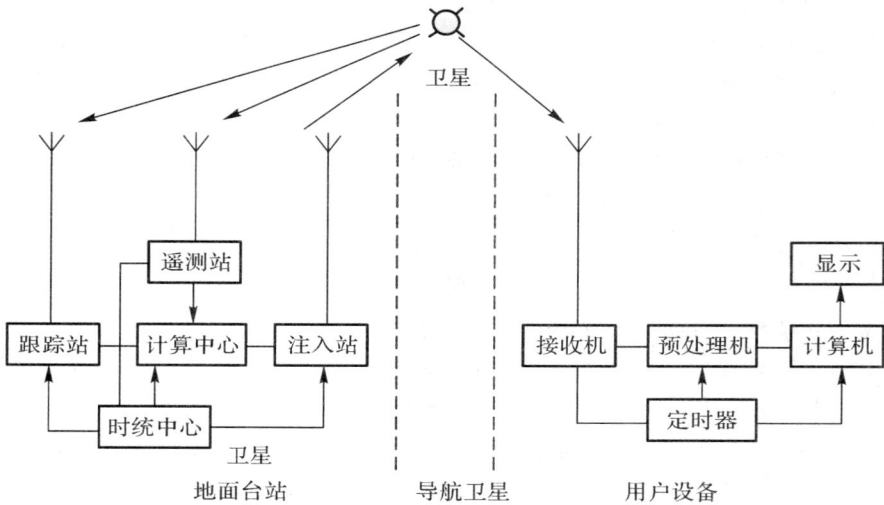

图 5-13   卫星导航系统组成方框图

5.3.1   导航卫星

导航卫星属于卫星导航系统的空间部分，其在空间做有规律的运动，它的轨道位置每时每刻都可以精确预报。用户通过卫星发射的无线电导航信号测定其相对于卫星的距离或距离变化率等导航参数，然后再根据卫星的位置坐标计算出用户的地理位置和速度矢量分量。导航卫星的分类如图 5 - 14 所示。

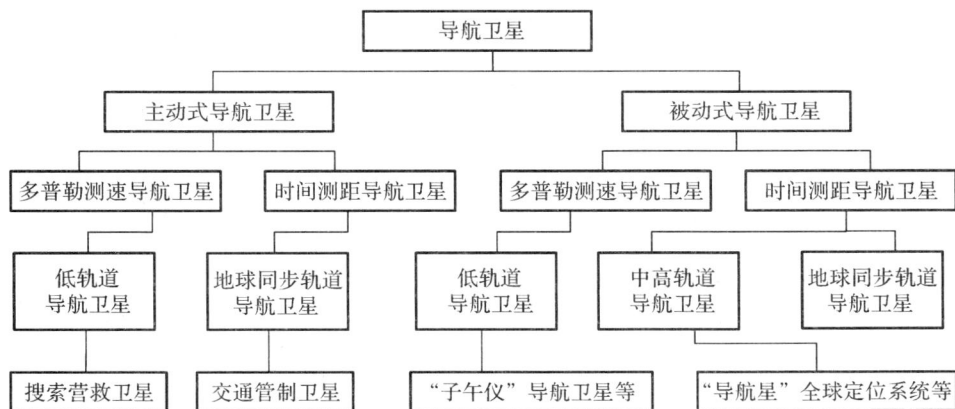

图 5 - 14 导航卫星的分类

卫星导航系统要实现全球覆盖，必须用若干颗导航卫星构成空间导航网，即导航星座。低轨道导航卫星星座由 5～6 颗卫星组成，能保证全球任何地方的用户在平均时间间隔为 1.5 h 左右利用卫星定位一次，如美国的"子午仪"卫星导航系统（见图 5 - 15 左图）；中高轨道导航卫星星座由十几颗到二十几颗卫星组成，能保证全球任何地方或近地空间的用户在任何时间能同时看到 6 颗以上的卫星，并从中选择 4 颗卫星进行连续实时的导航和定位，如美国的"导航星"全球定位系统（GPS）（见图 5 - 15 右图）。

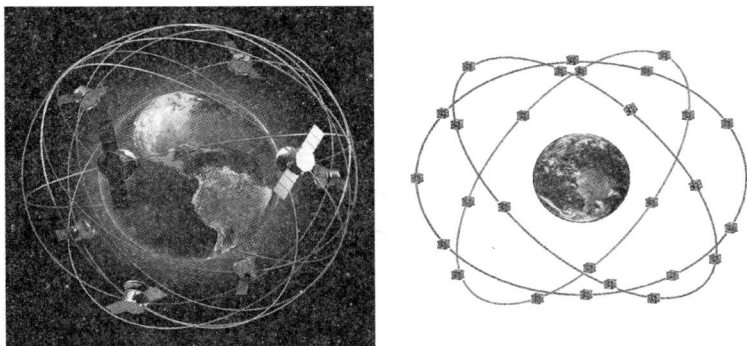

图 5 - 15 "子午仪"导航卫星星座和 GPS 导航卫星星座

5.3.2 地面台站

地面台站的作用是跟踪、测量和预报卫星轨道并对卫星上设备的工作情况进行控制管理。地面台站通常包括跟踪站、遥测站、计算中心、注入站等部分（见图 5 - 16）。跟踪站用于跟踪和测量卫星的位置坐标。遥测站接收卫星发送的遥测数据，以供地面监视和分析卫星上设备的工作情况。计算中心根据这些信息计算卫星的轨道，预报下一段时间内的轨道参数，确定需要传输给卫星的导航信息。注入站通过无线电设备将计算中心送来的导航信息（卫星轨道参数、卫星上设备的工作程序和指令等）注入卫星的存储器中，这些信息再经卫星的无线电设备发送给各地的用户，供导航定位运用。

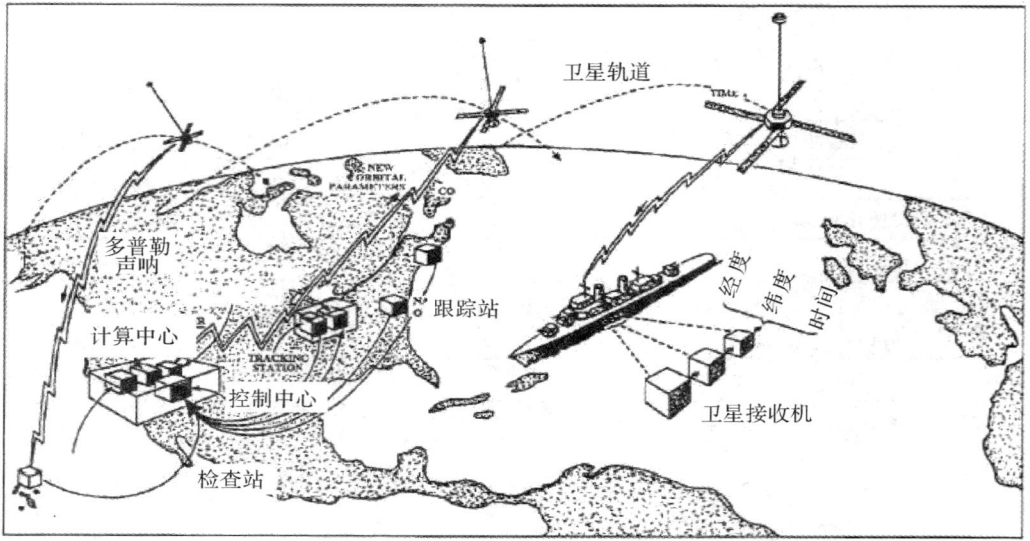

图 5 - 16   卫星导航系统的地面台站

5.3.3   用户设备

用户设备通常由接收机、计算机和显示器等组成。接收机用于接收卫星发送的轨道参数和定时信息等，并同时测出其与卫星之间的距离、距离变化率等；计算机利用上述信息计算出用户的地理位置坐标和速度矢量分量；显示器用于显示位置和速度信息。

卫星导航系统就是在导航卫星、地面台站、用户设备的协调工作下发挥导航作用的。美国"子午仪"卫星导航系统的全程工作原理如图 5 - 17 所示。

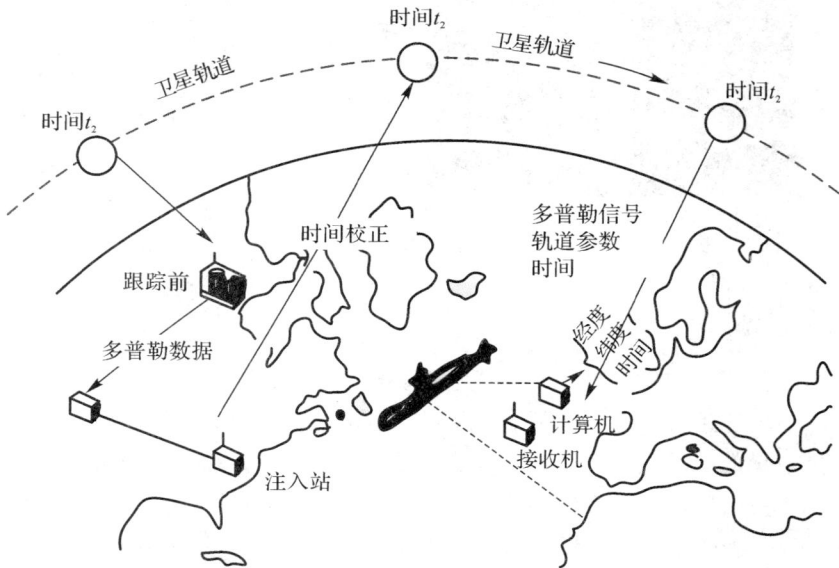

图 5 - 17   "子午仪"卫星导航系统的全程工作原理

5.3.4　GPS 导航原理

用户接收机在接收到卫星信号时，根据自身的时钟读出信号到达的时刻。由于卫星发射信号的时刻是已知的，因此可以计算出用户与卫星之间的距离 ρ。需要指出的是，由于卫星上的时钟精度较高而用户设备的时钟精度较低，因此计算出的距离 ρ 并不是用户和卫星之间的真实距离，我们把 ρ 称为伪距。很显然有

$$\rho = r + c \cdot \Delta t$$

式中：r 代表真实距离；c 代表光速；Δt 代表卫星时钟和用户时钟的差值。在地心坐标系中，用户坐标为 (x, y, z)，卫星坐标为 (x', y', z')，则上式可表示为

$$\rho = \sqrt{(x-x')^2 + (y-y')^2 + (z-z')^2} + c \cdot \Delta t$$

由于上式中卫星坐标 (x', y', z')、光速 c、伪距 ρ 是已知量，只有 x、y、z、Δt 4 个未知量，因此需要利用 4 颗卫星列出 4 个距离方程，才能求解出用户坐标 (x, y, z)。也就是说，用户在任何地方和任何时刻都要看到 4 颗以上的卫星，才能实现连续实时的全球导航与定位。为了满足这个要求，GPS 系统共发射了 24 颗卫星，轨道高度为 20 000 km，运行周期约 12 h。GPS"导航星"全球定位系统的工作原理如图 5-18 所示。

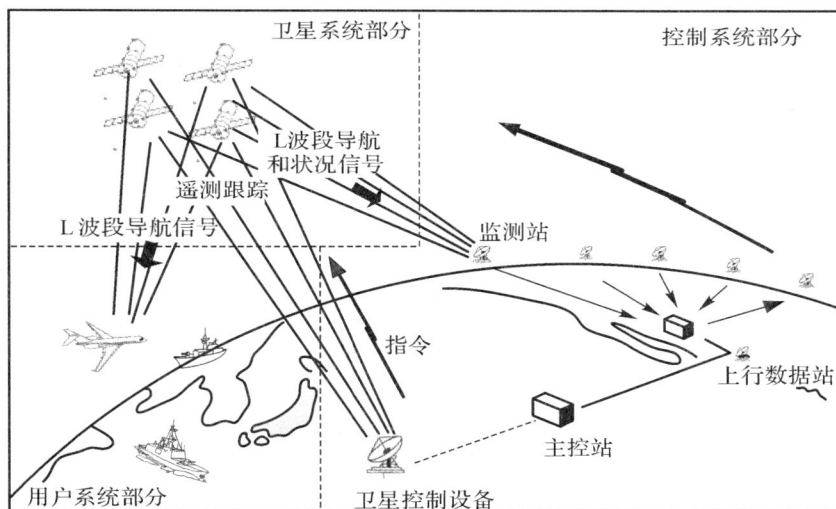

图 5-18　GPS"导航星"全球定位系统的工作原理

5.4　图像匹配导航

图像匹配导航是利用地球表面的某些特征确定飞行器地理位置的导航方式。这些地球表面特征包括地形起伏、无线电波反射、微波辐射、红外辐射和地磁场强分布等，它们一般都不随时间和气候的变化而改变，也难以伪装和隐藏。

图像匹配导航系统(见图 5-19)的导航过程如下：

(1) 预先测量飞行路线周围区域的地理特征(主要是地形位置和海拔高度等)并制成数

字化地图(称为原图)。这个阶段的测绘工作量巨大。

（2）飞行器飞行时，不断测量实际飞越区域的地理特征并制成图像(称为实时图)。

（3）将实时图与原图进行比较，确定飞行器实际飞行路线与预定飞行路线的偏差，然后修正航线。

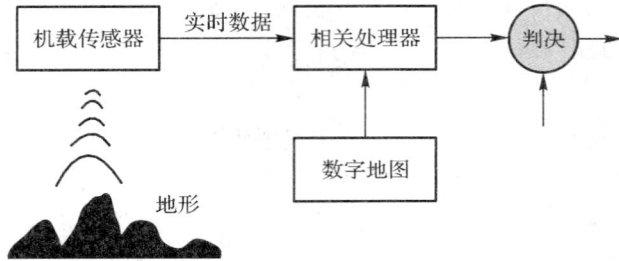

图 5-19　图像匹配导航系统

图像匹配导航分为地形匹配导航(原理见图 5-20)和景象匹配导航两种。前者属于一维匹配导航，也称为地形匹配制导，适用于丘陵地区；后者属于二维匹配导航，也称为景象匹配制导，适用于平原地区。

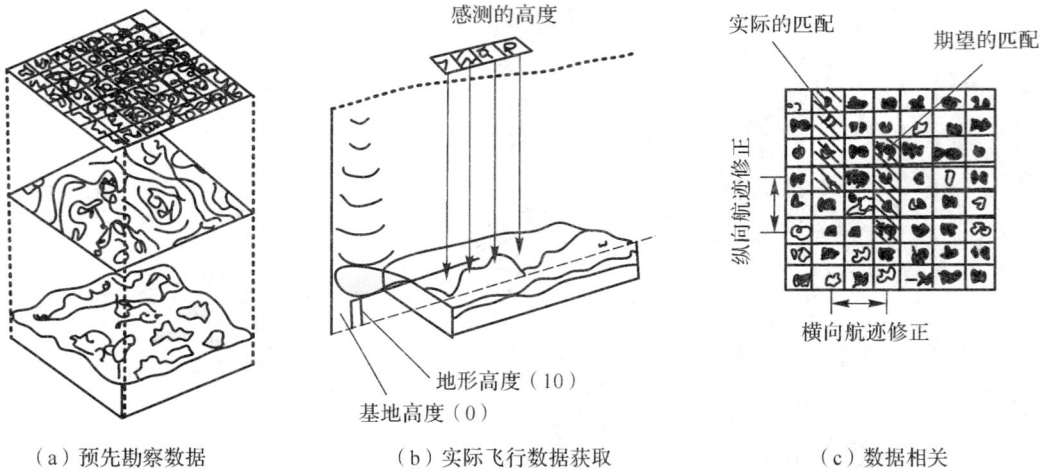

（a）预先勘察数据　　　　（b）实际飞行数据获取　　　　（c）数据相关

图 5-20　地形匹配系统原理

5.4.1　地形匹配导航

地形匹配导航系统测量实际航线上的地形高度并与原图上预定航线上的地形高度进行对比，若不一致，则表明飞行器偏离了预定航线。地形匹配导航系统只能提供地形高度信息，不能提供地理位置信息，因此只能用于航线的修正。例如，在导弹的惯性＋地形匹配组合制导系统中，惯性制导系统用于引导飞行器沿着航线飞行，地形匹配制导系统用于测量并修正航线的偏差。利用地形匹配导航技术还可以实现地形跟踪和地形回避，这是飞机低空突防的主要方式，如图 5-21 所示。

图 5 - 21　飞机低空突防的两种主要方式

5.4.2　景象匹配制导

景象匹配制导是"数字景象匹配区域相关制导"的简称，多用于远程巡航导弹的末制导。其制导原理与地形匹配制导原理相似，其工作过程如下。

巡航导弹发射前预先在被攻击的目标附近选择地貌光学特征明显的地区作为景象匹配区，并把匹配区分成若干正方形小单元，通过侦察获得匹配区包括目标本身在内的光学图像，以及把每个单元的平均光强度换算成相应的数值，构成反映景象匹配区各单元光线强弱的数字式景象地图，并存储在导弹的制导计算装置中。

当导弹飞临目标上空时，导弹上的电视摄像机开始工作，实拍地面上的景物图像，经过实时数字化处理后，也形成数字式景象地图，与弹上预先存储的数字景象地图相比较，确定导弹是否偏离预定航线。如有偏离，则制导系统发出指令，修正导弹航迹。当预先存储的目标数据与实测的数据完全匹配时，导弹立即俯冲攻击目标。

景象匹配制导属于二维制导，能够精确地测定导弹的地理位置，适用于地势平坦的地区。景象匹配制导的优点是精度高，在天气晴朗的白天运用效果最好。若在夜间运用，导弹上需配有向地面照射的照明装置，运用不方便且效果也不好。

下面以"战斧"巡航导弹为例介绍两种图像匹配制导方式的实际工作过程，如图 5 - 22 所示。"战斧"巡航导弹采用的是惯性制导＋地形匹配制导＋景象匹配末制导的组合制导方式。

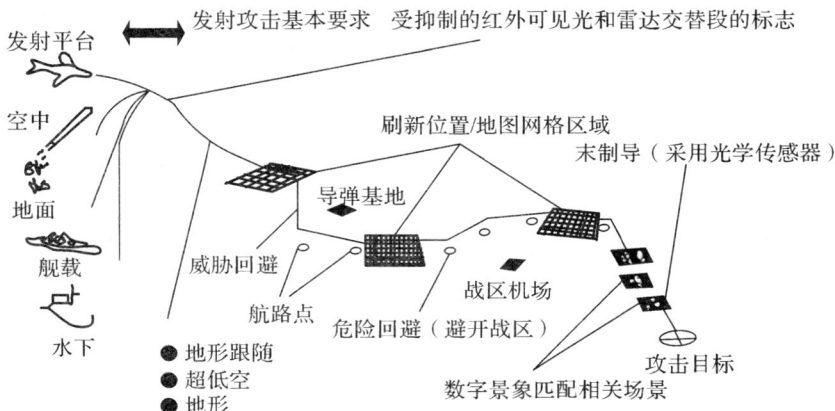

图 5 - 22　"战斧"巡航导弹的制导过程

"战斧"巡航导弹在海面上采用惯性制导；进入陆地后改用地形匹配制导，进行航线修正和地形回避，巡航高度在 60 m 以下(崎岖的山区可增至 150 m)；进入目标区以后，采用景象匹配末制导，进行高精度的飞行轨迹修正，使导弹准确命中目标。

5.5 天文导航原理与运用

天文导航是利用天体(恒星)来测定飞行器位置和航向的航行技术。在日常生活中，我们可以利用太阳来判断大致的方向，利用北极星来确定哪边是北方，这些都是天文导航的实例。

天文导航系统是自主式导航系统，不需要其他地面设备的支持，不受人工或自然形成的电磁场的干扰，不向外辐射电磁波，隐蔽性好，定位、定向的精度比较高，但是天文导航系统易受到气候条件的影响。因此天文导航系统比较适合于高空飞行的飞机、弹道导弹、宇宙飞船等。

我们以双星定位为例来阐述天文导航的原理，如图 5-23 所示。某恒星与地心的连线和地球表面交于 O 点，我们称 O 点为星下点；过地球表面任意一点的水平面与星光方向的夹角 θ 称为星球高度角，很显然 O 点的星球高度角等于 $90°$。地球上星球高度角相等的点构成等高圈，等高圈是以星下点 O 为圆心的圆周。

我们知道，恒星在宇宙空间的位置是相对固定的，而地球是转动的，因此星下点 O 在地球上的位置是变化的。我们如果预先测定某颗恒星的星历(星下点位置随时间的变化规律)，那么就可以确定该恒星在任意时刻的星下点位置；再利用飞行器上的星体跟踪器测定飞行器所在位置的星球高度角 θ，则可以算出任意时刻的等高圈。由于飞行器位于恒星的等高圈上，因此通过测定两颗恒星的等高圈就能根据这两个等高圈的交点来确定飞行器的位置，这有点类似于测距无线电导航。

上面提到的星体跟踪器能够搜索并瞄准具有一定亮度的恒星，跟踪器的轴线方向就是该恒星的星光方向。利用星体跟踪器不仅可以指示恒星的高度角，还能指示恒星相对于地球子午线的方位角，通过方位角就可以推算出飞行器的航向。可见星体跟踪器是天文导航系统的关键仪器，如图 5-24 所示。

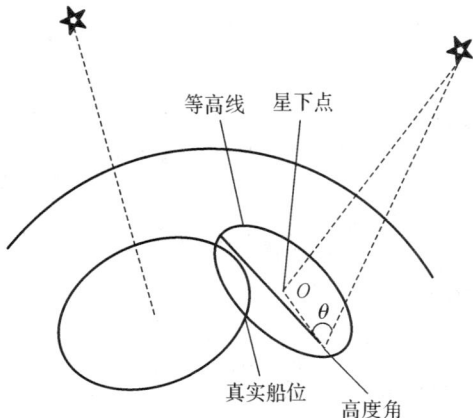

图 5-23 天文导航原理

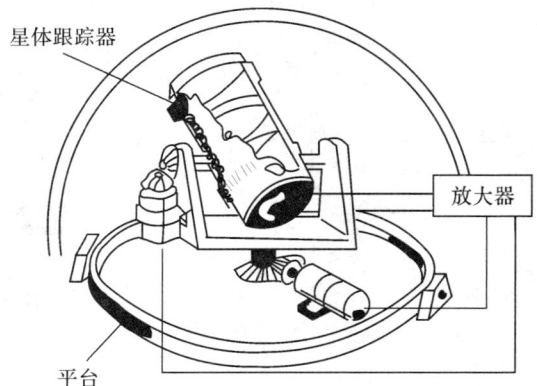

图 5-24 星体跟踪器

第 6 章　飞机探测原理与运用

盲人用手杖不断地轻叩人行道就可以沿着街道行走，这样既可与其右侧建筑物的墙体保持一定的距离，也能与左侧的路边和呼啸而过的车辆保持一定的距离。蝙蝠通过发射一连串尖锐的鸣叫，可以灵巧地避开行进路途上的障碍物并准确地追踪那些成为其口中美餐的昼伏夜行的小昆虫群落。与盲人和蝙蝠一样，驾驶超声速歼击机的飞行员可以准确地逼近那些远在 150 km 以外且隐藏在云层中可能入侵的敌机。他们是怎样做到这一点的呢？

其实上述的每一种非凡的本领后面所蕴含的原理都非常简单，即利用物体的回波来探测物体的存在及与物体之间的距离。这些现象之间的主要差别在于：盲人与蝙蝠运用的回波是声波，而在歼击机中，其雷达运用的回波是无线电波（见图 6 - 1）。

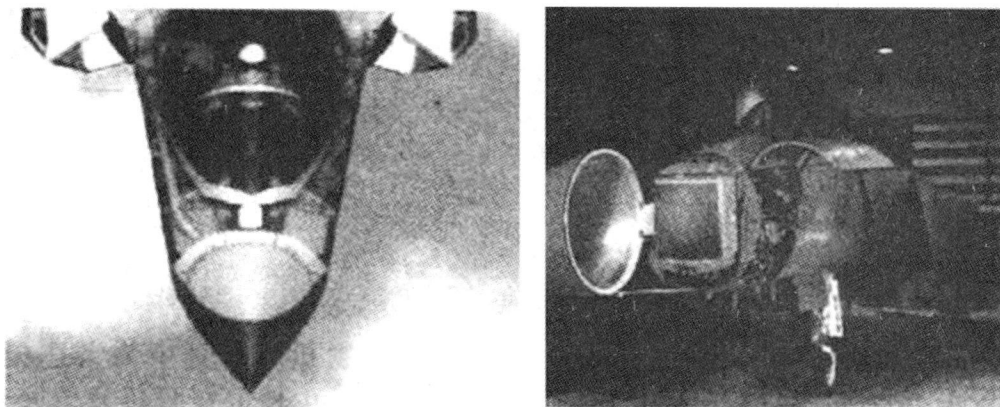

图 6 - 1　超声速歼击机的机头前端雷达跟踪远在 150 km 以外的目标

6.1　雷达探测运用

6.1.1　雷达基本原理

1. 雷达

雷达（英文 Radar，是 Radio Detection and Ranging 的缩写，原意为"无线电探测和距离测量"）是通过无线电技术对目标进行探测和定位的。雷达出现于第二次世界大战时期，是名副其实的"千里眼"。随着雷达各部分参数性能的提高（例如波束方向性、接收机灵敏度、发射机相参性等），雷达已经成为人类探测不同性质目标的强大工具。现在的雷达除了探测和定位飞机外，在军事、气象、交通、航空、遥感遥测、勘探等领域也发挥着重大作用。

雷达以辐射电磁能量并检测反射体(目标)反射回波的方式工作。回波信号的特性可以提供有关目标的信息。通过测量辐射能量传播到目标并返回的时间可得到雷达与目标之间的距离。目标的方位通过方向性天线(具有窄波束的天线)测量的回波信号的到达角来确定。对于动目标,雷达通过多普勒效应探测出其运动的速度并能推导出目标的运动轨迹或航迹,还能预测它未来的位置。雷达可在距离上、角度上或这两方面都获得较高的分辨率。

2. 雷达的基本组成部分

一部雷达由一部发射机、一部对发射频率调谐的接收机、两副天线和一台显示器(见图6-2)组成。为了探测物体的存在,发射机产生无线电波并由两副天线中的一副天线来进行辐射。同时,接收机另一副天线接收无线电波的回波。如果探测到一个目标,则出现在显示屏上的光点就是探测到的目标的位置。

在实际设计中,发射机与接收机通常共用一副天线,如图6-3所示。

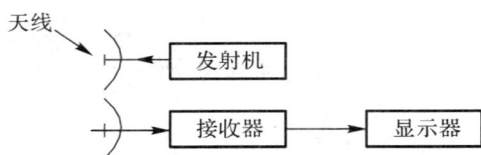

图6-2　雷达的基本组成

图6-3　实际应用中的雷达组成

1) 雷达发射机

雷达工作时要求发射特定的大功率无线电信号。雷达发射机则为雷达提供一个载波受到调制的大功率射频信号,经馈线和收发开关由天线辐射出去。发射机是一个高功率的振荡器,通常是磁控管,如图6-4所示。

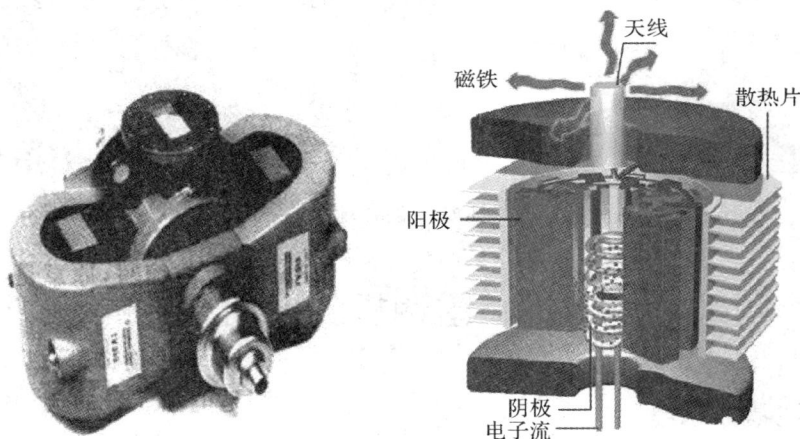

图6-4　磁控管

磁控管是一种特殊的真空二极管,同时又是一个完整的振荡器,只要供给适当的电源电压及灯丝电压,就可以产生所需的高功率微波振荡,因此又称磁控管振荡器。磁控管主要由阴极、阳极块、耦合环、输出端和调谐空腔等部件构成,其剖面图如图6-5所示。

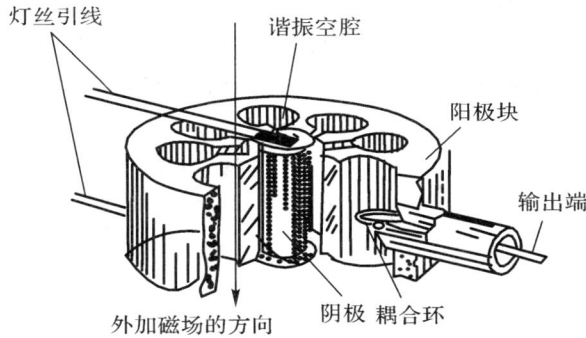

图 6-5 磁控管剖面图

磁控管的工作过程如下：

（1）灯丝通电后阴极被加热，使其可以发射电子。同时，安装在阴极外面的永磁体会产生一个强磁场，磁场方向和电极的轴向正交。从阴极发出的电子一方面受到电场力的作用向阳极运动，一方面又受到磁场力的作用向右偏转。因此，电子在谐振空腔进行摆线运动。

（2）当电子飞近开口左侧时，会感应出正电荷，继续飞越开口，吸引正电荷沿腔壁向右运动，形成电流，相当于由电感向电容充电。磁控管中电子的运动示意图如图 6-6 所示。

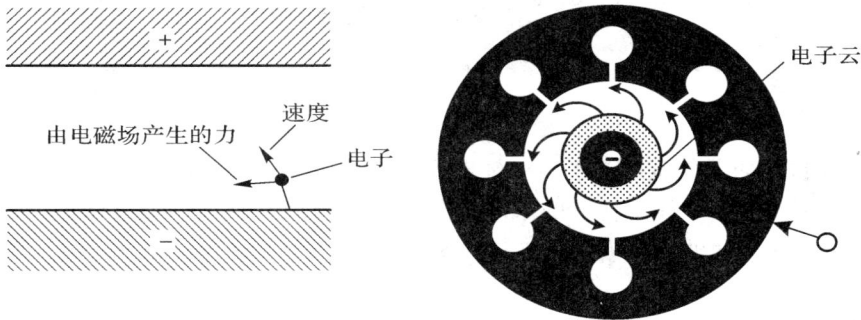

图 6-6 磁控管中电子的运动示意图

（3）当电子继续向前运动时，此时原来开口的电荷性质发生变化，形成电容通过电感的反向放电。如此反复，形成谐振空腔中的高频振荡（见图 6-7）。

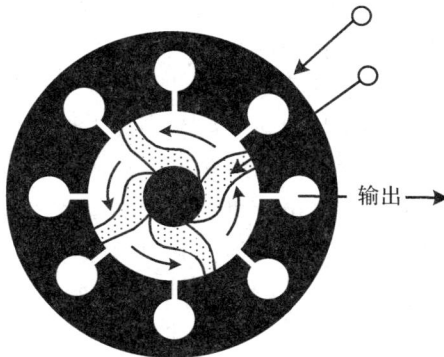

图 6-7 磁控管产生高频振荡

(4) 与在瓶口吹气,在瓶中将产生声波一样,电子通过谐振空腔的开口时就导致振荡电磁场(无线电波)产生。与声波的产生一样,所产生的无线电波的频率就是谐振空腔的谐振频率。值得注意的是,此时的振荡很弱,若不及时补充能量振荡将停止。

　　2) 雷达天线

　　雷达天线分为发射天线和接收天线,作用是辐射或接收电磁波,或者定向发射或接收电磁波。对于发射天线,它将来自发射机的高频电振荡能量转换为向自由空间辐射的"自由"电磁波;反之,接收天线则将在空间"自由"传播的电磁波转换为高频电振荡能量,经馈线送至接收机。由此可见,雷达天线实际上是一个能量转换装置(见图6-8)。

图6-8　雷达天线

　　为了获取目标的角信息或为了集中辐射能量获得较大的探测距离,天线必须具有很强的方向性。大多数雷达天线所特有的定向窄波束不仅能将能量集中到目标上,而且能测量目标的方位。雷达天线波束宽度的典型值约为1°或2°。

　　3) 雷达接收机

　　雷达接收机通过适当的滤波将天线上接收到的微弱高频信号从伴随的噪声和干扰信号中选择出来,并经过放大和检波后,送至显示器、信号处理器或由计算机控制的雷达终端设备中,简单说就是选择信号、放大信号、变换信号、抑制干扰。

　　(1) 选择信号。从许多干扰信号中选择出所需要的目标回波信号,并抑制干扰信号。这一功能是利用接收机中谐振回路的频率选择特性来完成的。

　　(2) 放大信号。由于雷达天线接收到的目标回波信号很微弱,一般只有几微伏或十几微伏,而终端设备要求的输入信号在几伏到几十伏以上,所以接收机必须把接收到的微弱信号放大到所需数值。这一功能是由接收机中的各种放大器来完成的。

　　(3) 变换信号。雷达天线所接收到的回波信号是脉冲调制的高频信号,而后续终端设备要求输入的是视频脉冲。因此,需要接收机采用变频器将高频脉冲变换为中频脉冲,并采用检波器提取出中频脉冲信号的包络,从而得到视频脉冲信号。

　　3. 雷达的基本原理

　　为了避免发射对接收的干扰,雷达通常以脉冲形式发射无线电波,在两个脉冲间接收回波(见图6-9)。发射脉冲的速率称为重复频率(PRF)。由于天线可以将能量聚集在一个窄波束中,所以雷达可以区分来自不同方位的目标,并能探测到很远距离的目标。

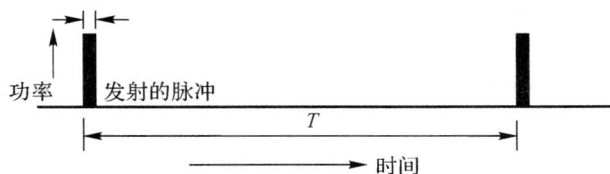

图 6-9　雷达发射的脉冲信号

为了找到目标，需要波束在目标可能出现的区域系统地扫描。波束的路径称为搜索扫描图，如图 6-10 所示。扫描所覆盖的区域称为扫描量或扫描帧。波束扫描一帧所用的时间称为帧周期。

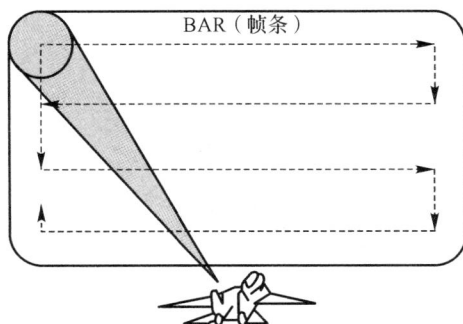

图 6-10　战斗机运用的典型搜索扫描图（扫描的条数和帧的宽度及位置可由操作员控制）

与光一样，大多数机载雷达所用频率的无线电波本质上以直线方式传播，因此，雷达要收到从目标来的回波，目标必须在直线距离内。而且，要探测到某一个物体，还要求物体的回波足够强，即要高出接收机输出端的背景电子噪声并可辨别，或者物体的回波要高于同时收到的来自地面的背景回波（称为地面杂波）并可被识别。在有些情况下，地面杂波比噪声要大得多。如图 6-11 所示，当远方的目标接近雷达时，其回波的强度迅速增加，但只有当回波信号从背景噪声和（或）地面杂波中显现时，回波信号才能被检测到。

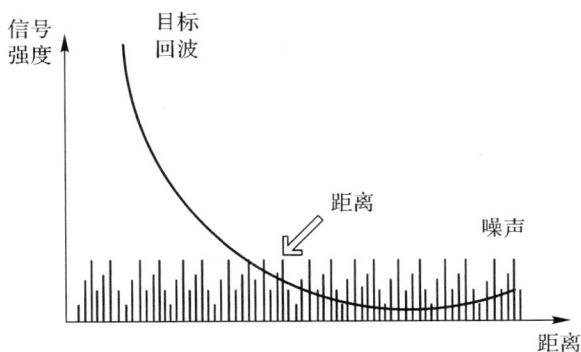

图 6-11　目标回波检测过程

一副天线把辐射的能量集中在某一方向上的程度通常称为方向性。方向性几乎是每一部机载雷达的关键特征，它除了能决定雷达对目标的测角能力外，还对处理地面杂波的能力有十分重大的影响。

人们可能会简单地认为，一副雷达天线能把所有发射出去的能量都集中到一个窄波束中，在这个波束中功率又是均匀分布的。人们还可能认为，如果把一个锥形波束像探照灯一样指向空中的一个假想的屏上，它就会以均匀的强度照亮一个圆形区域。虽然这是人们所希望的，但是天线能实现这一目标的程度比探照灯要差。像所有天线一样，一副笔形(锥形)波束天线几乎在每个方向上都要辐射一些能量，如图6-12所示，且大部分能量都集中在围绕天线的中心轴或轴线的一个大致为锥形的区域内，这个区域被称为主瓣。如果通过这个主瓣的中央轴把图形切成两半，就会发现主瓣的侧面有一系列的弱瓣，称为副瓣。

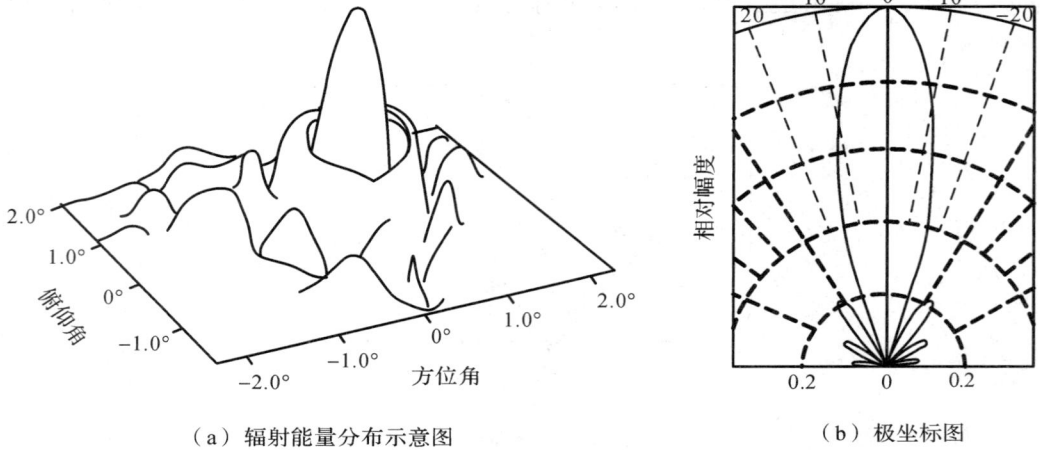

（a）辐射能量分布示意图   （b）极坐标图

图6-12　辐射能量分布及极坐标图

主瓣的宽度称为波束宽度，它是波束相对的边缘之间的角度。波束通常是不对称的，因此需要区分方位波束宽度和垂直波束宽度。

随着偏离波束中心角度的增加，主瓣值越来越低，为了使波束宽度的任何值都有意义，必须规定什么是波束的边缘。

从雷达工作的角度看，波束边缘可定义为功率下降到波束中央功率某任意选定的分数值的点。最常用的分数值是1/2，用dB(分贝)表示：1/2分数值对应的分贝数为-3 dB，即波束宽度通常是在功率降到最大值一半(-3 dB)的点之间测量的，因此，在这些点之间测出的波束宽度称为3 dB宽度。波束边缘示意图如图6-13所示。

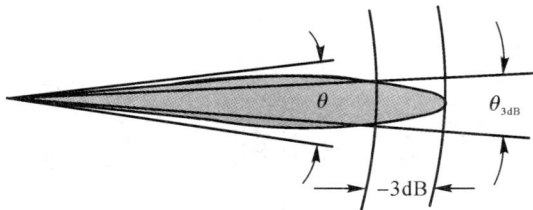

图6-13　波束边缘示意图

4. 机载火控雷达

机载火控雷达作为航空综合火控系统的目标探测子系统，它的主要任务是在各种条件下，在其作用范围内，探测和跟踪空中或地面(海面)目标，测定目标参数。它一般具有多种工作状态。

(1)空空状态。空空作战时，雷达具有上视/下视搜索功能、自动或手动截获目标功能、进行单目标跟踪或多目标边扫边跟踪功能。空战格斗时，雷达具有以目标瞄准线定轴或最佳扫描、垂直扫描、可偏移扫描等方式探测目标，自动截获后进入跟踪，并将目标参数送入火控计算机进行火控计算，引导导弹和机炮攻击目标等功能。

(2)空面状态。空面状态是为战斗机有效搜索和攻击海上或地面目标而设计的。为了获得良好的空面能力，火控雷达通常应该具有空地测距能力、真波束地图测绘能力、对海搜索能力、地面动目标检测和跟踪能力。

(3)辅助导航状态。为了使飞机能掠地飞行，避开敌方的探测和攻击，雷达必须具有地形跟随、地形回避和等高线测绘 3 种辅助导航功能。

(4)电子反干扰状态。为了应对恶劣的电子环境及满足电子战要求，机载火控雷达必须具有专门的电子反干扰措施，例如能抑制同频异步脉冲干扰、距离欺骗干扰、角度欺骗干扰等。

(5)敌我识别功能。IFF(敌我识别)系统发出询问脉冲，友机上的应答机用编码回答。

(6)制导功能。当制导半主动寻的导弹时，机载火控雷达必须加装一部连续波照射器。

5. 机载雷达战技指标

机载雷达战技指标包括战术指标和技术指标。雷达的战术指标是指雷达完成作战战术任务所应具备的功能和性能。雷达的技术指标是指描述雷达技术性能的量化指标。雷达的战术指标是设计雷达的依据，反之，雷达的技术指标决定了雷达的战术性能。

1)雷达战术指标

雷达战术指标包括探测空域、目标测量参数、分辨率等，具体介绍如下：

(1)探测空域。探测空域是雷达能以一定的检测概率和虚警概率、一定的目标起伏模型和一定的目标雷达截面积进行探测的空间区域，是由雷达的最大探测距离、最小探测距离、方位与俯仰扫描角所构成的空间。

(2)目标测量参数。目标测量参数包括距离、方位、高度、速度、批次、机型和敌我识别等。

(3)分辨率。雷达的分辨率是指雷达能分辨空间两个靠近目标的能力，包括速度分辨率、距离分辨率与角度分辨率。

① 速度分辨率。速度分辨率是指能够区分同一目标不同运动速度的最小速度间隔，即

$$\Delta f_d = \frac{2\Delta v}{\lambda}$$

② 距离分辨率。距离分辨率是指同一方向(角度)上能够区分两个目标的最小距离，即

$$\Delta R = \frac{c\tau}{2}$$

式中，τ 为雷达发射脉冲宽度。

③ 角度分辨率。角度分辨率是指在同一距离上能够区分两个目标的最小角度 $\Delta\theta$，$\Delta\theta$ 为雷达天线半功率点波束角。

(4)目标参数测量精度。目标参数测量精度是指雷达测量目标坐标参数的误差，通常用均方根值来表示，主要包括 $\sigma_{速度}$、$\sigma_{方位}$、$\sigma_{俯仰}$、$\sigma_{距离}$。

（5）目标参数录取能力。目标参数录取能力是指雷达完成一次全空域探测后，能够录取多少批目标参数的能力。

（6）雷达抗干扰能力。雷达抗干扰能力是指雷达在电子战环境中采取各种对抗措施后，雷达生存或自卫距离改善的能力。抗干扰措施包括波形设计、空间对抗、极化对抗、频域对抗、杂波抑制和战术配合等。

（7）可靠性、可维护性。

（8）体积、质量、功耗。

（9）工作环境、机动性。

2）雷达技术指标

雷达技术指标包括雷达工作频率、雷达发射脉冲功率等，具体介绍如下。

（1）雷达工作频率。雷达工作频率 f_0 与波长 λ 之间的关系为

$$f_0 = \frac{c}{\lambda}$$

（2）雷达发射脉冲功率。雷达发射脉冲功率 P_t 与平均功率 P_{av}、脉冲重复周期（PRT）T_r 以及脉冲宽度 τ 之间的关系为

$$P_t = \frac{T_r P_{av}}{\tau}$$

（3）脉冲信号参数。脉冲信号参数包括发射脉冲宽度 τ、脉冲重复周期 T_r、脉冲重复频率 f_r。雷达的最大不模糊距离为

$$R_{max} = \frac{0.8 T_r c}{2}$$

（4）雷达天线参数。雷达天线参数包括天线形式（线、面、平板隙缝、阵列等）、反射（阵）面尺寸、天线增益、第一副瓣电平、波束形状、主波束宽度、扫描方式、扫描周期等。

（5）接收机灵敏度。接收机灵敏度是指雷达以一定检测概率和虚警概率所能探测到目标的最小回波信号功率。

（6）雷达抗干扰技术。雷达抗干扰技术是指应用于雷达的抵抗外部环境干扰的技术。

（7）目标参数录取方式和能力。

（8）雷达显示能力。雷达显示能力包括探测到的各个技术参数的显示能力。

（9）系统设计技术。系统设计技术包括模块化、标准化、系列化等方面的技术。

（10）故障检测能力、维护能力。

（11）功耗、工作环境适应能力。

6.1.2　目标距离测量方法

测量目标的距离是雷达的基本任务之一。无线电波在均匀介质中以固定的速度直线传播（在自由空间传播速度约等于光速）。如图 6-14 所示，雷达位于 A 点，而在 B 点有一目标，则目标至雷达站的距离（即斜距）R 可以通过测量电波往返一次所需的时间得到，即

$$\left. \begin{array}{l} t_R = \dfrac{2R}{c} \\ R = \dfrac{1}{2} c t_R \end{array} \right\} \tag{6-1}$$

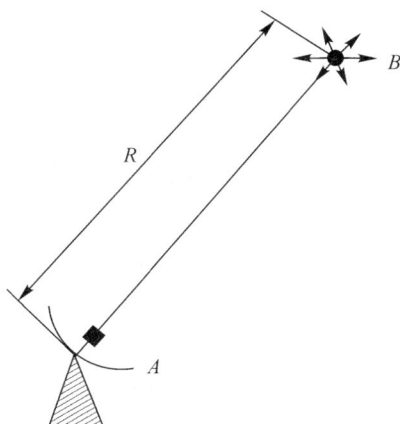

图 6-14　目标距离测量的示意图

其中时间 t_R 就是回波相对于发射信号的延迟。因此，目标距离测量就是要精确测定延迟时间 t_R。根据雷达发射信号的不同，测定延迟时间通常可以采用脉冲法、调频法和自动距离跟踪法。

1. 脉冲法测距

1）基本原理

在常用的脉冲雷达中，回波信号是滞后于发射脉冲 R 的回波脉冲。回波信号的延迟时间 t_R 通常是很短促的，将光速 c 数值代入式（6-1）后，得

$$R = 0.15t_R \qquad (6-2)$$

式中，t_R 的单位为 μs，测得距离 R 的单位为 km。

2）影响测距精度的因素

雷达在测量目标距离时不可避免地会产生误差，该误差从数量上说明了测距精度是雷达站的主要参数之一。由式（6-1）可以看出影响测量精度的因素。对式（6-2）求微分，得

$$dR = \frac{\partial R}{\partial c}dc + \frac{\partial R}{\partial t_R}dt_R = \frac{R}{c}dc + \frac{c}{2}dt_R$$

用增量代替微分，可得到测距误差为

$$\Delta R = \frac{R}{c}\Delta c + \frac{c}{2}\Delta t_R \qquad (6-3)$$

式中：Δc 为电波传播速度平均值的误差；Δt_R 为测量目标回波延迟时间的误差。

3）距离分辨率和测距范围

距离分辨率是指同一方向上两个大小相等点目标之间最小可区分的距离。当在显示器上测距时，分辨率主要取决于回波的脉冲宽度 τ，同时也和光点直径所代表的距离有关。如图 6-15 所示的两个点目标回波的矩形脉冲之间间隔为 $\tau + d/v_n$，其中 v_n 为光点扫掠速度，这是距离可分的临界情况。这时可定义距离分辨率 Δr_c 为

$$\Delta r_c = \frac{c}{2}\left(\tau + \frac{d}{v_n}\right)$$

其中：d 为光点直径；v_n 为光点扫掠速度，单位为 $cm/\mu s$。

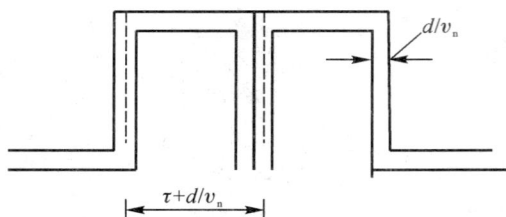

图 6-15　距离分辨率

用电子方法测距或自动测距时,距离分辨率由脉冲宽度 τ 或波门宽度 τ_e 决定,脉冲越窄,距离分辨率越好。对于复杂的脉冲压缩信号,决定距离分辨率的是雷达信号的有效带宽 B,有效带宽越宽,距离分辨率越好。距离分辨率 Δr_c 可表示为

$$\Delta r_c = \frac{c}{2} \times \frac{1}{B}$$

测距范围包括最小可测距离和最大单值测距范围。所谓最小可测距离,是指雷达能测量的最近目标的距离。脉冲雷达收发共用天线,在发射脉冲时间内,接收机和天线馈线系统间是"断开"的,不能正常接收目标回波。发射脉冲时间段过去后,天线收发开关恢复到接收状态需要一段时间,在这段时间内,由于不能正常接收回波信号,因此雷达是很难进行测距的。因此,雷达的最小可测距离为

$$R_{min} = \frac{1}{2}c(\tau + t_0)$$

雷达的最大单值测距范围由其脉冲重复周期 T_r 决定。为保证单值测距要求,通常应选取

$$T_r \geqslant \frac{2}{c}R_{max}$$

式中,R_{max} 为被测目标的最大作用距离。

有时雷达重复频率的选择不能满足单值测距的要求,例如脉冲多普勒雷达或远程雷达,这时目标回波对应的距离 R 为

$$R = \frac{c}{2}(mT_r + t_R) \quad (m \text{ 为正整数}) \tag{6-4}$$

式中,t_R 为测得的回波信号与发射脉冲间的延迟时间。这时将产生测距模糊,为了得到目标的真实距离 R,必须判明式(6-4)中的模糊值 m。

2. 调频法测距

在调频测距中,发射和接收之间的时间延迟被转化成频率差,通过测量该频率差可以得到时间延迟,从而确定距离。

最简单的调频法测距过程如下:发射机的发射频率以一个恒定的速率线性增加,于是,各相继发射脉冲的频率依次略为升高。线性调制的持续时间至少是最远目标往返传输时间的倍数(见图 6-16)。图 6-17 给出了发射机的发射频率与时间的关系以及从目标接收的回波频率与时间的关系。发射机频率图上的点代表每一个发射脉冲,每个这样的点与代表目标回波的点之间的水平距离就是往返传输时间。在垂直方向上,代表回波的点与代表发射频率的线之间的垂直距离就是频率差 Δf。因此,频率差 Δf 等于发射机频率的变化率乘以往返传输时间。通过测量频率差并除以频率变化率,就可得到传输时间。例如,假定测量

到的频率差是 10 000 Hz，发射机频率正以 10 Hz/ms 的速率增加，则传输时间为

$$t_r = \frac{10\,000}{10} = 1000 \ \mu s$$

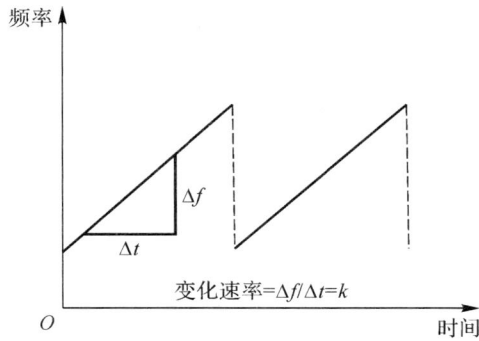

图 6-16 线性调制持续时间与最远目标往返传输时间的关系

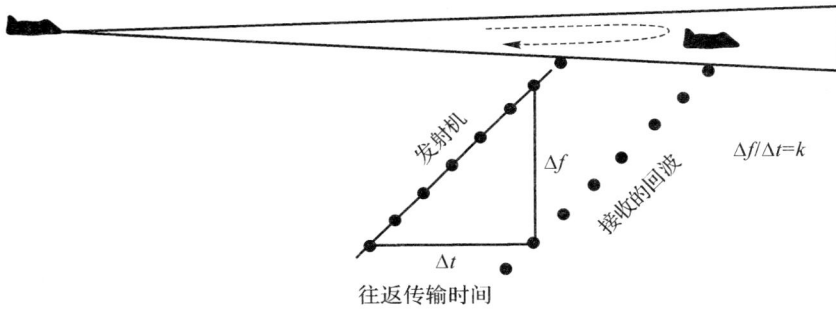

图 6-17 发射机发射频率与时间的关系及回波频率与时间的关系

3. 自动距离跟踪法测距

自动距离跟踪系统应保证电移动指标自动地跟踪目标回波并连续地给出目标距离数据。整个自动距离跟踪系统应包括对目标的搜索、捕获和自动跟踪 3 个互相联系的部分。

如图 6-18 所示为自动距离跟踪的简化方框图。自动距离跟踪系统主要包括时间鉴别器、控制器、跟踪脉冲产生器和显示器。

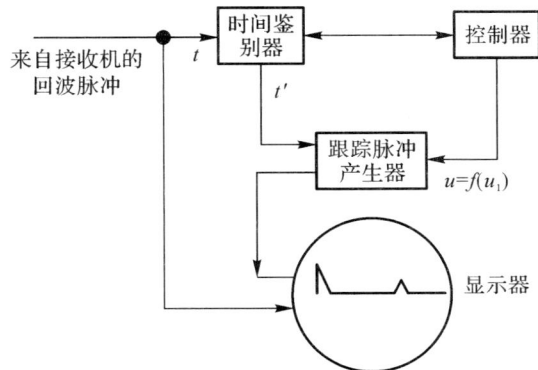

图 6-18 自动距离跟踪的简化方框图

(1) 时间鉴别器。时间鉴别器用来比较回波信号与跟踪脉冲之间的延迟时间差 Δt ($\Delta t = t - t'$)，并将 Δt 转换为与它成比例的误差电压 u_ϵ(或误差电流)。

(2) 控制器。控制器的作用是把误差信号 u_ϵ 进行加工变换，然后用其输出去控制跟踪波门移动，即改变时延 t'，使其朝 u_ϵ 减小的方向运动，也就是使 t' 趋向于 t。

(3) 跟踪脉冲产生器。跟踪脉冲产生器根据控制器输出的控制信号(转角 θ 或控制电压 E)产生所需延迟时间 t' 的跟踪脉冲。跟踪脉冲就是人工测距时的电移动指标，只是有时为了在显示器上获得所希望的电瞄形式(例如缺口式电瞄标志)，而把跟踪脉冲的波形加以适当变换而已。

(4) 显示器在自动距离跟踪系统中仅仅起监视目标作用。

图 6-18 中显示器画面上套住回波的二缺口表示电移动指标，也叫作电瞄标志。假设空间一目标已被雷达捕获，目标回波经接收机处理后成为具有一定幅度的视频脉冲加到时间鉴别器上，同时加到时间鉴别器上的还有来自跟踪脉冲产生器的跟踪脉冲。自动距离跟踪时所用的跟踪脉冲和人工测距时的电移动指标本质一样，都是要求它们的延迟时间在测距范围内均匀可变，且其延迟时间能精确地读出。当自动距离跟踪时，跟踪脉冲的另一路和回波脉冲一起加到显示器上，以便观测和监视，其画面如图 6-18 所示。时间鉴别器的作用是将跟踪脉冲与回波脉冲在时间上加以比较，鉴别出它们之间的时间差 Δt。设回波脉冲相对于基准发射脉冲的延迟时间为 t，跟踪脉冲的延迟时间为 t'，则时间鉴别器输出误差电压 u_ϵ 为

$$u_\epsilon = K_1(t - t') = K_1 \Delta t$$

式中，K_1 为比例系数。

当跟踪脉冲与回波脉冲在时间上重合，即 $t' = t$ 时，输出误差电压为零。当两者不重合时，将输出误差电压 u_ϵ，其大小正比于时间的差值，而其正负号视跟踪脉冲是超前还是滞后于回波脉冲而定。控制器的作用是将误差电压 u_ϵ 经过适当的变换，将其输出作为控制跟踪脉冲产生器工作的信号，其结果是使跟踪脉冲的延迟时间 t' 朝着减小 Δt 的方向变化，直到 $\Delta t = 0$ 或其他稳定的工作状态。上述自动距离跟踪系统是一个闭环随动系统，输入量是回波信号的延迟时间 t，输出量则是跟踪脉冲延迟时间 t'，而 t' 随着 t 的改变而自动地变化。

6.1.3　目标角度测量方法

为了确定目标的空间位置，雷达在大多数应用情况下不仅要测定目标的距离，还要测定目标的方向，即测定目标的角坐标，其中包括目标的方位角和高低角(仰角)。

雷达测角的物理基础是电波在均匀介质中传播的直线性(见图 6-19)和雷达天线的方向性。由于电波沿直线传播，所以目标散射或反射电波波前到达的方向即为目标所在方向。但在实际情况下，电波并不是在理想均匀的介质中传播，例如大气密度、湿度随高度的不均匀性造成传播介质的不均匀，以及复杂的地形、地物的影响等。以上原因会使电波传播路径发生偏折，从而造成测角误差。通常在近距测角时，由于测角误差不大，所以仍可近似认为电波是直线传播的。当远程测角时，应根据传播介质的情况，对测量数据(主要是仰角测量)进行必要的修正。

雷达要完成对空间高速运动目标的测量任务，必须首先保证能把天线随时对准目标，实现对目标的角度自动跟踪。实现对目标方向角跟踪与测量的基本方法分为相位法和振幅

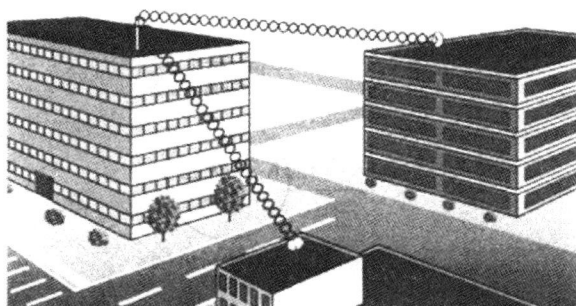

图 6 - 19　电波的直线传播

法，其中振幅法又分为最大信号法测角和等信号法测角。

1. 相位法测角

1）相位法测角的基本原理

相位法测角是指利用多个天线所接收的回波信号之间的相位差进行测角。回波信号的相位差如图 6 - 20 所示。相位法测角原理如图 6 - 21 所示，设在 θ 方向有一远区目标，则到达接收点的目标所反射的电波近似为平面波。由于两天线间距为 d，故它们所收到的信号由于存在波程差而产生一相位差 φ，且

$$\varphi = \frac{2\pi}{\lambda}\Delta R = \frac{2\pi}{\lambda}d\sin\theta \qquad (6-5)$$

式中，λ 为雷达波长。

如用相位计进行比相，测出其相位差 φ，就可以确定目标方向 θ。

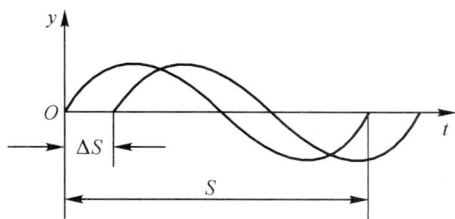

图 6 - 20　回波信号的相位差

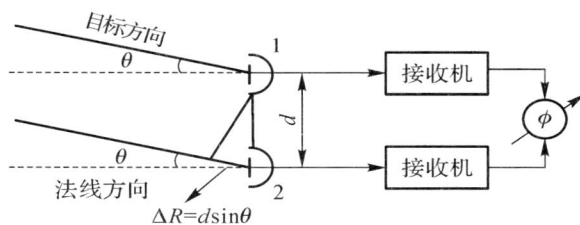

图 6 - 21　相位法测角原理

2）测角误差与多值性问题

相位差 φ 的数值测量不准，将产生测角误差，将式（6-5）两边取微分，则 θ 与 φ 之间的关系如下：

$$\mathrm{d}\varphi = \frac{2\pi}{\lambda}d\cos\theta\mathrm{d}\theta \qquad (6-6)$$

$$\mathrm{d}\theta = \frac{\lambda}{2\pi d\cos\theta}\mathrm{d}\varphi \qquad (6-7)$$

从式（6-6）和式（6-7）可以看出：当 $\theta = 0$，即目标处在天线法线方向时，测角误差 $\mathrm{d}\theta$ 最小；当 θ 增大时，$\mathrm{d}\theta$ 也增大，为保证一定的测角精度，θ 的范围有一定的限制。由式（6-6）可知，增大 d/λ 可提高测角精度。

2. 振幅法测角

振幅法测角是用天线收到的回波信号的幅度来测角的。

1) 角度分辨率

雷达在方位和仰角上分辨目标的能力(称为角度分辨率)主要由方位和仰角波束宽度决定,这一点可由图 6-22 简要说明。在图 6-22(a)中,两个处于几何同样距离上的相同目标 A 和 B 之间的间隔比波束宽度稍大一些。当波束扫过它们时,雷达先从目标 A 接收到回波,然后从目标 B 接收到回波。因此,这些目标容易分辨。在图 6-22(b)中,两个目标的间隔与图 6-22(a)相同,但小于波束宽度。当波束扫过它们时,雷达仍然是首先从目标 A 接收到回波,但是在停止这个目标接收回波之前就已经开始从目标 B 接收回波,因此从两个目标来的回波就混在一起了。

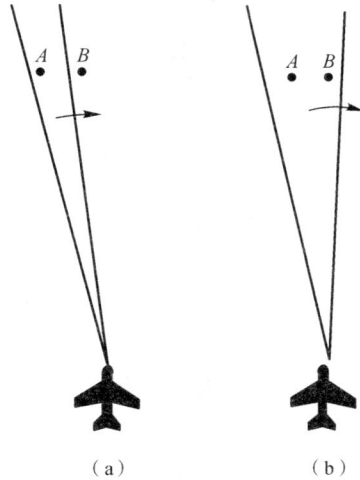

（a）   （b）

图 6-22   角度分辨率

从表面上看,角度分辨率不会超过主瓣的零点至零点宽度。实际上分辨率要好得多,因为分辨率不单取决于波瓣宽度,还取决于波瓣内能量的分布。

图 6-23 所示曲线表示当主瓣扫过孤立的目标时接收到的回波的强度变化曲线。当波瓣的前沿扫过目标时,回波较弱,检测不到,但是它们的强度迅速增加。当波瓣中央对准目标时,回波达到最大值。当波瓣后沿扫过目标时,回波又变弱而检测不到了。

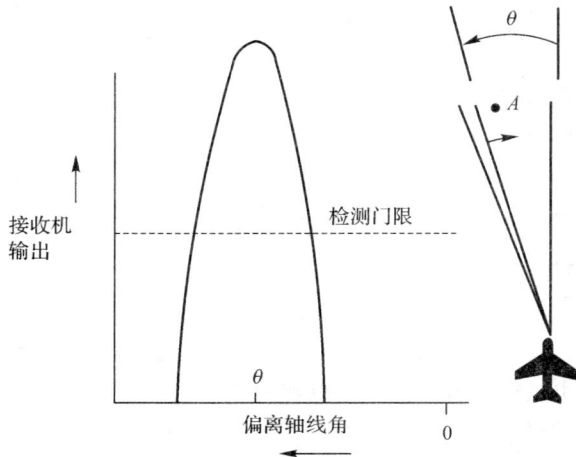

图 6-23   回波信号强度

2）最大信号法测角

最大信号法是指当天线波束进行圆周扫描或在一定扇形范围内进行匀角速扫描时，找出脉冲串的最大值（中心值），从而确定出该时刻波束轴线指向即为目标所在方向。最大信号法测角的波束扫描图和波形图如图 6-24 所示。

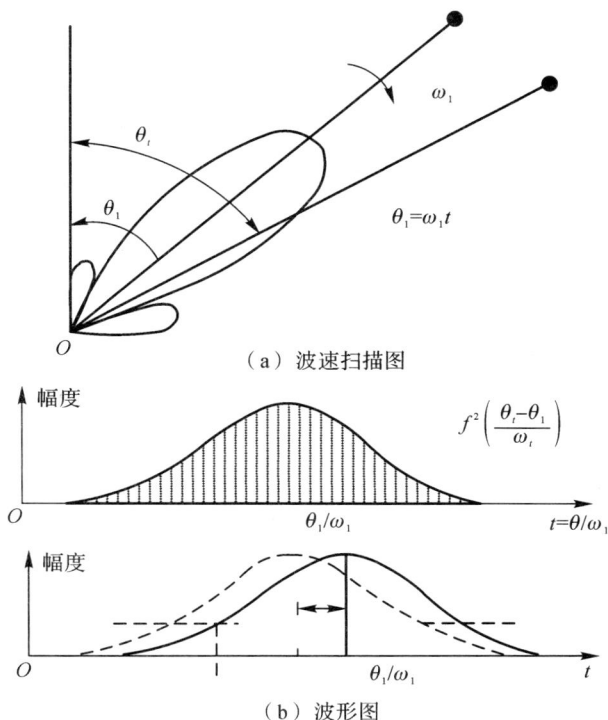

（a）波速扫描图

（b）波形图

图 6-24　最大信号法测角的波束扫描图和波形图

在人工录取的雷达系统中，操纵员在显示器画面上看到回波最大值的同时，也可读出目标的角度数据。

最大信号法的优点：① 简单；② 在天线方向图的最大值方向测角，回波最强，信噪比最大，对检测和发现目标是有利的。缺点：① 直接测量时测量精度不高；② 不能判别目标偏离波束轴线的方向，因此不能用于自动测角。最大信号法测角广泛应用于搜索、引导雷达中。

3）等信号法测角

等信号法测角（见图 6-25）采用两个相同且彼此部分重叠的波束。如果目标处在两波束的交叠轴 OA 方向，则由两波束收到的信号强度相等，否则则一个波束收到的信号强度高于另一个（见图 6-25（b））。因此常常称 OA 为等信号轴。当两个波束收到的回波信号相等时，等信号轴所指方向即为目标方向。

等信号法中，两个波束可以同时存在，若用两套相同的接收系统同时工作，则称为同时波瓣法；两波束也可以交替出现，或只要其中一个波束，使它绕 OA 轴旋转，波束便按时间顺序在 1、2 位置交替出现，只用一套接收系统工作，称为顺序波瓣法。

等信号法的优点：① 测角精度比最大信号法高；② 根据两个波束收到的信号的强弱可

判别目标偏离等信号轴的方向，便于自动测角。缺点：① 测角系统较复杂；② 作用距离比最大信号法小些。

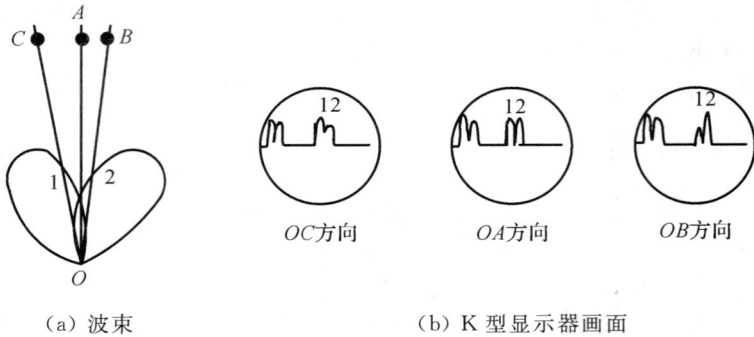

(a) 波束   (b) K 型显示器画面

图 6 - 25 等信号法测角

6.1.4 目标速度测量方法

在雷达应用的很多场合，仅仅知道目标相对雷达的当前位置是不够的，还必须能够预测目标在未来某个时刻的位置。因此，首先需要知道目标的速度。

有两种常用的方法可用来测量目标的速度。第一种方法称作"距离微分法"，是根据被测距离随时间的变化来计算出目标的速度的。第二种方法也是较优的一种方法（称为多普勒方法），就是利用雷达测量目标的多普勒频率（它与目标的速度成正比）计算出目标的速度。

本节将对上述两种方法进行简要的介绍。

1. 距离微分法

如图 6 - 26 所示为目标距离与时间的关系曲线，曲线的斜率就是目标的速度。求出图中曲线的斜率，也就是求出了目标的速度（也称距离变化率，简称距离变率），即有：

$$\dot{R} = \frac{\Delta R}{\Delta t} \tag{6-8}$$

式中，ΔR 看作是当前距离和 Δt 之前距离的差，则 $\dot{R}$ 对应于当前距离的变化率，即距变率。当 Δt 很小时，$\dot{R}$ 即为曲线斜率。

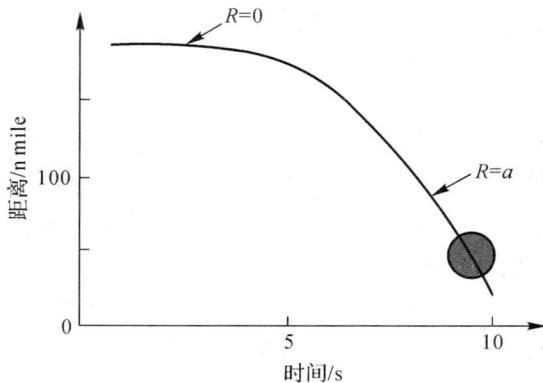

图 6 - 26 时间-距离曲线

实际上，在多普勒模糊度十分严重的情况下，雷达就是用此方法测距变率的。

如果距变率发生变化，Δt 越小，则所距变速率 R 就越接近真实速度的变化，也就是说，被测的距变率将滞后于真实速度(见图 6-27)。

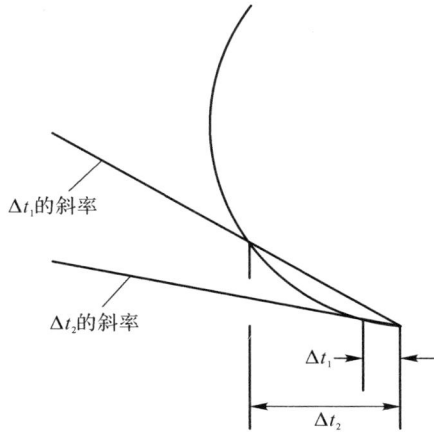

图 6-27　Δt 越小所测距变率越接近真实速度

但是在测量的距离数据中会不可避免地出现一定量的随机错误或噪声。虽然噪声大小与距离大小相比趋于很小，但对于 ΔR 而言，它还是值得注意的。事实上，Δt 越小，则 ΔR 越小，从而噪声使速度测量的效果变得越差。

2. 多普勒方法

多普勒频移(又称多普勒频率)现象：当汽车向你驶来时，你会感觉音调变高；当汽车离你远去时，你会感觉音调变低(音调由频率决定，频率高则音调高，频率低则音调低)。

多普勒效应：由于波源和观察者之间有相对运动，因此观察者会感到频率的变化，这种现象称为多普勒效应。波源的频率等于单位时间内波源发出的完全波的个数，而观察者听到的声音的音调，是由观察者接收到的频率即单位时间接收到的波的个数决定的。

(1)当波源和观察者相对介质都静止不动，即两者没有相对运动时，单位时间内波源发出几个完全波，观察者在单位时间内就接收到几个完全波，观察者接收到的频率等于波源的频率，如图 6-28 所示。波源和观察者都不动，设波源频率为 20 Hz，则波源每秒发出 20 个波，观察者每秒就能接收到 20 个波。

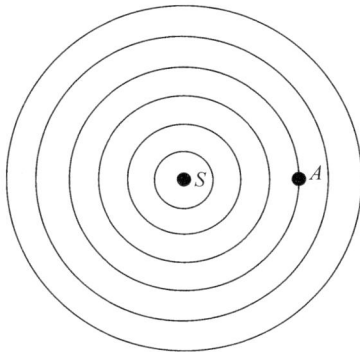

图 6-28　波源和观察者相对介质都静止

(2) 当波源相对介质不动,观察者朝波源运动时(或当观察者不动,波源朝观察者运动时),如图 6-29 所示,波源不动而观察者运动,人在 1 s 内由 A 点运动到 B 点,虽然波源仍发出 20 个波,但人却接收到 21 个波。

(3) 当波源相对介质不动,观察者远离波源运动时(或观察者不动,波源远离观察者运动时),如图 6-30 所示,波源向右运动,观察者不动,波源由 S_1 点运动到 S_2 点,波源右边的波变得密集,波长变短,波源左边的波变得稀疏,波长变长。

总之,当波源与观察者有相对运动时,如果两者相互接近,观察者接收到的频率增大;如果两者远离,观察者接收到的频率减小。

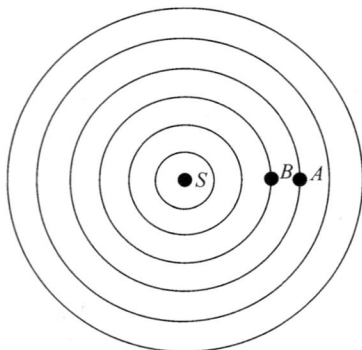

图 6-29　波源不动而观察者动　　　　图 6-30　波源相对介质不动,波源远离观察者运动

(4) 多普勒频移计算。假设雷达发射机静止不动,发射机发射的脉冲周期为 T,脉冲波长为 λ,目标以速度 V_t 接近雷达。试求脉冲经过目标反射后,相邻两个脉冲反射波之间的距离。

① 把相邻两个波记为波 1 和波 2,一开始,发射机发射波 1,经过一个周期后发射波 2。在发射波 2 的时刻,假设发射机所处位置为 A,波 1 所处位置为 B,则 A 和 B 之间的距离为 λ,如图 6-31 所示。

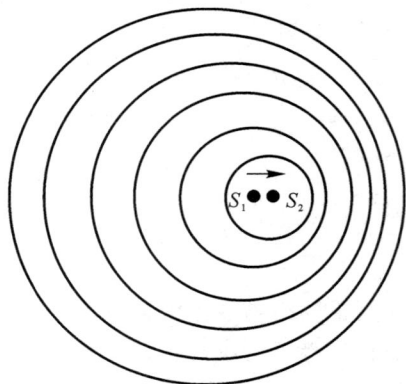

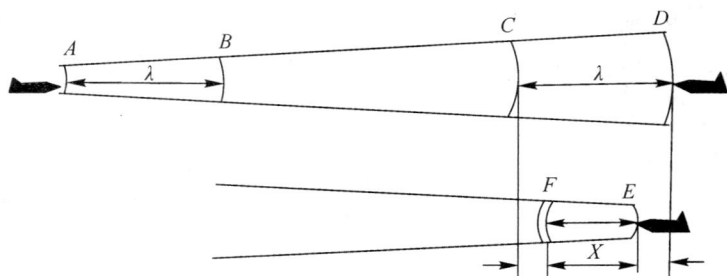

图 6-31　波源相对介质不动,观察者远离波源运动

② 假设经过一段时间后,波 1 和目标相遇,相遇位置为 D。此时,波 2 所处位置为 C,则 C 和 D 之间的距离为 λ。

③ 假设再经过一段时间 t 后,波 2 和目标相遇,相遇位置为 E。此时,波 1 的反射波所处位置为 F,E 和 F 之间的距离即为待求距离。

④ 假设波 2 从 C 点到 E 点所经过的时间段速度为相对飞机速度，由于无线电波的速度很高，因此，也可以把这个 t 近似看作 T，那么，目标从 D 点到 E 点所经过的时间也为 t，则有 $CE + DE = CD$，$(\lambda/T + V_t)t = \lambda$。

⑤ 经过相同的时间 t 后，波 1 的反射波和目标之间的距离为 $EF = DF - DE$；又因为 $DF = (\lambda/T)t$，所以 $EF = (\lambda/T - V_t)t = (\lambda/T + V_t)t - 2V_t t = \lambda - 2V_t t_0$。

若想得到目标的速度，只需要测得它的多普勒频移，即

$$\dot{R} = -\frac{f_d \lambda}{2} \tag{6-9}$$

式中：$\dot{R}$ 为速率；f_d 为多普勒频率；λ 为波长。

在没有多普勒模糊的情况下，仅通过观察目标出现在滤波器组中的某个滤波，目标的多普勒频输入率就能得到。

6.2 光学探测运用

1. 红外辐射及基本性质

自然界的物质都在不停地发射和吸收电磁辐射，日常生活中人们会受到各种辐射，如紫外线辐射、热辐射等，其本质上都是电磁辐射，都具有波动性，故又称为电磁波。

作为雷达目标的飞机，因为有一定的温度，所以能辐射红外线。以喷气式发动机的飞机辐射特性及飞机气动加热的辐射特性为例，喷气式飞机辐射分为尾喷管辐射（由尾喷管内腔的加热部分发出）、废气辐射（自尾喷口排出大量的废气）、蒙皮辐射（飞行时蒙皮与大气摩擦而产生）。

红外线传播的距离受到许多因素的限制，但主要是来自大气的衰减。衰减主要产生于大气中水汽、二氧化碳、臭氧分子等的选择性吸收和大气中悬浮微粒的散射。

红外线通过大气而减弱的过程称为衰减。设大气的吸收系数为 α，则红外线通过大气的透过率可以表示为

$$\tau = e^{-\sigma x}$$

式中：σ 为大气的衰减系数；x 为红外线传输路程。

大气的透过率随传输路程的延长呈指数下降，衰减系数越大，下降得越快。因此，大气的衰减直接影响红外光电系统的作用距离。

吸收系数和散射系数随波长而变化。研究结果表明：大气对红外线的衰减是有选择性的，对一些波长的红外线衰减很大，而对另外一些波长的红外线衰减则很小。衰减小的波段称为"大气窗口"。红外光电系统通常利用"大气窗口"探测目标，以获得足够的作用距离。

粗略地进行划分，大气窗口主要分为 $1 \sim 3~\mu m$、$3 \sim 5~\mu m$ 和 $8 \sim 14~\mu m$。大气窗口的划分对红外装置的设计和运用有重大意义。红外装置的工作波段必须选在 $15~\mu m$ 以下，并选在某一大气窗口内，这样才可以减少大气衰减的影响，提高系统作用的距离。

对于利用目标热辐射特性来探测目标的红外系统而言，浓雾对热辐射散射作用较大，而水蒸气对热辐射的吸收作用很强烈。

水蒸气对热辐射的吸收是有选择性的，在 $1.87~\mu m$、$2.70~\mu m$ 和 $6.27~\mu m$ 处出现强吸收带。因此，空中运用的红外设备在大气衰减方面主要考虑水蒸气的吸收，而空对地或地对空的红外装置，则除了考虑水蒸气的吸收作用外，还要考虑低空悬浮物的散射作用。

2. 红外探测器

红外探测器是一种用来探测红外光辐射的器件。它通过把光辐射转换为易于测量的电信号来实现对光辐射的探测。红外探测系统原理框图如图 6-32 所示。

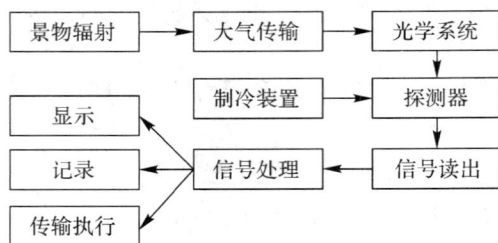

图 6-32　红外探测系统原理框图

对于探测和跟踪目标的探测器,按照探测过程的物理机制可分为热探测器和光子探测器两类。

1) 热探测器

热探测器的物理基础是光热效应。光热效应是指入射光辐射引起物质温度变化的物理效应。当红外光辐射到探测器上时,探测器上的敏感材料的温度上升,因此可以利用温度改变的程度来确定红外辐射的强弱。这样的探测器称为热探测器。

2) 光子探测器

光子探测器的物理基础是光电效应。光电效应是指入射光辐射引起物质导电率变化的物理效应。这是一种波长选择性物理效应,即存在一个长波限,当入射红外线的波长大于长波限时,光子探测器不起反应。当一定波长的红外光辐射到探测器上时,探测器上的敏感材料的导电率发生改变,以此探测红外辐射。这样的探测器称为光子探测器。

3. 激光测距器

一般激光器是由工作物质、谐振腔和激励能源三部分组成的。工作物质为粒子反转提供基础;谐振腔使受激辐射光不断增强;激励能源为粒子反转提供外界能量。

激光器分类:

(1) 按工作物质,激光器可分为固体、气体、染料、半导体激光器等。

(2) 按谐振腔特性,激光器可分为稳定谐振腔激光器、非稳定谐振腔激光器;按谐振腔结构,激光器可分为外腔式激光器、内腔式激光器和半内(外)式激光器。

(3) 按激光运转方式,激光器可分为连续激光器、脉冲激光器。

(4) 按激光器的输出波长,激光器可分为红外激光器、可见光激光器、紫外激光器等。

目标距离是影响武器首发命中率的首要因素。激光测距机具有体积小、测距简单、角分辨率及测距精度高、作用距离远、抗干扰能力强等优点,当配合武器运用时,能使首发命中率提高到 80% 以上,大大提高了武器系统的攻击力和准确性。

脉冲激光测距机的基本原理和雷达脉冲延迟法测距原理基本相同,只是需要考虑激光在传播介质中的折射系数。

6.2.1　机载红外搜索跟踪系统

1. 机载红外搜索跟踪系统简介

自第二次世界大战以来,机载火控雷达作为战斗机的主要目标探测手段,在空战中起着举足轻重的作用。但由于雷达采用有源探测方式，工作时需要主动发射电磁波，所以易被敌方发现和干扰。特别是随着现代科技的不断发展，以及飞机隐身技术和电子对抗技术的进步，使得机载雷达的探测距离急剧下降，本身隐蔽性差、抗干扰能力弱的缺点也越来越明显地暴露出来。同时，随着科技的进步，为了对抗雷达而发展的新武器和新战术也层出不穷，例如对雷达实施压制或欺骗的电子干扰和可对雷达进行直接攻击的反辐射导弹等。因此，需要研制一种新型的探测设备，在正常情况下可辅助雷达工作，于是机载红外搜索跟踪（IRST）系统便产生并不断发展起来。"天狼星"IRST 系统如图 6 - 33 所示。

图 6 - 33　"天狼星"IRST 系统

机载红外搜索跟踪系统根据目标与背景之间的温差而生成的热点来捕获目标，主要用于空空目标搜索与跟踪，同雷达相比较，其优点是被动式搜索和跟踪目标。

2. 机载 IRST 系统的功能及特点

机载 IRST 系统是利用目标与背景之间的温差形成热点或图像来探测、跟踪目标的光电系统，是机载武器火控系统的一个重要组成部分。系统本身既能独立对目标进行探测和跟踪，为武器火控系统提供精确的目标方位，也可与雷达互相随动对目标进行搜索和跟踪。IRST 系统采用 InSb 元件，适用于空域监视、威胁判断、抗电子干扰、地面对空导弹探测、自动搜索和跟踪目标等作战任务，与其他机载电子设备配合运用可大大提高飞机在全波段、全天候、多方位、大纵深环境下的作战生存能力。

与雷达相比，IRST 系统很像一个宽视场的监视雷达，除具有昼夜条件下的探测能力外，系统还具有以下两个显著特点：

（1）抗干扰、抗隐身能力强，隐蔽性好。现代各种类型的作战飞机都把发展机载电子战技术和隐身技术放在突出位置，采用有源探测方式的机载火控雷达虽然采取了许多抗干扰措施，但易受到干扰仍是其脆弱的一面。相比之下，以被动方式工作的机载 IRST 系统本身不发射电磁波，抗电磁干扰能力强，能实现飞机隐蔽探测目标，大大提高了飞机的生存能力，在强电子干扰环境下可代替或辅助雷达搜索跟踪目标，是现代空战环境下的首选系统。

（2）探测距离远，分辨率高，具有多目标搜索跟踪能力。由于现代战斗机实行高空、高速飞行，留给能成功拦截这种高空、高速目标武器的时间极短，而飞机速度越快，高度越高，飞机的蒙皮气动热辐射越强，IRST 系统的探测距离也就越远，因此 IRST 系统更适合于现代战争。此外，IRST 系统的角分辨率比雷达高得多，具有多目标搜索跟踪能力，在对付远距密集编队的目标时将具有显著优势。

3. 机载 IRST 系统性能指标

（1）探测波段。探测波段可选用 $3 \sim 5 \mu m$ 波段、$8 \sim 12 \mu m$ 波段或者双波段。

（2）搜索跟踪范围。系统的视场能达到 $\pm 60°(-15° \sim 45°)$，可根据需要设置不同的搜索区。

（3）目标分辨率和目标跟踪精度。远程多目标红外搜索跟踪系统的目标分辨率应不低于 3.4′，跟踪精度不低于 10.3′；不具有多目标功能的红外搜索跟踪系统的目标分辨率应不低于 6.9′，目标跟踪精度应不低于 5.5′。

（4）目标跟踪最大角速度和最大角加速度。系统的目标跟踪最大角速度应不小于 250 rad/s，目标跟踪最大角加速度应不小于 150 rad/s²。

（5）目标探测距离。远程多目标红外搜索跟踪系统的目标探测距离应不小于 50 km；不具有多目标功能的红外搜索跟踪系统的目标前向探测距离应不小于 10 km，后向探测距离应不小于 30 km。

（6）输出信号。系统的输出信号应包括工作状态、目标方位角、目标俯仰角、目标方位角变化率、目标俯仰角变化率、目标辐射强度。

4. 机载 IRST 系统工作方式

下面以英国 First Sight 系统为例，说明机载 IRST 系统的工作方式。该设备有搜索、捕获、单目标跟踪 3 个主要的工作方式。

First Sight 系统的工作方式的转变可由飞行员控制或是全自动控制。例如，飞行员可选择一个区域进行搜索，IRST 系统可以自动对探测到的最高优先目标进行单目标跟踪，或者在进入单目标跟踪之前可能等待飞行员指示一个被探测的目标。

1）搜索方式

搜索的主要目的是使飞行员能够搜索飞机前方的天空区域，辨别可能目标的位置，如图 6-34 所示。

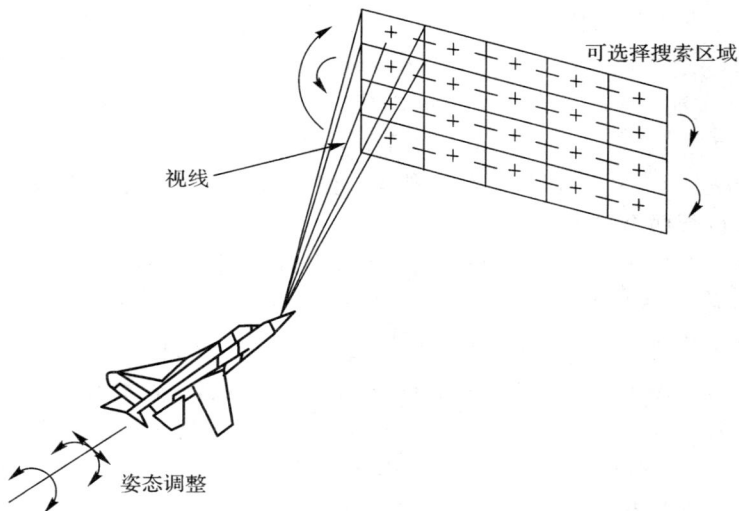

图 6-34　First Sight 系统搜索方式

当搜索区域和位置已指定时，First Sight 系统就用间断和凝视原理扫描该区域。传感器分别搜索区内的每个位置，并存储被探测到的目标，以便按优先顺序排列和关联。First Sight 系统凝视时间取决于时间关联要求，是一个可调参数。当搜索区扫描结束时，First Sight 系统将目标按优先顺序排列，并将该信号送给飞机。

2）捕获方式

捕获的目的是使传感器的视场转向 First Sight 视场内的位置，探测可能的目标（而不是像搜索方式一样进行大范围扫描），给出指令时转入单目标跟踪。捕获方式要设计成可受许多外部系统（例如头盔上安装的瞄准具、驾驶杆操纵、外部搜索跟踪雷达）控制。

用捕获方式还可得到视频数据，从而使有效的成像方式得以实现。First Sight 系统的传感器的视场相对于飞机结构是固定的，由此产生的图像可以用作飞行/着陆辅助。

3）单目标跟踪方式

单目标跟踪方式提供跟踪位于 First Sight 视场内的单个指定目标的能力。First Sight 系统的传感器视场中心对准搜索或捕获期间定位的目标位置，目标信息在每帧都能得到适时修正，以使视场的中心保持在目标上（见图 6-35）。

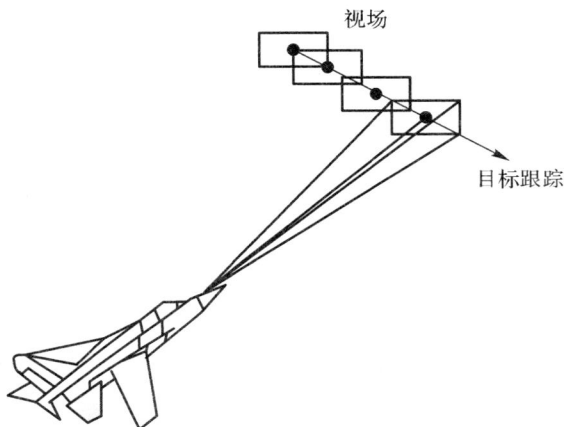

图 6-35　单目标跟踪方式

目标的信息包括位置（目标方位）、速度和距离，并以高传输速率送给飞机，从而使武器和其他传感系统迅速瞄准目标。

6.2.2　前视红外/激光瞄准吊舱

1. 前视红外/激光瞄准吊舱的功能

在科索沃、阿富汗和伊拉克的战争中，美军战斗机进行空袭的高度一般在 9 km 之上。美军战斗机能够在这么高的高度对地面进行精确轰炸要归功于它所挂载的红外瞄准吊舱。这种瞄准吊舱通常包括一个安装在转环万向支架上的昼夜前视红外（Forward Looking Infrared，FLIR）系统和一个激光标识器。昼夜前视红外系统可以向飞行座舱显示屏提供目标区的热成像图像，而激光标识器则用于对目标进行"照射"，使激光制导炸弹能够击中目标。FLIR 系统不像雷达那样因发射电磁波而易被敌方探测与干扰。FLIR 系统探测距离比雷达短（仅 10~15 km）且不能测距，但其成像质量较雷达高，因此目标识别性能强。

FLIR 系统与日光/微光电视及夜视镜相比，成像质量较低，但它无需靠月夜星光的微弱可见光及近红外照射，在暗夜条件下同样能正常工作，亦不受伪装的影响。因此，FLIR 系统是一种无可替代的无源夜视设备。它并不发射探测能量，具有隐蔽性，属于一种有效的隐身技术。FLIR 系统主要具有以下 3 种功能。

1）低空导航

FLIR 系统的前视红外传感器可在昼夜及不良气象条件下显示出作战飞机航路前方的地形、地物图，并将其叠加在飞行驾驶员前方的显示器上，提供航路上的地形、地物信息，为作战飞机进行低空导航。FLIR 系统与无线电高度表、地形跟随雷达、惯性导航系统、数字地图显示器及全球定位系统(GPS)等配合,可更好地进行夜间低空导航,作战飞机可在60 m 甚至最低在 30 m 处进行夜间低空飞行。

2)目标搜索及目标识别

前视红外传感器对航向前方及两侧进行搜索,并将信息及时地输入至自动目标识别系统,它作为雷达与目视之间的一种补充,可昼夜运用。FLIR 系统对空在远距离进行红外点源搜索探测,在近距离进行成像识别与跟踪。性能先进的 FLIR 系统还具有空对空红外搜索与跟踪功能,以便有效地攻击空中或地面目标。

3)目标跟踪与瞄准

前视红外/激光瞄准吊舱的红外传感器一旦捕获目标,系统就进入自动跟踪状态,并向激光指示/测距系统发出指令,进入激光瞄准状态,以便投掷激光制导武器,且在整个攻击的过程中允许飞机机动飞行,以避开地面防空火力的袭击。

此种前视红外/激光瞄准系统通常首先由三轴平台稳定的 FLIR 系统用宽视场搜索和识别目标后,改用窄视场精确地跟踪目标,再由与其同光轴的激光器照射并测距,最后由本机或友机实施攻击。其光学系统具有宽视场和窄视场两个可转换的视场,宽视场用于导航,窄视场则用于瞄准,而红外探测器仅有一个视场。瞄准系统可使作战飞机在夜间接近目标,在大于 12 km 的距离上探测出目标,在 7 km 距离上分辨出目标,并在 3~6 km 的距离上发射武器攻击目标。

2. 前视红外/激光瞄准吊舱的组成及工作原理

1)前视红外/激光瞄准吊舱的组成

前视红外/激光瞄准吊舱系统的组成(见图 6-36):① FLIR 光学系统;② FLIR(前视红外成像技术)及 TV 视频系统;③ 激光发射/接收系统;④ 操作控制系统;⑤ 吊舱中央控制计算机和随动控制计算机;⑥ FLIR/TV 图像处理器;⑦ 温控系统等。

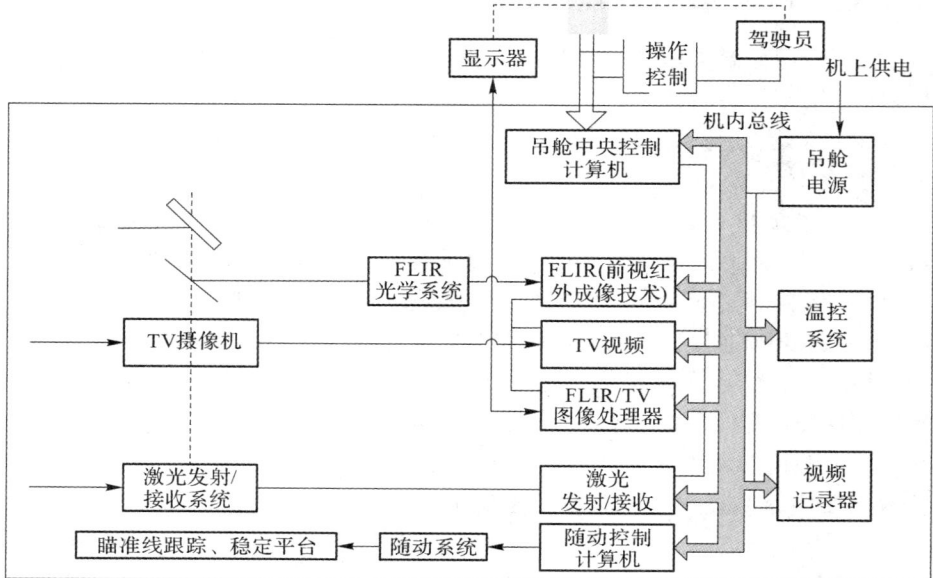

图 6-36　前视红外/激光瞄准吊舱系统组成框图

2）前视红外/激光瞄准吊舱的工作原理

前视红外/激光瞄准吊舱中的 TV 视频或 FLIR 系统把视场中景物的光信号变为景物的电信号，经过 FLIR/TV 图像处理器后，一路送给显示器，显示出景物图像，驾驶员通过显示的景物图像来观察、识别目标，并进一步对目标进行捕获、跟踪和瞄准；一路则由图像处理器处理出目标的位置误差信号，供吊舱操作控制系统运用。

在完成对目标的跟踪后，就可利用激光进行测距。这时吊舱一方面可以从 FLIR/TV 图像处理器中得到目标的位置角度信息及相应的变化率信息，又可以从激光测距中获取目标的距离信息，供火控解算瞄准运用。当需要对目标实施激光制导武器攻击时，利用激光照射器对目标进行激光照射，为激光制导武器进行目标引导。

为了保证上述功能的正常实现，前视红外/激光瞄准吊舱设置了消旋机构（以保证景物、目标的图像能符合人的正常视觉效果）、稳定平台机构（以消除飞机振动对瞄准效果的影响）和温度环境控制系统（简称温控系统）。

3. 交联设备与接口

前视红外/激光瞄准吊舱可与火控计算机、平视显示器、多功能显示器、头盔瞄准系统、雷达、惯导系统、卫星定位仪、导航吊舱和驾驶员操纵杆等设备交联，如图 6-37 所示。

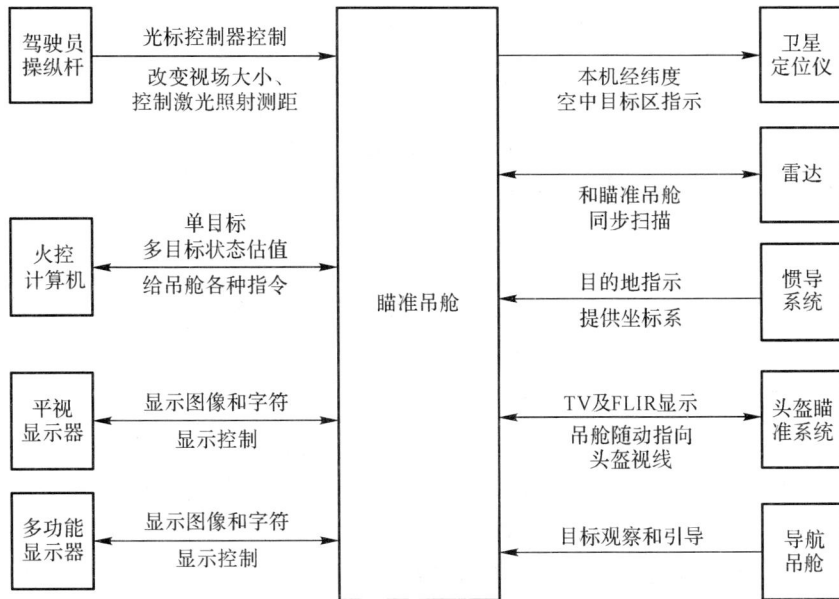

图 6-37 交联设备与接口

4. 机载 IRST 系统与 FLIR 系统的区别

机载 IRST 系统与机载 FLIR 系统虽然都属机载红外系统，并都用于火控，但在很多方面有相当大的不同。

1）功能不同

IRST 系统适合于机载空空火控系统中，用于对空中目标搜索和跟踪，可昼夜全天候运用；FLIR 系统适合于机载空对地火控系统，作为夜视传感器主要用于夜间和不良天气条件下对地面目标的导航和攻击。

2）工作原理不同

IRST 系统，特别是早期的第一代 IRST 系统，严格来讲不是成像系统，一般采用工作波长为 $3\sim5\ \mu m$ 的中波器件探测目标辐射，由于空中背景相对地面背景来说比较简单，所以可以把目标作为热点与背景分开，对目标进行搜索和跟踪。FLIR 传感器大都采用工作波长为 $8\sim14\ \mu m$ 的长波器件，利用探测目标和地面背景的温差成像，飞行员通过图像完成对目标的搜索、捕获、识别和跟踪。由于地面目标背景复杂，所以驾驶员不可能只跟踪热点就完成上述任务（尤其是目标识别任务）。

3）扫描视场和截获跟踪方式不同

IRST 系统的搜索范围、扫描方式和截获跟踪方式与雷达类似，目标的截获和跟踪不需人工参与。FILR 系统大都具有宽、窄两个视场，宽视场用于探测，窄视场用于识别和跟踪，一般不做大范围的扫描，目标的探测识别需要人工参与。

4）探测、跟踪算法不同

由于 IRST 系统的视场大，导致每帧频有大量的像素数，比 FLIR 系统高出数倍，但又由于有关数据只提供计算处理运用，因此帧频时间根据作战要求不同在 $1\sim10\ s$ 之间；此外，在采用高速计算机及相关算法情况下，易于实现多目标跟踪。FLIR 系统由于需要实时显示，为避免画面闪烁，便于人工识别，工作帧频一般在 $25\sim30\ fps$，一般不跟踪多目标。

5）安装形式、位置不同

机载 IRST 系统一般采用半埋方式安装在机身座舱玻璃前方，以利于空空搜索和跟踪。机载 FLIR 系统大多采用吊舱形式挂装在飞机机身下方，以利于多机运用。在新一代作战飞机上，从隐身角度考虑，机载 FLIR 系统有向机内安装的趋势。

6.3　电子侦察探测运用

现代导弹武器系统的广泛运用，对飞机等武器平台构成了严重威胁。为了对抗这类威胁，电子支援系统需要对敌方辐射源进行截获、识别、分析和定位，以便提供告警和战场情报信息。电子支援系统所侦察的信号包括雷达、通信、红外辐射等信号，内容十分广泛。由于篇幅的限制，本节将研究的内容限定在雷达电子支援领域。雷达电子支援即对雷达的电子侦察，它运用射频侦察设备截获敌方雷达所辐射的信号，并经过分析、识别、测向和定位，以获得战术、技术情报。雷达电子侦察是实施电子攻击、电子防护的基础。

6.3.1　电子侦察的基本原理

1. 电子侦察系统的基本组成及信号截获条件

对于任何接收无线电信号的电子设备，如收音机、电视机、移动电话等，天线和接收机是最基本的组成部分。雷达电子侦察系统要截获雷达辐射的电磁波信号，同样也离不开天线和接收机。天线收集空间的电磁波信号能量，馈送到接收机，微弱的信号经过接收机的加工，可供进一步分析和处理。在接收机之后，一般都连接有信号处理器以及信息输出设备来完成分析、识别和信息显示、声光告警等功能。因此,雷达电子侦察系统的最基本组成包括天线、接收机、信号处理器和信息输出设备 4 个部分。

雷达电子侦察系统发现雷达的能力常常被称为信号截获能力,或简称为截获能力。实现信号截获的先决条件是天线和接收机通道对于要截获的雷达信号必须是畅通的。侦察天线决定了雷达电子侦察系统的空间方向性,它必须保证沿雷达所在的方向上对所接收的信号具有足够的增益。接收机则要满足对雷达信号频率的畅通,也就是在要侦察的频率范围内提供足够的灵敏度。频率畅通的要求对于天线同样很重要,因为任何天线的方向性只是在一定的频率范围内才能得到保证,不同频段上工作的天线需要不同的设计。信号不仅要在方向和频率上通道畅通,在时间上还必须与雷达脉冲的到达时间相吻合,这样电子侦察系统才能捕捉到雷达发出的短暂脉冲。当然,信号经过天线和接收机通道之后,要得到放大处理,因为它的强度要达到一定的要求才能被发现。通道畅通的程度,也就是截获能力,常常用截获概率来定量描述。如果通道总是畅通的,则可说这个系统具有 100% 的截获概率。如果通道只是在某些条件下才畅通,则这些条件出现的概率就反映了电子侦察系统的截获概率。例如,当电子侦察系统侦察到很远距离上的雷达时,它的天线如果是有方向性的,则只有当电子侦察系统的主波束对准雷达时,信号才能被截获,那么这个侦察系统在方向上的信号截获概率就等于主波束朝向雷达的机会与朝向所有其他方向的机会之比。

接收机检测到雷达脉冲信号并不意味着发现了这部雷达。只有当信号处理器从交叠的脉冲信号流中分离出这部雷达的脉冲,经过分析才能确认这部雷达的存在。因此,电子侦察系统对辐射源的发现能力也取决于处理器的分析处理能力。

概括起来说,电子侦察系统对雷达信号的截获条件是:当信号出现时,要保证电子侦察系统在方向和频率上畅通,接收的信号强度足够强,并且要分析处理准确。

2. 雷达电子侦察系统具有的距离优势

雷达电子侦察系统发现雷达,总有一个距离的限制。它和电视机离电视台越远,收到的信号越弱,远到一定距离甚至完全收看不到的道理一样。电子侦察系统能够在多远的距离上发现雷达,既取决于电子侦察系统本身对信号接收的灵敏程度,也取决于所要侦察的雷达的信号功率。如图 6-38 所示,雷达向电子侦察系统方向辐射的信号功率是雷达发射机峰值功率 P 和雷达天线在侦察系统方向上的增益 G 的乘积,显然 P 和 G 越大,这部雷达可能被发现的距离就越远。在雷达的辐射功率中,只有极小的一部分被侦察天线收集起来,收集功率的多少,取决于侦察天线尺寸相对于波长 A 的大小。这个收集能力还可以用侦察天线的增益 G 来表示。侦察天线的增益 G 越大,收集的信号能量就越多,发现距离也会越

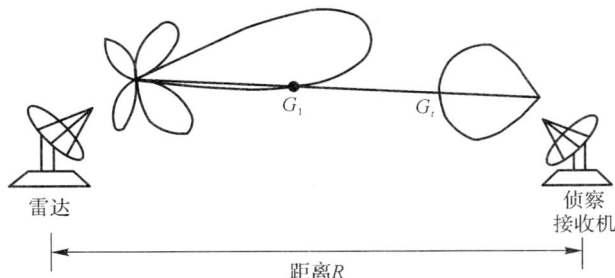

图 6-38 侦察作用距离计算

远。影响发现距离的另一个因素是侦察接收机的灵敏度。

如果电子侦察系统安装在一架飞机上,当它和一部地面警戒雷达相对从远距离接近时,是雷达先发现飞机,还是电子侦察系统先发现雷达呢?即雷达和电子侦察系统谁的发现距离更远呢?要回答这个问题,首先要明确一个事实,雷达发现目标和电子侦察系统发现雷达,利用的电磁能量都来源于雷达发射的电磁波。当雷达发现目标时,电磁波从雷达传播到目标,经目标反射,又从目标返回到雷达接收机,经过了双倍的路程;而对电子侦察系统来说,电磁波从雷达辐射出来,到达电子侦察系统就被接收了,只经过了一个单程路径。电磁波在传播过程中,随着距离的增大,能量成二次方地减弱。由于雷达发现目标要比电子侦察系统多经过一倍的路程,所以电磁波能量减弱的程度就要严重得多,使得雷达的作用距离一般比电子侦察系统的近许多。因此,电子侦察系统一般要比雷达先发现对方。

电子侦察系统在发现距离上的优势又称为雷达侦察的作用距离优势。作用距离优势不但使电子侦察系统比雷达提供了更早的预警时间,而且提高了电子侦察系统对雷达的发现机会。一部搜索雷达,天线在旋转的过程中正对着电子侦察设备的时间是很短的,当天线指向别处时,尽管从天线旁瓣辐射来的信号很弱,但由于单程侦察具有距离优势,所以在很多情况下也能被侦察设备接收到,从而可以在雷达工作的绝大部分时间里连续监视它。

3. 雷达信号参数测量

雷达的信号参数反映了不同雷达的差异。不同型号雷达的信号参数一般是不同的,甚至同一生产厂家的同一种型号的两部雷达,在工作过程中它们的信号参数也是不完全相同的。这给区别各个雷达提供了基本的依据,因此要识别雷达就需要测量出它的信号参数。

现代电子侦察系统可以做到对每一个雷达脉冲都测量出这个脉冲的空间到达方向、频率以及其他波形参数,例如脉冲到达时间、脉冲宽度和脉冲幅度。这些典型的脉冲波形参数的含义如图 6-39 所示,其中脉冲到达时间是从某个时间起点到第一个脉冲前沿的时间。

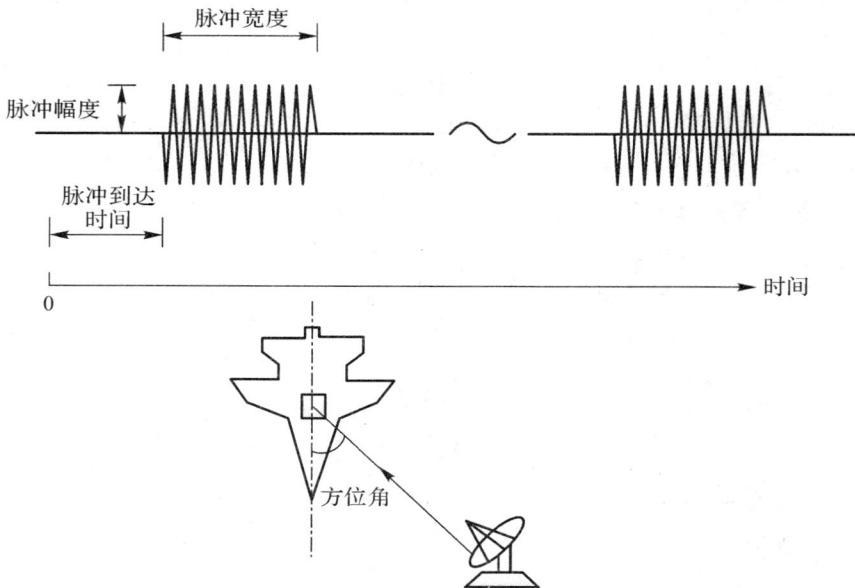

图 6-39   雷达脉冲信号的波形参数含义

先进的电子侦察系统可以在一个雷达脉冲到达之后，立即得到关于频率、方向角、脉冲到达时间、脉冲宽度和脉冲幅度的所有可测数据。把这些数据组合成计算机能够认识的代码，叫作脉冲描述字，如图 6-40 所示。

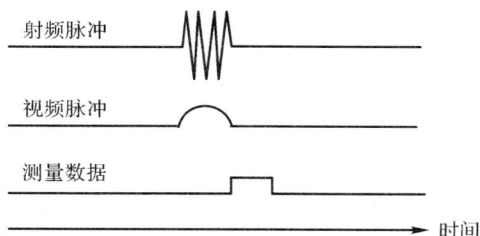

图 6-40　脉冲描述字的产生

有了脉冲描述字，一串真实的雷达电磁脉冲就完全可以由相应的脉冲描述字组成的数据流表示了。它成为侦察信号得以采用计算机技术进一步处理的对象。

4. 侦察信号处理

通过侦察接收机截获到脉冲信号并不意味确实发现了某部雷达，因为电子侦察总是在不确切知道周围电磁环境的境况下进行的，而且总会有不止一部雷达的脉冲信号进入侦察接收机。因此要完成识别出各个雷达的任务，就不仅需要截获到雷达信号，测量出信号的参数，而且还需要对这些信号进行必要的处理。

侦察信号处理一般分为两个步骤进行。第一个处理步骤是把属于某一部雷达的脉冲信号从交错混合的输入脉冲信号流中挑选出来，集中在一起。有了这些脉冲信号就能计算出这部雷达的重复周期，这个过程称为信号分选。第二个处理步骤是识别雷达的类型。在处理计算机中事先建立了一个关于所有雷达型号和参数的数据库（称为威胁数据库），只要把分选出的雷达脉冲信号参数与威胁数据库里的已知雷达数据相比较，就可以识别出雷达的型号。

6.3.2　雷达频率的测量原理

一种最简单的侦察接收机称为晶体视频接收机。它可以简单到在一定频段内只由一个晶体检波管和视频放大器组成，就可完成检波的功能，就像最简单的不能选台的收音机一样，如图 6-41(a)所示。在这个频段内只要有雷达信号超过一定的强度，即视频放大器输出的信号超过一个规定的电压，就认为发现了雷达信号，如图 6-41(b)所示。

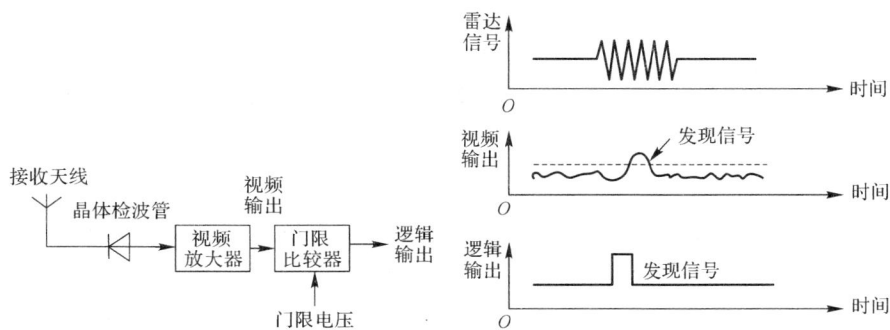

（a）晶体视频接收机的组成　　　　（b）发现信号原理

图 6-41　晶体视频接收机组成及其发现信号原理

在侦察接收机里，即使没有信号输入，视频输出电压也存在着高低起伏，这是由于晶体检波管和接收机电路中存在噪声。任何接收机都会有噪声，例如收音机开大音量后听到的沙沙声响就是接收机噪声的反映。因为信号总是和噪声同时存在的，接收机放大信号的同时，也放大了噪声，所以不可能通过无限制地提高放大量来达到发现弱信号的目的。既然发现信号要在噪声起伏的条件下进行，因此相对于一定噪声大小，必须对信号的强度有一定要求。

信号和噪声功率的比值称为信噪比。实际上，只有当接收机输出的信噪比超过某个要求的值(一般要在 6～10 倍以上)时，才能发现信号。

由于视频放大器的放大作用很小，因此晶体视频接收机灵敏度不高。用于雷达告警的晶体视频接收机灵敏度一般为 $-40\sim50$ dBm，也就是可以发现功率为 $10^{-4}\sim10^5$ mW 的信号。对于地对空导弹的制导雷达，发现距离可以达到 20 km。

晶体视频接收机可以完成发现信号的任务，但不能测出信号的频率。很多接收机具有测频的功能。以下介绍几种测频接收机。

1. 搜索超外差接收机

收音机就是一种超外差接收机。超外差的一般含义是指通过接收机把很高频率的信号搬移到比较低的频率上进行放大。相对于高的信号频率，这个较低的频率习惯上称为中频。之所以要在中频放大，是因为只有在较低的频率上才能对信号有较好的选择性，并获得足够的放大量。频率搬移是由混频器来完成的，接收机内本地振荡器(简称本振)产生的本振信号和电台信号在混频器中相互作用，产生频率搬移。搬移后的中频频率是本振频率和信号频率的差，即中频放大器是选频放大器，只对通频带以内的信号进行放大，可以滤除不希望要的信号和通频带外的噪声。因此，中频放大器对频率的选择作用，就相当于接收机在信号的高频频率上有一个相应宽度的通频带。通频带在信号频段上的位置可以由中频和本振频率反推出来，所以改变本振频率，就改变了接收机通频带的中心频率，可使相应频率的信号进入接收机。当调谐接收机时，就是改变本振的频率。当收听到一个电台节目时，就可以从调谐刻度盘上读出电台节目的频率，相当于完成了对电台节目的频率测量。

这样的接收原理当然也能用于对雷达信号频率的测量。但是为了快速截获信号，不能采用人工调谐的方法，而需要自动、连续地改变本振频率，这种接收机称为搜索超外差接收机，其组成和工作原理如图 6-42 所示。若图中中频带宽是 1 MHz，中频频率是 50 MHz，让本振频率从 2050～2550 MHz 快速地变化 500 MHz，就相当于由一个 1 MHz 宽度的选择通频带在 2000～2500 MHz 的范围内搜索扫过，只要在搜索过程中有雷达信号出现，进入接收机通频带，就能根据输出信号出现的时刻推算出信号的频率。把信号按出现的时间顺序显示出来，就能直接读出频率了。

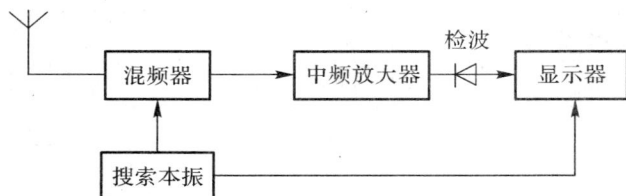

图 6-42　搜索超外差接收机的工作原理图

2. 瞬时测频接收机

瞬时测频常用的英文缩写为"IFM"。瞬时测频接收机原理图如图 6-43 所示。

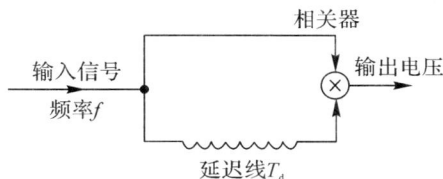

图 6-43 瞬时测频接收机原理图

输入信号被分成两路,其中下面的一路经过了一个固定长度为 T_d 的时间延迟线,然后两路信号都送入一个称为相关器的微波器件。相关器具有这样的特性:它的输出电压与两路输入信号相位差的余弦呈比例。相位差是由输入时间延迟产生的,只要测出相位差,就能得出信号的频率。

3. 频谱分析接收机

雷达侦察测频接收机实质上希望在不到一个脉冲那么短的时间内,对信号环境实行频谱分析,这也意味着其具有瞬时的宽带特性。现在已经研制出了几种频谱分析式接收机。有一种频谱分析接收机称为信道化接收机。这种接收机把一个频率范围用许多个滤波器通道来覆盖,滤波器通道称为信道,它们的通频带彼此邻接,这样,检测出信号落入哪一个滤波器通道,就意味着得出了这个通道代表的频率。接收机测频的分辨率就等于滤波器通道的带宽。显然如果想在很宽的频率范围内得到高的频率分辨率,就要有上千个滤波器通道。尽管有一些折中的方法可以减少实际使用的滤波器数目,但仍然会使信道化接收机过于复杂,因而造价也较昂贵。信道化接收机是一种最佳形式的接收机,它的信号截获能力好,而且可以同时对多个信号频率进行测量,因此在要求高截获能力的系统中用得比较普遍。随着电路微型化、集成化技术的发展,它一定能在今后应用得更为普遍。

另一种频谱分析接收机是微扫接收机,也称为压缩接收机。它的组成很像搜索超外差接收机,只是本振频率扫描速度大大提高,以改善接收机的截获性能。这时,中频放大器改成用色散延迟线滤波器,可以使脉冲的宽度得到压缩,从而保证了高的接收灵敏度和高的频率分辨率。可以证明,微扫接收机的输出时间波形相当于输入信号的频谱形状,因此具有快速频谱分析的功能。微扫接收机的瞬时带宽受色散延迟线的限制,目前做到了500 MHz。这种接收机不但运用在雷达侦察中,而且更多地用在通信侦察中。

此外,还有利用光学原理的声光接收机,也能做到在 1 GHz 的瞬时带宽内实现频谱分析。

6.3.3 雷达方向的测量原理

电子支援侦察和情报侦察都需要测量雷达信号的到达方向,这种对方向的测量称为无源测向。无源测向的实现途径有许多种,最根本的是要依靠天线系统的方向性,利用雷达信号的幅度或相位与方位角的关系来实现测量。

雷达定位是指利用侦察系统确定雷达所在的几何位置。因为电子侦察不能直接获得距离信息,所以需要专门的技术,以至于使无源定位成为一个专门的研究领域。

1. 比幅单脉冲测向

有多种无源测向的方法适用于雷达侦察。雷达告警接收机中有由 4 副天线组成的测向系统，这种测向体制称为比幅单脉冲测向。比幅单脉冲测向原理如图6-44所示。由于两天线的指向不同，一束来波在 A 和 B 天线得到的增益一般不相等，大小由天线方向图在这个方向上的值确定。A、B 接收通道输出的信号幅度与天线增益成比例，比较 A、B 通道信号的幅度，就能测算出来波的方位。这种测量可以在一个脉冲内完成。

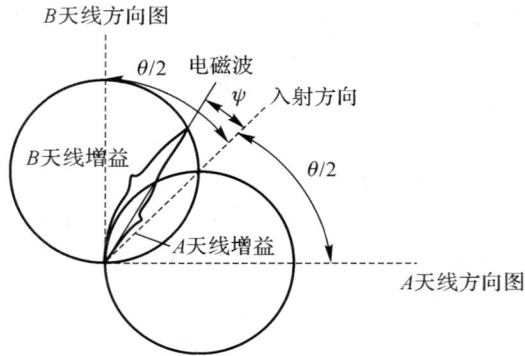

图6-44　比幅单脉冲测向原理

由于在宽频带内要控制 A、B 两天线和接收通道的一致性很困难，因此比幅单脉冲测向系统的测向精度不高。由 4 副互相垂直放置的天线可以获得 360°全方向的测量能力，采用 6 或 8 副天线则能进一步改善测向精度。

2. 相位干涉仪测向

另一种常用的测向系统称为相位干涉仪，其基本结构与原理如图6-45所示。两个天线单元 A 和 B 相隔一定距离 d 水平放置。远处雷达电磁波平行传输过来，到达 A 天线比到达 B 天线多经过了长度为 a 的路程，它的长度用三角关系可以知道是 $a=d\sin\theta$，其中 θ 是来波方向与天线轴线的夹角，也就是方位角。这个路程使 A 天线信号比 B 天线信号晚到达，时间的延迟就造成了两天线信号的相位差。路程差 a 对应的相位差的大小为

$$\varphi = \frac{2\pi a}{\lambda} = \frac{2\pi d\sin\theta}{\lambda} \tag{6-10}$$

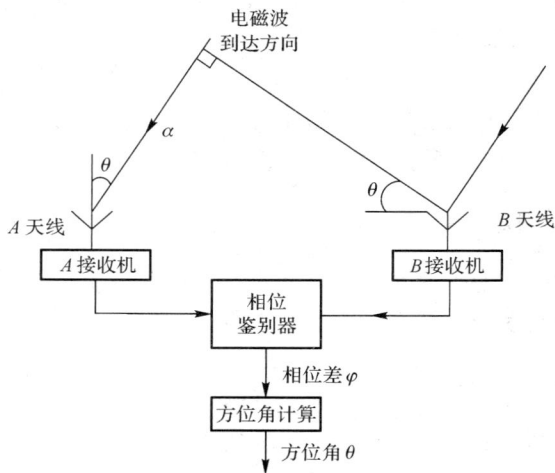

图6-45　相位干涉仪测向结构与原理

式中，λ 为信号的波长。

相位干涉仪一般采用超外差接收机选择信号，从超外差的调谐频率就能够知道信号的频率或波长。

1）圆阵天线测向系统

相位干涉仪在沿着基线的方向上测向精度很差，不能满足实用要求，因此它的测向范围仅限制在正向 90°的区间内。有一种全方向的测向设备，由几十个天线均匀排在圆周的一圈形成天线圆阵，天线经过一个复杂的移相网络将信号传到几个接收通道，通过测量接收通道的信号相位差得到方位角。这种测向系统称为线性相位多模圆阵，也有人用移相网络的名字称它为巴特勒阵测向系统。由于测向和信号频率无关，所以在频率上可以是全带宽的，而且在 360°全方向上均可获得高精度测向结果。这种高性能的测向系统由于具有100％的截获概率，所以特别适合用于支援侦察系统。

2）多波束测向系统

多波束测向系统需要许多天线单元组成一个天线阵，天线阵形成许多个不同指向的波束，它们在任何时刻同时存在，互相衔接，覆盖一定的角度区域，如图 6 - 46 所示。因此多波束测向系统对于落入不同波束的雷达辐射源，都能够同时测出它们的方位。

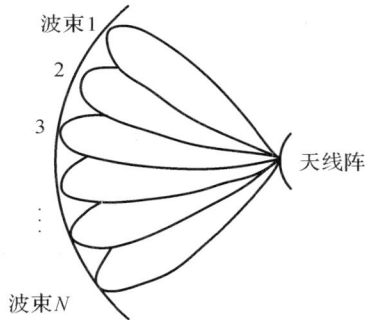

图 6 - 46　测向天线阵形成多个波束

第7章　电子战原理与运用

7.1　电子对抗的定义及分类

"电子对抗"是我军的标准术语，它指的是电子领域内的信息斗争。美国和北大西洋公约组织（简称北约）国家军队运用的标准术语是"电子战"，而俄罗斯运用的标准术语是"无线电战斗"，其含义相近，略有差别。

电子对抗的目的是在作战中获取战场上的电磁优势和信息优势，追求制电磁权和制信息权，从而引导战斗取得胜利。

7.1.1　电子对抗的定义

《电子对抗术语》中对电子对抗的定义为：军事上为削弱、破坏敌方电子设备的有效运用，同时保障己方电子设备正常工作而采取的综合措施。其内容包括电子对抗侦察、电子干扰、电子防御等。

1. 电子对抗侦察

电子对抗侦察是搜索、截获、分析敌方电子设备辐射的电磁（或声）信号，以获取其技术参数、位置以及类型、用途等情报的一种电子技术措施。它包括电子情报侦察（战略电子侦察）和电子支援侦察（战术电子侦察）。电子情报是指从敌方发射的电磁（或声）信号中，经侦察和处理后所得到的技术信息和军事情报。

（1）电子情报侦察。电子情报侦察是指利用电子侦察设备截获并搜集敌方各种电子设备辐射的电磁（或声）信号，经分析和处理，根据辐射源信号的特征参数和空间参数，确定其类型、功能、位置及变化，为对敌斗争和电子对抗决策提供军事情报。

（2）电子支援侦察。电子支援侦察是指对敌方电磁（或声）辐射源进行实时搜索、截获，测量特征参数、测向、定位和识别，判别辐射源的性质、类别及其威胁程度，为电子干扰、电子防御、反辐射摧毁、战场机动、规避等战术运用提供电子情报。

2. 电子干扰

电子干扰是利用辐射、反射、散射、折射或吸收电磁（或声）能量来阻碍或削弱敌方有效运用电子设备的一种技术措施。它包括有源干扰和无源干扰。

（1）有源干扰。有源干扰是指有意发射或转发某种类型的电磁波（或声波），对敌方电子设备进行压制或欺骗的一种干扰，又称积极干扰。

（2）无源干扰。无源干扰是指利用特制器材反射（散射）或吸收电磁波（或声波），以扰乱电磁波（或声波）的传播，改变目标的散射特性或形成假目标、强散射背景，以掩护真目标的一种干扰，又称消极干扰。

3. 电子防御

电子防御是指为消除或削弱敌方的电子对抗侦察、电子干扰及反辐射摧毁的效能，以保障己方电子设备和系统正常工作而采取的一种战术措施。

（1）电子对抗装置。电子对抗装置是用于电子对抗的系统、设备、装置和器材的总称。

（2）电子对抗系统。电子对抗系统是由若干电子对抗设备和器材组成的统一协调的整体，一般由侦察、干扰和相应的通信与指挥控制等设备组成，也可由具有一定独立工作能力的各分系统组成，主要用于对敌方各种辐射源信号进行截获、分析、识别、威胁告警，并能引导有源/无源等干扰设备实施干扰。电子对抗系统按平台可分为地面、舰载、机载和星载电子对抗系统等。电子对抗分类如图 7-1 所示。

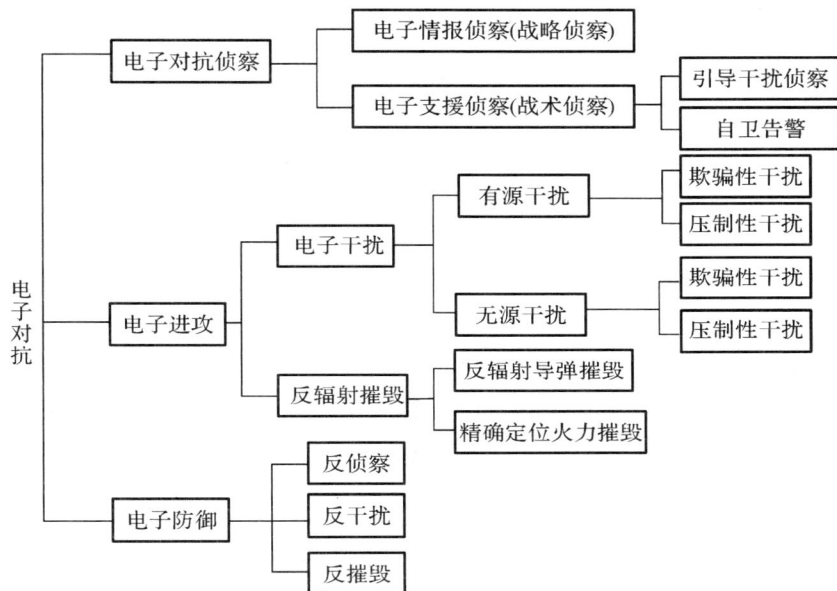

图 7-1 电子对抗分类

美国在 1992 年将"电子战"定义为利用电磁能和定向能控制电磁频谱或攻击敌人的任何军事行动，其内容如图 7-2 所示。电子战的主要组成部分是电子战支援、电子进攻和电子防护。这三个组成部分对包括信息战在内的空中和空间作战行动都具有重要意义。电子战支援、电子进攻与电子防护三者必须密切合作，才能有效地发挥作用。正确运用电子战可以提高作战指挥人员实现作战目标的能力，为提高作战效能、降低战损率作出贡献。电子战与电子技术的进步紧密联系在一起。为了保证作战效果，必须全盘考虑，将电子战纳入整个作战计划之中。电子战是战斗力的倍增器。

美国空军认为，电子战要发挥作用就必须满足控制、利用、强化三原则。控制原则是指直接或间接地决定电磁频谱，以便指战员既可以攻击，又可以防御；利用原则是指运用电磁频谱为指战员进行战斗服务，可以运用发现、遏制、破坏、欺骗、摧毁等手段在不同程度上阻断敌军的决策思路；强化原则是指电子战要成为部队战斗力的倍增器，控制和利用电磁频谱以加大完成作战使命的可能性。

俄罗斯军方对"无线电对抗"的定义是：用于探测、侦察和随后的电子压制、摧毁敌人

```
                              ┌──────────┐
                              │  电子战   │
                              └────┬─────┘
              ┌────────────────────┼────────────────────────────┐
       ┌──────┴──────┐      ┌──────┴──────┐              ┌───────┴──────┐
       │  电子战支援  │      │   电子进攻   │              │   电子防护    │
       └──────┬──────┘      └──────┬──────┘              └───────┬──────┘
        ┌─────┴─────┐     ┌────┬───┴───┬────┐      ┌────┬────┬────┴───┐
     ┌──┴──┐  ┌──┴──┐ ┌──┴─┐┌─┴─┐┌──┴─┐┌─┴──┐ ┌─┴─┐┌─┴──┐┌──┴──┐┌──┴──┐
     │战斗 ││战斗 ││电磁││反辐││定向││电磁││抗干││电磁││电子││其他│
     │测向 ││威胁 ││干扰││射武││能武││欺骗││扰  ││辐射││战频││反对│
     │     ││警告 ││    ││器攻││器攻││    ││    ││控制││率分││抗技│
     │     ││     ││    ││击  ││击  ││    ││    ││    ││配  ││术  │
     └─────┘└─────┘└────┘└───┘└────┘└────┘└───┘└────┘└─────┘└─────┘
```

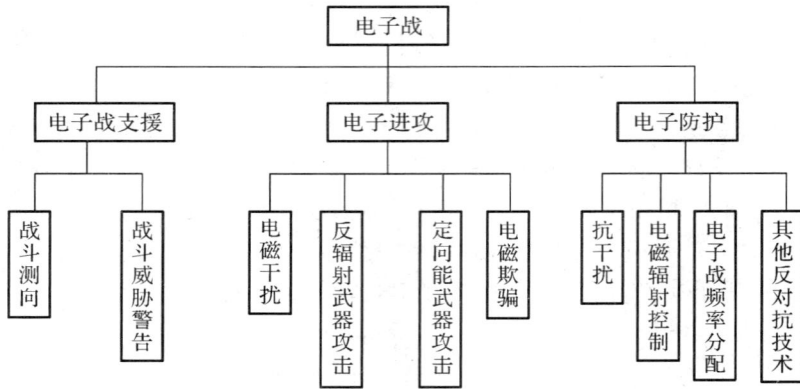

图 7-2　美军电子战内容

指挥系统和武器系统的一系列综合方法。

俄罗斯认为,最重要的战斗支援措施就是情报,这是因为取得电子对抗的胜利主要依靠于有关敌人行动和作战能力方面的准确情报,它是赢得电子对抗成功的关键。

现代战争条件下,越来越多地开始应用综合电子战概念。综合电子战是指在电子战作战指挥单元的统一管理和控制下,综合应用陆、海、空、天多平台的雷达对抗、通信对抗、光电对抗、C^3I(指挥、控制、通信、计算机与情报)对抗和导航、敌我识别对抗、计算机网络对抗反辐射攻击的活动。综合电子战的目标是形成局部电磁斗争优势,执行并支援各种战斗行动。综合电子战的作战对象包括 C^3I、雷达、通信、导航、敌我识别、导弹制导、无线电引信、军用计算机等所有军事电子装备。综合电子战可以提高电子对抗设备的利用率和电子对抗装备的综合作战效能。

综合电子战按综合的方式可分为单平台的综合电子战和多平台的综合电子战。单平台的综合电子战亦称一体化电子战,它应用数据总线把在同一平台上的主处理器与电子侦察、电子干扰等不同电子战设备联结起来,实施综合对抗,包括压制干扰与欺骗干扰、有源干扰与无源干扰、平台内干扰和平台外干扰,对抗多种不同的威胁以达到最佳的对抗效果。

多平台的综合电子战又称区域综合电子战,通常包括电子对抗侦察系统、电子对抗指挥控制中心和电子对抗兵器三个部分。它是指在特定的作战区域内,应用通信网络将不同的电子战设备或分系统联结起来,进行统一的指挥和控制,以完成区域综合电子战的作战任务。在进攻作战中,电子对抗指挥控制中心综合应用预警机干扰系统、电子支援干扰系统、反辐射攻击系统等多种类与多手段的电子攻击武器,构成一个软杀伤与硬摧毁相结合,雷达、通信、光电、导航、敌我识别、武器制导对抗相结合的综合性与高强度的电子攻击力量,对重要的作战单元实施直接攻击、摧毁或引导火力打击,以掩护己方攻击机群、攻击舰队、攻击部队的安全突防。在防御作战中综合利用预警机干扰系统、目标防护系统、陆基干扰系统等,对进入己方防区的预警机和攻击轰炸编队实施多层次、全方位、多手段的综合电子防空反击,以瓦解敌方的空中攻击。

7.1.2　电子对抗的分类

电子对抗按技术领域可分为通信对抗、雷达对抗、光电对抗、水声对抗和计算机网络对抗等。

1. 通信对抗

通信对抗是采用专门的电子设备,对敌方无线电通信进行侦察、干扰,破坏及扰乱敌方通信系统正常工作,并保障己方实现有效通信的各种战术技术措施的总称。通信对抗包括通信侦察和通信干扰。通信侦察是指利用通信侦察设备,对敌方通信信号进行搜索、截获、测量、分析、识别、监视和对通信设备进行测向与定位;通信干扰是指利用干扰设备发射专门的干扰信号,破坏或扰乱敌方无线电通信设备的正常工作能力。

C^3I(指挥自动化)系统是现代战争的中枢神经系统,自动化指挥和武器的自动化控制都是利用 C^3I 系统实现的。在现代战争中,C^3I 系统一旦遭到破坏,指挥就会失灵,自动化武器系统就会瘫痪。在 C^3I 系统中,指挥命令的下达、情报信息的回报、控制指令的传送,都是由通信系统实现的。如果 C^3I 系统中的通信系统遭到破坏,如同中枢神经被切断,整个 C^3I 系统就无法正常运行,军队的指挥控制和武器系统的协同作战就失去保障。因此,通信对抗的任务不仅仅是破坏一两件武器,而是要通过干扰压制敌方通信网来破坏敌方的 C^3I 系统,以夺取战场的制信息权。

通信对抗设备是用于通信侦察、通信干扰的电子设备和装置的总称。

2. 雷达对抗

雷达对抗是采用专门的电子设备和器材,对敌方雷达进行侦察、干扰,削弱或破坏其有效运用,并保障己方雷达正常工作的各种战术技术措施的总称。雷达对抗主要包括雷达对抗侦察、雷达干扰和反辐射摧毁等内容。雷达对抗侦察是指利用各种平台上的雷达对抗侦察设备,通过对敌方雷达辐射信号的截获、测量、分析、识别及定位,获取技术参数及位置、类型、部署等情报,为制订雷达对抗作战计划、研究雷达对抗战术和发展雷达对抗装备提供依据。雷达对抗侦察分为雷达对抗情报侦察和雷达对抗支援侦察。雷达对抗情报侦察是指通过对雷达长期或定期的侦察监视以及对敌方雷达信号特征参数的精确测量和分析,提供全面的敌方雷达情报。雷达对抗支援侦察主要用于战时对敌方雷达进行侦察,通过截获、测量和识别,判定敌方雷达的型号和威胁等级,直接为作战指挥、雷达干扰、火力摧毁和机动规避等提供实时情报。

雷达干扰是指利用各种雷达干扰设备和无源干扰器材通过辐射、反射、散射和吸收电磁能量的方法来破坏或降低敌方雷达的运用效能,使其不能正常探测或跟踪目标。雷达干扰是雷达对抗中的进攻手段。雷达干扰按战术运用方法,分为支援干扰和自卫干扰;按干扰产生原理,分为有源雷达干扰和无源雷达干扰;按干扰作用性质,分为压制性雷达干扰和欺骗性雷达干扰。

反辐射摧毁是指对雷达进行被动跟踪,并引导反辐射飞行器攻击、摧毁辐射源。

雷达对抗设备是用于对敌方雷达实施侦察、干扰的电子设备和器材的总称。

3. 光电对抗

光电对抗是采用专门的光电设备和器材,对敌方光电设备进行侦察、干扰,削弱或破坏其有效运用,并保障己方人员和光电设备正常工作的各种战术技术措施的总称。按光波的性质,光电对抗可分为可见光、红外、紫外和激光对抗。

光电对抗设备是用于光电侦察、光电干扰的光电设备和器材的总称。

4. 水声对抗

水声对抗是运用专门的水声设备和器材对敌方声探测设备和声制导兵器进行侦察、干扰，削弱或破坏其有效运用，保障己方水声设备正常工作的各种战术技术措施的总称。

水声对抗设备是用于水声侦察、水声干扰的电子设备和器材的总称。

5. 计算机网络对抗

随着电子技术和计算机技术的发展以及作战平台的扩展，电子对抗的内涵和分类也越来越广、越来越细并产生了一些新的概念，例如计算机对抗、定向能武器、电磁脉冲武器等，且计算机网络对抗越来越具有独立的含义。

计算机技术和计算机网络技术将世界连接成了一个整体，现代化的经济和国防高度依赖计算机及其网络，因此，计算机网络对抗已日益变得重要。计算机网络对抗的对象主要是计算机网络。计算机网络分为民用网络和军用网络。民用网络的核心是信息资源，为了保障信息资源的快速传递和共享，其必须是互联的和开放的。军用网络的核心是指挥，必须保证命令和情报传递的通畅、准确和迅速，但它也不可能做到完全封闭。因此，计算机网络受到攻击是不可避免的。如何实施并使攻击最有效，以及如何防范攻击或在受到攻击的情况下将损失减少到最小，是当前计算机网络对抗研究的一个重要方面。

未来高技术战场的指挥、控制、通信、引导和协调将极大地依赖于 C^3I(指挥自动化)系统，战时军队作战中的探测、判断、决策和行动将由 C^3I 系统连接成一个有机的整体，谁拥有比较完善的 C^4I(C^3I＋计算机)系统并能充分发挥它的作用，谁就能掌握战场主动权，就可以充分发挥兵力和武器的作用，以较小的代价取得较大的作战效果。

电子对抗按设备所在的平台可分为陆基电子对抗、海基电子对抗、空基电子对抗和天基电子对抗。电子对抗设备虽然安置在不同平台上，但其面向的对象可以位于陆地、海上、空中或太空中。其中，空基电子对抗又称为航空电子对抗或机载电子对抗。

7.2　电子战的目的和行动任务

电子战是指在目标、任务、地点和时间上相互联系，为查明敌军指挥和武器控制系统及其杀伤和火力毁伤情况、进行电子压制、对己方军队指挥和武器控制系统实施电子防护、抗敌技术设备侦察而采取的一整套措施和行动。电子战的组织和实施，应结合可降低敌防空武器效能的己方空战方法以及战术伪装措施来进行。

7.2.1　电子战的主要目的

电子战的主要目的如下：

(1) 使敌方地面防空部队和兵器的指挥控制系统瘫痪，降低敌方防空、航空兵作战指挥和武器控制能力；

(2) 在电子对抗条件下，为己方军队及武器提供可靠的指挥和控制；

(3) 降低敌方利用各种技术手段进行侦察的效能。

7.2.2　电子战行动的主要任务

每种电子战行动的实施都有其目的、特点和手段。电子战行动的主要任务如下：

（1）对敌方指挥所、通信枢纽和电子设施实施杀伤和火力毁伤。该任务是破坏敌方作战指挥和武器控制的基本手段，是电子战最重要的组成部分。它包括导弹部队、炮兵和航空兵运用武器对敌方指挥所和最重要的电子设施实施突击，以及运用军队侦察、破坏和占领（瘫痪）敌方指挥所及缴获敌方电子设施。

（2）电子压制行动。该任务作为最积极的电子战手段，是一整套干扰压制敌方电子系统的综合措施。组织和实施电子压制的目的是，破坏敌方的指挥和武器的控制，降低敌方利用电子设备实施侦察的效能。电子压制包括：采取各种干扰形式，压制敌方指挥和武器控制系统以及指挥系统的无线电和光学电子设备；运用假目标使敌方电磁控制的武器和自动制导武器偏离己方飞机和被掩护的地面目标；改变电磁波传播的条件；进行电磁欺骗。

最有效的电子压制的方法是：干扰压制敌方无线电和光学设备；在有效作用距离内，对大量电磁和光学设备同时进行连续或间歇性压制。这种方法的缺点是对被压制的敌方无线电电子系统的干扰缺乏后效。

可运用地面电子战装备以及作战飞机及专用飞机的干扰设备等实施干扰。

为了使敌方电磁控制武器和自动制导武器偏离被掩护的目标，可运用地面和机载假雷达目标及红外目标、地面欺骗式干扰站以及各种诱饵。在战役和战斗行动中，电子压制的目的是：保障己方突破（压制）敌方防空，预防敌方突击己方机场和其他重要目标。电子压制应同导弹部队、航空兵、炮兵部队的火力毁伤敌方指挥所和最重要的电磁系统一起进行。机载反辐射导弹是毁伤敌方雷达的最有效的兵器。

局部战争和许多演习的经验以及多次试验研究表明，在现代战斗中，电子压制能使损失降低 $60\% \sim 80\%$ 或更多一些。电子压制的效果取决于己方对敌方电磁系统性能的了解程度，取决于己方电子压制设备的性能和飞行人员对其运用的熟练程度，以及己方组织实施电子战的能力。

（3）电子防护行动。该任务目的是在敌方对己方电磁设备进行干扰和敌我双方电磁设备相互干扰的情况下，保障不间断地、稳定地指挥军队及兵力和进行武器控制。

电子防护的内容包括保护己方电磁设备，使之免遭敌方干扰，免遭敌方主动寻的反辐射武器的打击；保障无线电电子系统的协调工作。

保护电磁设备免遭敌电子压制的基本方法是：干扰压制敌方电子战部队的指挥通信；运用在宽波段上工作的电磁设备；提高设备的机动性和改变其工作方式（改变辐射信号的特性，利用抗干扰设备）；训练电磁设备工作人员在各种高强度干扰条件下工作的能力；等等。

保护电磁设备免遭敌方制导武器打击的基本方法是：使用干扰压制导弹的非触发引信；电磁设备短时开机工作；运用诱饵辐射源；提高电磁设备辐射的隐蔽性；训练电磁系统的战勤人员做好在电子战条件下工作的能力。

保护电磁设备免遭敌方干扰和免遭敌方反辐射武器攻击的方法，应同摧毁干扰机、主动寻的导弹及其载机结合起来。在战役或战斗行动中保证己方兵力兵器指挥与控制的稳定性，不仅要考虑降低敌方对己方电子设备的干扰和敌方主动制导武器的威胁程度，还要考虑己方电子设备之间的相互干扰问题。排除相互干扰的基本方法是：正确分配各兵种间电子设备的工作频段；根据频率、时间、方向和发射功率控制各电子设备工作；战斗编组、通信枢纽组成及指挥机构应在预定地区内优化配置电子设备。在一个指挥所尽可能多地运用不同频率的电子设备,并采取措施降低不必要的辐射强度。

(4) 对抗敌方技术侦察行动。与敌方技术侦察对抗包括查明和消除关于军队、设施、武器所采取的伪装特征。

与敌方技术侦察对抗的基本方法是伪装和提供技术虚拟情报。具体措施可能是:查明和排除那些电磁设备和其他伪装设施(特别是无线电通信和中断通信以及无线电技术设备)在工作中的伪装特征;限制己方电磁设备的波段、时间、方向、辐射功率,直到完全禁止其工作前;建立指挥所和通信的假系统;利用电磁设备对敌方侦察采取虚拟情报措施;对在己方特别重要的电磁设备工作频率上工作的敌方电磁设备施放干扰;用干扰压制敌方电磁侦察部队和分队的无线电指挥通信;等等。

当准备和实施战斗行动时,电子战的主要任务是:使敌方难以用电磁设备发现、识别和跟踪飞机(直升机)战斗队形以及空地导弹,使其难以及时下定运用兵力兵器的决心。为了确保完成上述任务,可在飞机(直升机)上安装自卫用的和支援用的电子对抗设备。

自卫电子战系统作为机载防御综合系统的基础,安装在每架飞机(直升机)上,在运用时,应同飞机各种形式的机动以及同用于压制敌方防空武器控制系统内电磁设备的射击结合起来,其目的是保护飞机,使之免遭敌方防空导弹、高炮和歼击机机载武器的毁伤。

自卫电子战系统可能包括:用于通报关于敌方电磁设备对飞机(直升机)辐射以及关于敌方发射导弹的装置;有源干扰台;小容量的无源干扰自动装置;反雷达弹药(航弹、火箭);反雷达、红外和复合诱饵(抛出的,射击的);机载电子计算机。

支援电子战设备是用于毁伤和压制敌方防空指挥系统的电磁设备(如用于搜索、预警的地面、舰载、机载雷达,歼击机引导、地导和高炮目标指示雷达等),其目的是掩护战斗编队,使之不被发现。某些专门供支援用的电子战设备还用于毁伤和压制那些控制敌方防空武器的电磁设备。

支援电子战设备安装在电子战飞机(直升机)上。支援用的电子战设备包括:不同波段欺骗干扰和模拟干扰的有源干扰台、大容量的自动消极干扰器、导弹(模拟战斗队形中飞机的假目标)、安装有主动寻的导引头的空地反辐射导弹。

电子战保障前线的战斗行动,可用专用电子战飞机压制敌方前沿地区的防空系统。

地面电子战用于保护最重要的目标,使之免遭敌方的侦察和突击,还可压制敌方(超短波)无线电指挥和引导。地面电子战部队编有干扰机载瞄准和导航雷达的干扰台,主要针对目标是侧视雷达和"空地"导弹制导雷达的超短波无线电干扰台、敌方歼击机指挥的超短波无线电干扰台以及敌方侦察-突击综合系统信息传输线路的超短波无线电干扰台。

可运用空飘气球分队的自动气球,通过制造连续或断续消极干扰带以及某些消极干扰云来使空中情况复杂化。例如,在有利的航空天气条件下可运用气球,其目的是通过在己方飞机飞行航线上铺设消极干扰走廊来直接掩护飞机。

在协同作战时,为了保障战斗行动,可运用或其他军种的电子战兵力。

7.3　电子战的组织和实施

现阶段电子战的特点是:电子战的作用在所有指挥环节上急剧增大;在合同战斗和空中战斗领域,电子战的力量比较多地转移到战术环节。

现代电子战的内容发生了重大的变化,主要表现在:第一,在电子战的攻击目标增加了火力毁伤敌方指挥所、通信枢纽和无线电电子设施;第二,由压制某些电磁设备变为压制整个指挥系统;第三,电磁压制扩展到量子电子学领域。

7.3.1　电子战组织和实施的基本原则

在进行战斗行动时,时间因素值急剧增大,整个作战和电子战形势异常复杂与变化多端。这些决定了组织和实施电子战必须遵循以下基本原则:

(1)组织和实施电子战要完全符合战斗行动企图,也就是说,电子战的目的,电子战兵力兵器的编成、运用时机和顺序,为保护这些兵力兵器免遭敌侦察和无线电电子压制而进行的组织工作等,均应与战斗行动以及战斗行动地带(地域)内其他军种的行动紧密结合起来,且均应根据其所遂行的具体任务、时间和地点而定。

(2)电子战兵力兵器应集中用于主要方向,遂行最重要的任务。在这种情况下,电子战的强度应根据实际出现的情况来确定。压制敌方所有电磁设备可能导致力量分散,难以达成压制效果,甚至完不成战斗任务,所以在制订战斗行动计划时,必须确定应压制哪些电磁设备,应在何地何时可靠地进行压制。为此,必须正确分配电子战兵力兵器,预知电子战兵力兵器机动能力,迅速集中兵力兵器于主要方向或任务转移。这种方法在组织保护己方电磁设备免遭敌方干扰和相互干扰时是必不可少的。

(3)隐蔽、突然地进行电子战兵力兵器准备,应采取灵活多样的战术方式方法,避免因循守旧、千篇一律,尤其在运用新装备、新战术时更应采取灵活的方式与方法。

(4)保障各军兵种电子战兵力兵器密切和不间断地协同,以保障电磁兼容性,以及电子压制行动与火力、核毁伤行动的一致性。

(5)不间断地采取电子防护设施和积极的防敌侦察措施。

(6)保障能同时与敌方主要电磁设备进行系统对抗。

7.3.2　电子战各阶段的组织实施

1. 作战准备阶段的组织实施

作战准备阶段采取的电子对抗行动主要是电子侦察,其目的是为空中进攻、空战指挥以及电子进攻提供情报保障。只有电子情报准确,才能制定有效的电子对抗措施,才能更好地发挥自卫电子对抗的作用。电子侦察分预先电子侦察和实时电子侦察两种方式。预先电子侦察可运用电子侦察飞机查明敌方电子设备的类型、配置、工作方式和技术参数等。实时电子侦察运用歼击机携挂电子侦察吊舱在作战过程中对敌方电子设备进行补充侦察,核实己方掌握的电子情报,并对新出现的信号进行其情报查明。

2. 起飞出航阶段的组织实施

在起飞出航阶段,面临的电磁威胁主要有来自敌方空中、地面的电子侦察设备及远程雷达的探测威胁。为实现安全起飞,可采用伴动支援干扰,通常采用有源、无源相结合的方式。例如可运用干扰机在非进袭方向上实施有源干扰,以及运用无源干扰机敷设无源干扰走廊,制造在该方向上飞行的假象,以牵制、分散敌方抗击兵力,为攻击编队在其他方向突防创造良好条件。同时也可在进攻方向上,应运用干扰机重点压制敌方预警探测雷达,缩短其预警探测的距离,延缓己机被发现的时间。此时攻击编队宜采取低空、超低空飞行,以避开敌方雷达探测。各国对最佳突防高度的规定也有所不同，如俄军规定海面上空 50 m，平原上空 100 m；美军规定 B-1B 为 65 m。1967 年第三次中东战争中以色列空军空袭埃及机场和 1981 年以色列空军远程奔袭伊拉克核反应堆都成功地运用了干扰机。

3. 空战、突击阶段的组织实施

在空战、突击阶段，面临的电磁和火力威胁主要来自敌方空地一体化的预警探测和指挥控制系统、立体多层次的火力拦截系统和电子干扰系统。这一阶段是威胁最大的一个阶段，为保证攻击机群安全，必须采取多种手段获取制电磁权。

首先，反辐射攻击先行。突防前，利用反辐射无人机在中低空对敌方的主要雷达站以及防空火力阵地的武器控制雷达实施预先攻击，为空中突防和其他作战行动创造有利条件。同时，将挂载反辐射导弹的歼击机飞机编入突防编队，在高空对未被摧毁的或新出现的防空火力阵地实施防区外打击。

其次，全程干扰掩护。在这一阶段，敌方歼击机机载武器控制系统和地空导弹阵地对己方飞机构成最大的电磁威胁，要提高突防成功率，就必须对空中突防编队实施全程干扰掩护。根据作战进程，应依次采取下列电子对抗行动：在突防编队进入预警机雷达探测距离之前，运用预警机干扰系统对预警机的机载雷达和通信系统实施压制性和欺骗性的综合干扰；在突防编队进入敌方地面雷达网探测距离之前，运用无源干扰机在敌方雷达探测边界附近敷设无源干扰走廊，同时运用有源干扰机对突防当面的敌地面雷达实施干扰压制，并将随队干扰飞机编入突防编队，当突防编队超出有源干扰机的掩护范围时，运用随队干扰机实施随队支援干扰。

第三，灵活运用机载自卫电子对抗设备。在综合运用以上电子对抗手段后，攻击机深入敌方火力圈时，应根据所处的具体作战环境，合理运用自卫电子对抗设备。

4. 退出返航阶段的组织实施

在退出返航阶段，为防止敌方进行报复性打击，应根据实际情况，及时指挥空中和地面电子对抗力量对主要方向和重要目标实施侦察、干扰和掩护编队退出返航。运用有源干扰机压制目标区和退出航路附近区域的防空火力，保障飞机安全退出攻击。攻击完毕，应采取低空大速度脱离等措施退出攻击，并严密监视雷达告警器告警情况，遇到威胁时，应采取相应对抗措施，摆脱敌攻击。

7.4　电子战任务规划的基本方法

电子对抗任务规划要根据受领的作战任务，分析判断电子对抗情况，即判断敌情、己情和战场电磁环境，通过对电子对抗情况的判断来研究作战任务，制定战术对策和编制作战计划。

7.4.1　研究作战任务

研究电子对抗作战任务就是要详细了解敌情、己情及战场电磁环境。

1. 判断敌情

判断敌情是分析判断情况的重点和难点，应以己方获得的电子对抗情报为依据，将各种渠道获取的情况相互补充、相互印证，以达到去伪存真的目的。敌情判断应以敌方电子

防御方面的情报为主,主要判明:

(1) 敌方通信和雷达等电子部队的编成、序列、部署;

(2) 各类电子设备(重点是敌方防空 C^4ISR 体系、防空导弹制导体系)的战术技术参数、配置地域,通信网、雷达网的组织形式;

(3) 主要电子防御措施及能力。

在上述基础上,找出敌方电子体系的强点、弱点,以及主要电子体系工作过程中的关键环节、脆弱部位,判明其对己方可能构成的威胁及己方能否侦察、干扰和摧毁。

在敌方电子进攻方面,主要判明:

(1) 敌军电子对抗部队编成及数量、兵器数量、主要装备及作战能力;

(2) 实施电子进攻的意图;

(3) 可能投入运用的电子对抗兵力、时机和方式方法;

(4) 电子干扰和反辐射摧毁兵器可能运用的方向、地域、时机及压制的主要目标。

在上述基础上,找出敌方电子对抗的强点、弱点,判明其对己方 C^4ISR 系统和武器系统电子设备可能造成的威胁程度,及己方能否采取有效的电子防御措施。

2. 分析己情

分析己情重点在于己方电子进攻方面,主要包括:

(1) 己方参战的电子战兵力的军政素质、训练水平、作战能力和战备程度,电子对抗部门及电子对抗部队指挥员组织指挥和协同作战的能力;

(2) 电子侦察、干扰、摧毁兵器的战术技术性能,特别对配属和加强的电子对抗部队了解应更全面。

在上述基础上,综合分析己方电子对抗兵力的总体作战能力特别是协同作战能力,找出己方电子进攻的强点与弱点。

在电子防御方面,应当全面了解己方参战部队主要电子设备和体系的数量、质量、电子防御性能,了解指挥所通信情况、相互之间的协同通信体系、重要电子系统以及部分高技术武器装备电子防御的能力及弱点。

3. 判断战场电磁环境

所谓判断战场电磁环境,是指了解遂行当前电子对抗任务的条件,研究战场电磁环境、地形、气象等因素对敌我双方电子对抗行动的影响,以便趋利避害,发挥好天时、地利的作用。

7.4.2　制定战术对策

电子战力量构成复杂,具有合成性、立体性、进攻性与自卫性相结合的特点,只有通过科学设计和筹划,合理编组、配置和区分任务,才能发挥整体效能。因此,制定电子对抗战术对策是完成电子对抗任务的关键。

首先,明确电子对抗战术目的、要求和战术方法。简单讲就是要根据作战任务,明确要"做什么"和"怎么做"。为确定完成本次任务要达到的目的和要求,战术对策可以具体到执行任务的每架飞机和每个飞行员;战术方法也要根据具体作战任务和作战样式来确定,其中包括编队方法、编队协同方法、编队队形、实施干扰的时机和方法、进攻时机、防御策略等。战术方法要根据具体情况灵活运用,编队成员之间要形成默契。

其次,合理进行任务区分。根据作战任务和战术目的,对各编队及编队成员进行细致、明确的任务区分,对可能出现的情况进行预想,并根据任务区分情况尽量制定出贴近实际的预案。不同阶段的任务区分要合理,要根据武器的运用方法制定出不同的运用方案,并能根据战场态势的变化做出适当的调整。比如,编队中哪些飞机挂载武器,哪些飞机挂载吊舱、挂载武器或吊舱的数量等,都要细致分工,明确目标。

第三,组织好协同。协同的方法很多,要根据不同任务的重点选择不同的协同方法。电子对抗协同的要素包括情报协同、电磁协同、空域协同、有源无源协同以及力量协同等。情报协同就是要让每一份情报都发挥出其最大作用,即情报共享;电磁协同就是要避免运用的各种电子装备相互影响,如果在电磁上协同不好,不但干扰不了敌人,反而影响了己方的正常运用,那样后果将不堪设想;空域协同是为充分发挥各武器装备的效能,防止对己方产生负面影响,在电子攻击距离上做好协同;有源无源协同就是指运用有源还是无源干扰要根据具体情况决定,在执行干扰作战任务时,有源干扰应与无源干扰密切配合,有效地发挥各自的长处,采取"隐真""示假"战术,确保被支援目标的安全;力量协同是指自卫电子对抗力量和专用电子对抗力量的协同,自卫电子对抗力量只有在专用电子对抗力量的支援下才能保护自己而消灭敌人。

7.4.3 制定作战计划

现代战争条件下,电子对抗是作战行动的重要组成部分,涉及军兵种和专业兵战斗运用的方方面面,只有周密组织电子对抗,部队才能在各种作战行动中顺利完成电子对抗任务。在作战行动中,电子对抗工作由直接指挥作战的领导负责,机关统一组织计划,各有关兵种分级实施。其相关计划拟制过程如下。

1. 作战计划的拟制

自卫电子对抗作战计划是作战计划的一个组成部分。

拟制电子对抗计划的主要依据是:已受领的战斗任务、上级下达的电子号令、作战决定及指示等。电子对抗计划的拟制还应考虑已制定的对敌方最重要电子目标火力摧毁(破坏)计划,并与电子伪装措施协调一致。

拟制电子对抗的作战计划可在上级作出决定后立即进行,也可与上级作出决定同步进行。为了缩短制定电子对抗作战计划的时间,电子对抗业务部门在为上级作出决定准备资料和建议以及拟制各种备选方案时,也要为制定电子对抗作战计划做相应的准备。在现代战争中,许多电子对抗作战计划平时就已制定,战时可根据上级的决定对已制定的计划进行修改,以提高作战工作效率。

2. 自卫电子对抗作战计划的主要内容

自卫电子对抗作战计划主要包括电子对抗行动计划、电子对抗应急行动计划、电子防护计划、电子对抗保障计划和电子对抗兵力展开计划等。

7.5 电子战的指挥与控制

当前条件下的电子战组织工作,是战斗行动准备工作中不得缺少的一个组成部分。电子战应根据上级的战斗行动决定和电子战号令进行组织和实施。

7.5.1　了解电子战任务

了解电子战任务的实质是了解战斗行动地带（地域）战役战术和电子战态势以及上级的有关指示，领会突防的总意图，了解进行电子战的目的和任务，了解根据上级计划拟定的保障措施和协同动作的兵力行动措施。在了解了电子战的任务之后，要对电子战形势进行评估分析。

对电子战形势评估的目的是查明敌方军队指挥和武器控制系统的强点和弱点及其侦察和电子战的兵力兵器，以及己方电子战兵力和兵器的能力与性能，了解并利用这些情况能够完成上级赋予的电子战任务，达成电子战的目的。电子战形势的评估可在战斗行动地带（地域）左右实施。它包括评估敌方和己方军队的电子战形势和分析进行电子战的条件。

评估敌方电子战形势时，应确定军队指挥和防空武器控制系统，战斗行动地带（地域）的侦察和电子战兵力及其在遂行军队指挥与防空兵器控制以及侦察和电子战等任务中的作用、地位，指挥所的数量，侦察（侦察-突击综合系统）和电子战部队及分队的数量与其纵深配置，指挥所电磁设备的数量与其频段分配，探测和跟踪空中目标、侦察和压制己方电磁设备的能力，敌指挥、侦察和电子战系统的强点和弱点，敌运用指挥、侦察和电子战系统的可能方法，以及在开始和战斗行动过程中电子战形势的变化。

对己方军队能力评估的内容包括：确定现有的电子战兵力的数量、编成、驻地和战斗准备程度，建制和配属的（协同的）电子战兵力所拥有的设备压制敌方军队指挥和武器控制系统电磁设备的能力、压制敌方侦察-突击综合系统的能力，毁伤敌方最危险的电子设施的能力，航空兵指挥系统在电子战条件下的稳定程度，与敌方技术侦察设备对抗的能力。在此过程中，不仅要评估指挥系统抗敌方电磁干扰设备及其精确制导（可控）武器的能力，而且还要评估其抗相互干扰的能力，以及抗核爆炸的电离辐射和电磁辐射的能力。

在分析进行电子战的条件时，应对自然物理和气象条件、对根据上级计划和协同动作的兵力制定的措施以及对完成电子战任务有影响的措施进行评估。

对电子战所有组成部分的电子战形势，可根据现有资料进行评估。因此，在受领任务之前，对电子战形势的评估可在整个行动的拟定方向上进行。电子战形势数据及其评估结果应在其他业务主管和业务部门的协同下，标在电子形势图、必要的参考表和电子战所要执行的计划表上。受领战斗任务后，应查明战斗行动地带（地域）和侦察兵器行动地带里的电子战形势，并对电子战形势的研究和评估形成结论和建议。

在对电子战形势评估的结论中，通常反映以下内容：敌方军队指挥和武器控制系统的一般特性；战斗行动地带（地域）敌方航空兵的数量及其在纵深的配置情况；敌方电磁设备的组成及其对军队指挥和武器控制的能力；敌方侦察和电子战部队与分队的数量及其在纵深的配置和能力，以及其主要兵力运用的可能方法和集中方向；指挥、侦察和电子战系统的强点和弱点（薄弱环节），以及需进行火力毁伤和干扰压制的目标；对敌方军队指挥以及防空、侦察和电子战兵器控制系统里的火力毁伤与电子压制情况；敌方电子干扰设备对己方军队指挥和武器控制系统的电磁设备的干扰程度；己方指挥系统和设备的电子防护能力，以及与敌方技术侦察设备对抗的能力。

7.5.2　拟定电子战建议

在了解战斗行动意图、电子战任务并进行电子战形势评估的基础上，拟定供上级下定决心用的组织和实施电子战的建议。

电子战的建议包括：对战斗行动地带（地域）电子战形势评估的结论；对敌方军队指挥和防空武器控制系统、侦察和电子战兵力指挥及武器控制系统实施火力毁伤的措施及其执行程序；必须由上级兵力和协同部队完成的电子战任务；电子战兵力的协同及对其指挥的程序；电子防护以及与敌方技术侦察设备对抗的主要措施；必要的准备措施；保障电子战兵力兵器生存能力及其恢复战斗力的措施；有利于实施电子侦察的建议；评估所有措施的效果。

制定计划的目的是：根据遂行的任务、行动的目标和时间分配电子战的力量；确定电子战力量运用的方法和其指挥程序；确定在战斗行动过程中进行电子战协同的方法程序，以及检查完成既定任务情况的方法和程序。战斗行动中的电子战计划应参考可能的方案分阶段制定，或按突击（出动）计划制定。

在电子形势图上，应反映出电子战形势。首先应反映出敌方形势，包括防空兵力兵器指挥所及其电磁设备、防空导弹综合系统和高炮的部署并指出其指挥系统的电磁设备组成、地面侦察和电子战兵力兵器的部署、防空歼击机和电子战（侦察-突击综合系统）飞机（直升机）的驻扎机场。

7.5.3　下达电子战任务

下达电子战任务应在上级下定战斗行动的决心之后实施。为了给部属提供更多的遂行电子战任务的准备时间，在了解电子战任务和上级决心及意图的基础上，可以下达电子战的战斗号令。

在战斗号令中，应确定总的电子战任务、利于电子战的火力杀伤任务，以及根据上级司令部计划所采取的保障措施。

在电子战号令中通常应指明：敌方在战斗行动地带（地域）新启用的指挥所，以及在该地带敌方防空、侦察和电子战的无线电电子设施；由上级及参加协同部队的兵力兵器所毁伤和压制的敌指挥机构与无线电电子设施，以及电子战设备和技术侦察设备的任务；组织电子战协同动作的程序和检查电子干扰设备运用效果的程序；电子战兵力和设备指挥与控制的信号及程序；上报报告的期限和程序。

除上述情况外，在电子战号令中还应指明：保障战斗行动的任务及其完成的程序；飞行航线和剖面，以及电子干扰的运用方式和运用界限；干扰施放区、进入干扰施放区的程序和无线电电子压制设备的运用；同保障兵力协同及其指挥的程序；备用机场；电子防护和反敌技术侦察设备的任务及其完成的程序；再次出动的准备情况；上报报告的期限。

7.5.4　实施电子战任务

电子战协同动作组织工作的目的是使参加遂行电子战任务的部队的行动在目标、地点和时间方面协调一致。电子战部队同其他作战力量协同动作，由上级组织实施；所有关于协同动作的详细说明都要报上级。因此，应就以下问题协调一致：杀伤敌方指挥所和电子战目标的程序；在空域和战斗队形（其中包括佯动组）中运用电子战兵力和设备的程序与时间；歼击机掩护干扰机的程序；电子战兵力和设备的指挥与控制问题；电子保护和反敌技术侦察设备及措施。协同动作也应在以上几个方面协调一致。

电子战兵力兵器的指挥控制的目的是：保障不间断地搜集、评估电子战形势资料，并将其传送到所属部队；及时下达更详细的或新的电子战任务；确保电子战准备的隐蔽性、实施的突然性和及时性；保持不间断的电子战协同动作；经常检查所下达的电子战任务的完成情况；对电子战兵力的指挥和设备的控制，应由指挥部通过统一的通信系统来实施。

完成电子战任务准备的目的是：使电子战兵力和设备以及部队做好及时而圆满地完成电子战任务的准备；建立必需的电子战兵力。

7.5.5　检查电子战措施执行情况

检查电子战措施执行情况是指检查完成所下达任务的准备情况和完成情况，具体包括：收到指示的及时情况；下定决心和发出下达任务号令的关系；电子战兵力和设备做好完成任务准备的及时情况；电子战协同动作的组织工作和对任务区分过程中电子战兵力的指挥与设备的控制；保障所消耗的电子干扰器材。

电子战任务完成的结果应写入战斗报告和电子战报告中。

在电子战报告中，除完成任务的结果外，还应写入：参加的兵力及运用方法；电子战技术设备和人员对后续行动的准备情况；对消耗器材的需求；关于重新启用电子战设施的情况；指挥系统与设备的保护措施；综合技术检查的结果。

7.6　电子战效能评估标准

电子战兵器作战效能和整个电子战行动效能的评估标准多种多样，可分为全局标准和局部标准。局部标准通常适用于评估电磁压制兵器的作战效能，而全局标准则适用于评估师团电子战行动的综合效能。

由于电子战直接影响到战斗（战役）行动的进程和结局，其效能标准应符合战役-战术计算方法所采用的标准。

局部标准的参量采用在干扰条件下毁伤飞机的概率 $W_{毁伤.电子战}$，以及毁伤假目标的概率 $W_{偏离}$，这两个概率在评估自卫电磁压制设备的运用效能时采用。

在评估支援电子战设备的效能时，可能需要采用这样一些局部参量：干扰压制条件下各种电磁设备的最小工作距离 $D_{压制.最小}$，压制区域的半径和宽度 $R_{压制}$、$L_{压制.效能}$，有效干扰压制扇面 $\alpha_{压制.有效}$，在电子战条件下敌歼击机远距引导概率 $W_{引导.歼击机.电子战}$。

上述标准为战役-战术计算方法给出了一些普遍运用的标准。针对自卫电磁设备，上述标准给出了在电子战条件下降低对飞机毁伤概率的系数 $K_{电子战}$，即有

$$K_{电子战} = \frac{W_{毁伤.电子战}}{W_{毁伤}}$$

式中，$W_{毁伤}$ 与 $W_{毁伤.电子战}$ 分别表示在不运用和运用电磁压制设备情况下对飞机毁伤的概率。

当运用支援电子战设备时，普遍运用的标准是敌歼击机远距引导概率系数 $K_{电子战.歼击机.远距}$，即有

$$K_{\text{电子战. 歼击机. 远距}} = \frac{W_{\text{远距. 歼击机. 电子战}}}{W_{\text{远距. 歼击机}}}$$

地空导弹(高地)射击系统的毁伤飞机概率的系数为

$$K_{\text{电子战. 防空}} = \frac{N_{\text{毁伤. 电子战}}}{N_{\text{毁伤}}}$$

式中,$N_{\text{毁伤}}$ 与 $N_{\text{毁伤. 电子战}}$ 分别为无干扰和干扰条件下的有效射击次数。

电子战行动效能的评估标准用公式表示为

$$\beta_{\text{电子战}} = \frac{U - U_{\text{电子战}}}{U}$$

式中,$U_{\text{电子战}}$ 与 U 分别表示运用和不运用电子战兵力兵器的损失值。

完成战斗任务的评估标准用公式表示为

$$K_{\text{电子战}} = \frac{\Pi_{\text{电子战}}}{\Pi}$$

式中,$\Pi_{\text{电子战}}$ 与 Π 分别表示在运用电子战兵力兵器和不运用电子战兵力兵器情况下飞机的损失率。

第8章 导弹武器作战运用

8.1 机载导弹的定义、分类及组成

8.1.1 机载导弹的定义

机载导弹是指由飞机携带并从飞机上发射,由制导系统导引并按照自主寻的或采用其他制导方式攻击空中、地面、水面及水下目标的武器。它与飞机上的火控系统、发射控制系统、导弹挂装、发射装置等组成相对独立的飞机武器系统,依靠自身动力装置推进来实现准确击中目标的任务。

8.1.2 机载导弹的分类及组成

机载导弹按发射地点和目标的位置分为空空导弹、空地(面)导弹;按射程分为近距、中距、远距(超视距)导弹;按攻击的目标分为反雷达(辐射)导弹、反飞机导弹、反导弹导弹、反舰导弹、反坦克导弹以及反卫星导弹等。

1. 空空导弹的分类

空空导弹是由飞机上发射的攻击空中目标的导弹,通常可按射程和用途分类。

(1) 近程(距)空空导弹。

近程(距)空空导弹射程为数百米至 20 km,用于近距离(目视距离内)空中格斗。如美国的"响尾蛇"AIM-9L 空空导弹,最大射程为 18.5 km。

(2) 中程(距)空空导弹。

中程(距)空空导弹射程在 20~100 km,用于中距离(视距外)拦截(拦射)。如美国的"麻雀"AIM-7F 空空导弹,最大射程为 46~61 km。

(3) 远程(距)空空导弹。

远程(距)空空导弹射程超过 100 km,用于远距离(超视距)拦截(拦射)和战区防空。如美国的"不死鸟"AIM-54A 空空导弹,最大射程为 200 km。

(4) 机载反卫星导弹。

机载反卫星导弹主要用于反低轨道 400~500 km 卫星。如美国研制的机载反卫星导弹,发射高度 10~15 km,最大作战高度可达 10 000 km。

2. 空地(面)导弹的分类

空地(面)导弹是由飞机(歼击机、直升机、轰炸机、强击机等)发射,攻击地面、水面、水下固定或低速运动目标的导弹,其种类繁多,如空对地、空对舰、空对潜等导弹。这些导弹也可分成两大类:战略空地导弹、战术空地导弹。战略空地导弹即远程空地导弹,采用核战斗部,一般没有末制导系统,主要供轰炸机和重型歼击轰炸机携带、运用,执行核打击任务。战术空地导弹采用常规战斗部和精确制导系统,供各类攻击机携带、运用,攻击地面各类战术目标。战术空地导弹又可分为巡航导弹、反辐射导弹,也包括中程空地导弹和近程空地导弹。

反辐射导弹分为近程自卫型、防空压制型和战场封锁型导弹。近程自卫型导弹主要供轻型攻击机携带、运用,在执行任务过程中,对随机遇到的威胁较大的雷达目标实施自卫攻击。防空压制型导弹主要供专用反雷达飞机携带、运用,在攻击机编队前面,对地面雷达目标实施摧毁性打击。战场封锁型导弹主要用于在一段时间内封锁地面雷达,保证攻击机编队的安全。

空地导弹的典型分类如表 8-1 所示。

表 8-1　空地导弹的典型分类

类　型	作用、性能、示例
通用战术空地(舰)导弹(多用途导弹)	装备战斗轰炸机、攻击机,攻击地面坦克、车辆。如 AGM-84E"斯拉姆"远程对地攻击导弹(美),为"鱼叉"导弹的改进型,防区外发射,射程 100 km,惯性+GPS+红外热成像寻的制导
反辐射导弹(反雷达导弹)	攻击地面与舰艇防空系统的雷达设备,一般采用破片杀伤战斗部,主要用于攻击地空导弹的制导雷达、炮瞄雷达和警戒雷达。如 AGM-88A"哈姆"高速反辐射导弹(美),射程 20 km,最大速度 3 Ma,被动雷达寻的制导,烈性炸药杀伤破片战斗部,是典型的第三代反辐射导弹
空舰导弹	从空中打击水面舰艇的导弹,又称为空射反舰导弹。如 AM39"飞鱼"全天候超低空掠海飞行空舰导弹(法),中段惯性+末段主动雷达寻的制导,射程 50～70 km,装备于直升机和固定翼飞机,用于攻击水面舰艇
空地反坦克导弹	一般装备直升机或对地攻击机,用于攻击地面坦克、装甲车辆和其他坚固的点目标。如 AGM-114A"海法尔"导弹,最大射程 7 km,破甲厚度 1400 mm,激光半自动寻的制导

3. 机载导弹的组成

机载导弹武器系统由导弹、机载火控系统、外挂物武器管理系统、发射控制系统等构成。

机载导弹是一种有翼导弹,作为一种航空武器,主要由弹体、推进系统、制导系统、战斗部和弹上电源组成。AIM-120A 导弹的结构示意图如图 8-1 所示。

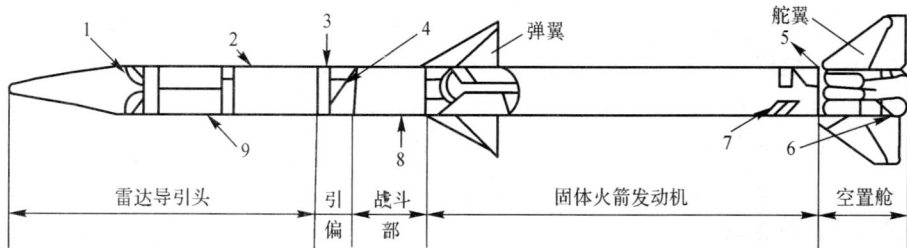

1—雷达导引头天线;2—电子设备;3—惯性制导装置;4—目标探测装置;
5—舵机;6—数据接收机;7—固体火箭发动机;8—战斗部;9—电池组。
图 8-1　AIM-120A 导弹的结构示意图

1）弹体

弹体是导弹的主体。它的任务是将组成导弹的各个部分牢固地连接成整体，是承受各种载荷的结构部件。它必须有足够的强度和刚度，并使导弹形成一个良好的气动力外形，这样才能保证弹上各种设备的安全和正常工作。此外，弹体还要采取抗激光加固、抗电子干扰及隐身（减小雷达反射截面和红外线辐射特征）措施。机载导弹的弹体包括弹身、弹翼和舵翼等部分。

（1）弹身：用于安装战斗部、控制设备、燃料和动力装置等，并将弹翼和舵翼等部件连成一个整体。

（2）弹翼：其功用与导弹类型有关。

（3）舵翼：用来操纵导弹和使导弹稳定飞行。

2）推进系统

推进系统是为导弹飞行提供动力的系统，是导弹飞行的动力来源，包括发动机、推进剂或燃料储箱、辅助设施（如供油系统、支架和附件）等。导弹发动机是推进系统的关键设备，主要有火箭发动机（固体的、液体的）、空气喷气发动机（涡轮喷气发动机、涡轮风扇发动机、冲压喷气发动机）和火箭-冲压组合发动机等类型。

3）制导系统

制导系统是导弹武器系统的重要组成部分。其任务是引导和控制导弹准确地击毁预定的目标。为了能够将导弹导向目标，一方面需要不断地测量导弹实际运动情况与所要求的运动情况之间的偏差，或者测量导弹与目标的相对位置和偏差，以便向导弹发出修正偏差或跟踪目标的控制指令；另一方面还需要保证导弹稳定地飞行，并操纵导弹改变飞行姿态，控制导弹按所要求的方向和轨迹飞行而命中目标。完成前一个任务的部分是导引系统，完成后一个任务的部分是控制系统，两个系统合在一起构成制导系统。制导系统的组合类型很多，它们的工作原理也多种多样。

制导系统有的全部装在弹上，如自动寻的制导系统；有的控制系统装在弹上而导引系统在地面（或空中飞机）的指挥站内，如地空导弹、空面导弹中的遥控制导导弹等。

4）战斗部

战斗部是导弹摧毁目标的直接执行者，其种类很多，根据装填物性质和运用目的的不同可分为核装药战斗部、常规战斗部和特种战斗部（生物、化学、光电无源干扰等）三类。

8.2　机载导弹的发展

8.2.1　空空导弹

空空导弹是机载导弹中出现较晚、发展最快的一类武器。空空导弹的发展是随着其攻击对象的发展而发展的，歼击机已发展了四代，空空导弹也发展了四代。

1. 空空导弹发展阶段

空空导弹的研制可追溯到第二次世界大战期间，当时法西斯德国大力发展进攻型导弹，并首次运用了地地弹道导弹（VI 和 V2）和空舰导弹。同时首次研制成功一种代号为 X-4 的空空导弹，该导弹弹长 1.98 m，翼展 0.76 m，射程 2.4 km，速度 901 km/h，运用高度 6405 m，采用有线制导和液体燃料火箭发动机，由四个对称的尾翼稳定。这枚导弹是世界上出现的第一枚空空导弹。第二次世界大战结束之后，空空导弹进入飞速发展阶段，到目前为止，空空导弹已发展到第四代。下面将具体介绍空空导弹的发展过程。

1）第一代空空导弹(1946—1956 年)

这个时期的空空导弹，制导系统简单，只能进行尾追攻击，且命中精度低，直接命中率大部分低于 50%；导弹的机动性比较差，最大马赫数为 1.7～2.5，最大运用过载 10 g 左右；发射距离比较近，战斗部威力小，主要攻击轰炸机和机动性能较差的歼击机。这个时期的空空导弹的类型有红外型和雷达型。红外型导弹主要探测目标发动机尾喷口的红外辐射，因此，只能尾后攻击目标。雷达型导弹多采用较简单的波束指令制导式半主动雷达制导，导弹发射后仍需要机载雷达照射导弹和目标，直至导弹命中目标后载机才能脱离。目前这一代空空导弹已不再运用。这个时期最具代表性的导弹是美国研制的红外型"响尾蛇"AIM‑9B 导弹和雷达型"麻雀"AIM‑7A 导弹。

2）第二代空空导弹(1957—1966 年)

第二代空空导弹在性能上有所提高，主要是扩大了攻击范围(最远射程 22 km，最大运用高度 25 km)，提高了战斗部威力(战斗部重量 11～70 kg)，改进了制导装置，提高了命中率。某些型号还实现了一定的全向攻击和全天候作战能力。目前一些发展中国家仍在装备运用第二代空空导弹，这些导弹主要装备在第二代超声速飞机上。典型的空空导弹有美国的"响尾蛇"AIM‑9D、法国的"玛特拉"R‑530 等。越战后期，空空导弹的地位发生了重大变化，其在历次局部战争中起着越来越重要的作用，已成为空战的主要武器。

3）第三代空空导弹(1967—1976 年)

第三代空空导弹的性能有了飞跃式发展，主要特点是：

(1) 在设计时把"三全"(全天候、全方位、全高度)作为主要的战技指标，强调通用性，例如美国空、海军联合开发研制的"响尾蛇"系列后续弹。

(2) 电子器件采用集成电路或大规模集成电路固体组件。

(3) 抗干扰能力进一步增强。

(4) 向着中、远距拦射和近距格斗两个方向发展。

这一时期的导弹在中、远距拦射方面多采用复合制导技术；具有远距离搜索、探测、跟踪功能；发动机的工作时间满足远距离攻击目标的要求；具有上射和下射能力，可以远距离拦射数个目标；导弹的结构、材料在选择上适应了载机长时间续航以及在对流层边缘飞行的要求。在近距格斗方面，第三代空空导弹可以在 300～400 m 的距离上发射；能提供大的过载，使导弹具有大机动跟踪目标的能力；具有离轴发射能力；具有一定的全向攻击能力；具有"发射后不管"的能力。

各种型号的第三代空空导弹是现代空战的主力武器，目前均在服役中。有些型号的导弹直接横跨了导弹发展的几个时代，例如"响尾蛇"系列和"麻雀"系列导弹就横跨了导弹的第一代、第二代、第三代。这两种导弹系列在 20 世纪 80 年代已经面临淘汰，而"响尾蛇"AIM‑9X、"麻雀"AIM‑120 导弹均不再属于各自相应的序列，而是两个崭新的空空导弹系列。之所以仍采用原型号系列，完全是为了其他目的。AIM‑9X 导弹为红外成像制导而非点源寻的制导(前三代主要以红外点源寻的制导为主)，AIM‑120A 导弹是惯导＋主动雷达末制导。2000 年以后美国运用的空空导弹系列就是编号为 AIM‑120 的先进中距空空导弹系列和编号为 AIM-9X 的近距格斗空空导弹系列。

4) 第四代空空导弹(1977 年至今)

第四代空空导弹于 20 世纪 90 年代起陆续服役,并成为 21 世纪的主力导弹,它代表了空空导弹的发展趋势。美国的 AIM-120A 先进中距空空导弹的运用标志着现代空战已经发展到一个新阶段,即超视距空战时代。在空空导弹领域,把射程在 10 km 以外的导弹定义为超视距空空导弹。其中,射程在 10~100 km 的称为中距空空导弹,射程在 100 km 以外的称为远距空空导弹。与近距格斗相比,中距空战的好处有:一是容易达成攻击的突然性,可先敌发现、先敌攻击;二是可扩大攻击范围,实行全向攻击。中距空战将成为未来一段时间内空战的主要形式。

这一代导弹的主要特点是:

(1) 中远距拦射导弹兼有近距格斗作战功能,制导方式多采用中段惯性(或惯性+指令)制导+末段主动制导。在主动制导段,载机可进行规避动作或攻击其他目标,为载机同时发射多枚导弹、攻击多个目标提供了可能。导弹的发射可以不受发射角度和载机过载的限制,因此要求导弹可以提供大的过载。

(2) 为攻击不同的目标,导弹的控制方式不论是一种导弹配备两种控制舱还是复合制导,在技术上都有了新的发展。

(3) 红外制导采用了热成像导引头,可探测温度低于 50℃ 的飞机蒙皮气动加热,使导引头截获距离提高 2~3 倍,抗干扰能力大大增强,使导弹能穿过云层攻击目标,有一定的探测和攻击隐形目标的能力。

(4) 雷达制导导弹的导引头采用脉冲多普勒雷达,微波器件小型化,导引头的全部工作均由大规模集成电路芯片制成的微处理机控制,不仅使导引头的工作实现自动化,而且提高了抗干扰能力。中远距拦射空空导弹普遍采用复合制导技术,导弹飞行的初段和中段均采用惯性制导,而末段采用主动雷达制导或红外成像制导。

(5) 战斗部系统有了新的发展,采用了激光近炸引信或微波近炸引信;抗干扰和信号处理普遍采用编码技术和微波处理技术;战斗部采用预制破片式、连续式或爆破式杀伤战斗部,可装高性能炸药,提高了爆炸效果。

为了提高第四代空空导弹的动力装置性能,改进了火箭发动机的结构设计和壳体绝热材料及喷管材料,使中距和远距导弹可能向整体式火箭冲压式发动机的方向发展。目前近距格斗导弹采用了推力矢量控制技术,要求发动机具有更长的工作时间、更大的推力,所以将选用单台双推力固体火箭发动机。为了避免导弹发射后被目标发现,特别是迎头和侧向攻击时更容易使目标有规避的机会,因此正在抓紧研制无烟或少烟的推进剂。

第四代近距全向格斗红外型空空导弹,最早装备运用于俄罗斯的 P-73"射手",随后是以色列的"怪蛇"4、美国的"响尾蛇"AIM-9X、法国的"米卡"红外型等。第四代近距全向格斗红外型空空导弹,由于采用红外成像导引头、小气动力面低阻外形、大推力无(少)烟固体火箭发动机和推力矢量控制技术,以及各种抗干扰措施,其射程、速度、精度、离轴发射、全向攻击能力显著提高。

第四代超视距多目标攻击雷达型空空导弹,最早装备运用于美国的 AIM-120"阿姆拉姆"导弹,随后是俄罗斯的 P-77(A-12)"蝮蛇"导弹和法国的"米卡"雷达型导弹,正在研制的有美国的 AIM-120"阿姆拉姆"、俄罗斯的 P-77PJI 等弹。具有超视距发射后不管多目标攻击能力的第四代中远距空空导弹,成为各国飞机为夺取和保持空中优势作战能力而重点发展并普遍采用的空战武器。

2. 空空导弹的发展趋势

国外模拟研究结果表明,未来空战将首先实施超视距前半球攻击,然后实施近距前半球攻击,最后实施大机动空中格斗。因此,未来的空空导弹将在第四代的基础上进行进一步发展,现在各国都在大力改进和发展近距格斗导弹与中远距拦射导弹。

红外近距格斗导弹主要向下列方向发展:

(1) 采用多元探测器和成像技术,改进信息处理技术以提高探测能力和抗干扰能力;

(2) 增加导引头作用距离以便实现真正的"迎头攻击";

(3) 采用推力矢量与气动力相结合的复合控制方式以提高导弹的机动能力;

(4) 采用一体化设计技术,利用弹载计算机改进控制系统性能,提高引战配合能力;

(5) 实现制导与引战一体化,采用定向爆破战斗部以提高导弹的毁伤效能。

中远距拦射导弹主要向以下 4 个方向发展:

(1) 大力发展复合制导技术;

(2) 增大发动机总冲压以便增大射程;

(3) 采用各种抗干扰技术,以提高导引精度;

(4) 发动机采用少烟或无烟装药,以提高导弹发射后的隐蔽性等。

随着科学技术的飞速发展、目标性能的大幅度提高,以及空战战术模式的逐步改变,空空导弹将会有更大的发展。

8.2.2 空地导弹

1. 空地导弹的发展阶段

空地导弹至今已发展到第四代。第一代空地导弹是为了提高临空攻击精度,减少攻击机的损失而设计的,采用目视瞄准和跟踪的无线电指令制导,只能在昼间良好气象条件下运用,命中精度仅几十米,典型的有美国的 AGM-12 导弹,于 20 世纪 60 年代初开始投入装备。

第二代空地导弹是为了改善攻击精度,增大载机退出攻击距离(距目标约 3 km 以上)而设计的,采用半自动瞄准和跟踪的无线电指令制导、半自动激光制导或电视制导,典型的有法国的 AS30、美国的 AGM-65A/B 等型号导弹,于 20 世纪 60 年代初开始投入装备。

第三代空地导弹分近程型和中程型两类,于 20 世纪 60 年代初期开始装备。近程型导弹的主要特点是降低了发射高度,增大了发射距离,以便在超低空防空火力圈(高度 100 m 以下,距目标 5 km 以内)外发射,典型的有美国的 AGM-65E、法国的 AS30L 等导弹。中程空地导弹的主要特点是在地面防空火力圈外发射(最大射程大于 60 km),采用捕控指令电视制导,典型中程空地导弹有美国的 AGM-53A、俄罗斯的 X-59 等导弹。

第四代空地导弹包括近程、中程和远程型三大类,20 世纪 90 年代初期开始装备。近程空地导弹的发展重点是满足夜间不良气象条件下和全天候的运用要求,进一步改善和提高命中目标精度,典型的型号有美国的 AGM-65D/F 和 AGM-65H 导弹。中程战术空地导弹的发展重点是增大攻击距离(大于 120 km),解决夜间作战运用问题,典型的中程空地导弹有美国的 AGM-84E 等导弹,曾在海湾战争中首次运用。远程战术空地导弹是为了适应防空火力圈不断扩大的趋势,改善载机的生存能力,满足打击战场纵深重要的目标需求,在战略巡航导弹基础上发展的，发展重点是增大射程（300～1500 km），改善突防能力，提高作战运用灵活性，典型型号有俄罗斯的 X-65E、美国的 AGM-86C 等导弹，已成为世界各国机载武器的发展重点。

第四代空地导弹的另一个发展重点是大力发展新型战斗部，具体包括以下几方面：

（1）碳纤维战斗部。碳纤维战斗部通过特殊处理碳纤维，使碳纤维在爆炸或气体发生气抛撒后，形成非常稠密的碳纤维云雾，单个纤维直径约千分之几英寸（1 英寸＝25.4 毫米），可在空中浮动，黏附在所有物体上，可对电子设备和电网造成破坏，是一种潜在的防空压制武器，已在海湾战争中运用。

（2）半穿甲战斗部及复合效应子母战斗部。

（3）反跑道子母战斗部。

（4）二级串联战斗部。二级串联战斗部将聚能破甲战斗部与半穿甲战斗部串联作用，首先利用聚能破甲战斗部在硬目标上穿孔，然后半穿甲战斗部随进，可用 500 kg 战斗部摧毁 6 m 厚钢筋混凝土目标，达到 1000 kg 半穿甲战斗部的效果。

（5）微波战斗部。微波战斗部由爆炸发生器和波管组成，爆炸后波管将爆炸能力转化成强定向电磁脉冲，沿波管纵轴方向射向目标，并通过目标天线、电线或其他金属物导入目标，使目标内电子设备击毁，人员失去作战能力。

（6）分子级炸药战斗部。分子级炸药战斗部采用由强结合力结合在一起的分子级炸药，当分子结合力受到冲击作用时，炸药能量可定向释放，具有强大的杀伤威力，其当量约为常规炸药的 4～5 倍，可显著减轻攻击目标所需的战斗部重量。

表 8-2 给出了国外部分空地导弹技术和使用情况。

表 8-2　国外部分空地导弹技术和使用情况

国别	名称及型号	制导方式	主要战术技术指标	现状
美国	幼畜 AGM-65 (D/F/G C/E H)	D/F/G—红外成像 C/E—激光 H—被动雷达	• 发射重量：D 型 220 kg，F/G 型 307 kg，E 型 293 kg，H 型 305 kg • 射程：20～25 km • 速度：1 Ma • 发射平台：各型飞机	1983 年具有作战能力，1993 年大批装备
	海尔法 AGM-114B	半主动激光、雷达/红外和红外成像三种导引头	• 发射重量：45.7 kg • 射程：8 km • 探测器为 32×32，64×64，128×128 • 红外 CCD 器件 • 发射平台：直升机	1984 年大批装备
	海尔法改进型	凝视成像	• 工作波段：8～14 m，锑镉汞 • 探测器：3.5 m，制化锢或 64×64，128×128 硅探测器	1995 年投入运用

国别	名称及型号	制导方式	主要战术技术指标	现状
美国	AGM-130A/B/C	电视或红外成像	• 发射重量：A 型 1323 kg，B 型 1163.6 kg，C 型 1315 kg • 射程：45 km • CEP：1 m • 发射平台：F4E、F-15E 等飞机	1984 年研制 1992 年装备
	斯拉姆(SLAM) (AGM-84E)	• 中段：GPS 辅助 • INS 末段：红外成像	• 发射重量：628 kg • 射程：100 km • 速度：0.75 Ma • 发射平台：F/A-18、A-7E 飞机	1993 年装备
	AGM-84H	• 中段：GPS 辅助 • INS 末段：红外成像	• 发射重量：725 kg • 射程：200 km • 可能采用 256×256 元凝视焦平面阵列红外成像导引头 • 发射平台：F/A-18 飞机	已研制成功
	远程斯拉姆	• 中段：GPS/INS • 末段：红外成像	• 发射重量：1089 kg • 射程：300 km • 采用 256×256 元凝视焦平面阵列红外成像导引头	在研
	联合防区外武器 AMG-154	• 中段：GPS/INS • 末段：红外成像	• 发射重量：1140 kg • 作用距离：12 km • 发射平台：F-15、F-16 等飞机	1985 年装备
以色列	AGM-142	惯导＋电视或 红外成像	• 发射重量：1360 kg • 射程：80 km • 速度：超声速 • CEP：1 m • 发射平台：F4、F-111 等飞机	1983 年装备
意大利	空中鲨鱼 (Skyshark)	GPS/INS＋ 红外成像	• 发射重量：1600 kg • 射程：250～300 km • 发射平台：F-16、F-18 飞机	研制阶段
俄罗斯	克伦	红外成像	• 发射重量：300 kg • 射程：20 km • 发射平台：米格 27 等飞机	装备并出口

2. 空地导弹的发展趋势

1）反辐射导弹的发展趋势

反辐射导弹向着采用复合制导技术，提高抗干扰能力，增加打击的准确性；增大射程，扩大打击目标的范围和距离；提高飞行速度，采用隐形技术，增强打击的突然性等几个方向发展。

2）通用战术空地导弹的发展趋势

通用战术空地导弹主要用于攻击地面高价值目标，现已发展至第三代。第一代采用目视瞄准、跟踪，有线或无线电指令制导，命中精度低，对载机的限制大。第二代改用半自动指令制导，提高了载机机动性和命中精度，但仍不能满足作战运用要求。第三代采用电视、红外成像、激光等新的制导方式，命中精度和抗干扰能力均大大提高，成为现役主力空地通用战术导弹。

正在研制的第四代通用战术空地导弹将大量采用高新技术，其主要特点是：

（1）采用复合制导，增强抗干扰能力，提高命中精度和毁伤效果；

（2）提高飞行速度，增加射程，在防空区外发射，减少载机的战损率；

（3）具备全天候和恶劣气象条件下的作战能力及"发射后不管"的能力；

（4）发展远距发射的集束弹和子母弹，攻击敌方纵深内严密设防的目标和第二、三梯队装甲集群目标；

（5）采用模块式结构，提高运用的灵活性，维修方便且成本降低；

（6）重视通用化，如"鱼叉"（美）、"飞鱼"（法）导弹除了空地型外，都有舰舰型和空舰型。

8.3　导弹飞行控制方法

8.3.1　导弹的控制飞行

1. 导弹的控制力

导弹之所以能准确地命中目标，是由于人们能按照需要对导弹进行飞行控制。所谓飞行控制，就是为了完成飞行任务而改变导弹飞行速度的大小和方向。

导弹在大气中飞行时，受到发动机推力 P、空气动力 R 和重力 G 这三种力的作用，这三种力的合力就是导弹上受到的总作用力 F。显然，要对导弹进行飞行控制就要设法改变导弹总作用力的大小和方向。但是，重力是不能随意改变的，所以，实际上能改变的力只有推力和空气动力。我们把推力和空气动力的合力记为 N，并把它分解为平行于导弹飞行方向的切向力 N_t 和垂直于导弹飞行方向的法向力 N_o，如图 8 - 2 所示。切向力 N_t 能改变导弹飞行速度的大小，而法向力 N_o 则能改变导弹飞行速度的方向。如果法向力不为零，导弹就能在法向力所在的平面内做曲线运动。

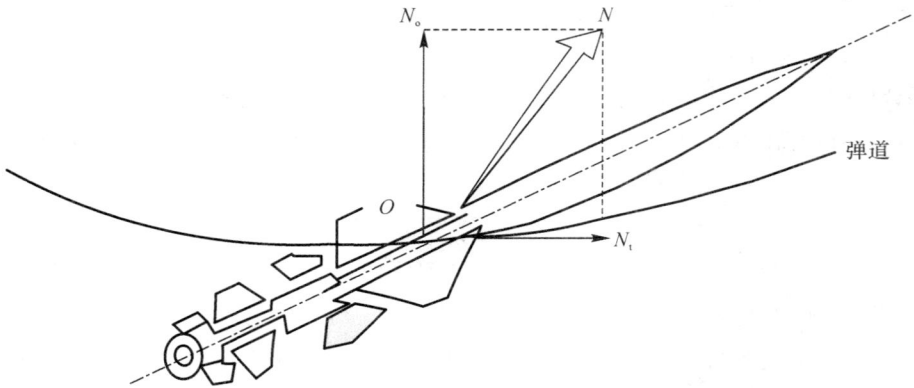

图 8 - 2　作用在导弹上的切向力和法向力

　　由于切向力和法向力都是控制导弹质心运动的力，所以称它们为切向控制力和法向控制力，或统称为控制力。有翼导弹和无翼导弹产生与改变控制力的方法是不同的。有翼导弹在大气层内飞行，能产生较大的空气动力，所以这类导弹中的大多数导弹主要靠空气动力产生控制力，靠改变空气动力来改变控制力。无翼导弹大部分时间在稀薄大气层或大气层外飞行，导弹不产生空气动力或空气动力很小，所以无翼导弹主要靠发动机推力产生控制力，靠改变推力来改变控制力。对于大多数在整个飞行弹道上都进行制导的导弹，通常主要是改变导弹的飞行速度方向，即改变法向控制力就够了。一般情况下，改变法向控制力的大小，需要使导弹弹体绕质心转动一个角度，也就是要改变导弹的攻角 α、侧滑角 θ 和倾斜角。为了使导弹弹体绕质心转动，必须对导弹施加适当的相对质心的力矩，这种力矩称为操纵力矩。用来产生操纵力矩的元件称为操纵元件，例如空气动力舵面就是一种操纵元件，有时也称它为操纵舵面。这种舵面能产生空气动力，这个空气动力相对于导弹质心的力矩就是操纵力矩，因此作用于舵面上的空气动力也就称为操纵力。必须注意，这里所说的操纵力和前面所说的控制力是有区别的。操纵力是操纵导弹绕质心发生转动的力，而控制力是控制导弹质心运动的力。

　　操纵元件除了产生操纵力矩对导弹起操纵作用外，它还可以对导弹起飞行稳定的作用。这是因为导弹在飞行过程中，由于受到各种干扰的影响，如导弹本身的不对称性、发动机推力偏心、不稳定的大气以及其他随机因素，会使导弹偏离所要求的空间方位角，这时，操纵元件发生动作后能产生操纵力矩，使导弹产生绕质心的转动，修正导弹的偏离方位角使其保持角稳定。在这种情况下，操纵元件对导弹起到稳定作用。从这个意义上说，操纵元件兼起操纵作用和稳定作用。

　　在稠密大气层内飞行的导弹，依靠导弹本身所具有的空气动力，稳定性能够达到角稳定。但是，为了提高稳定效果，机动导弹一般还装有自动稳定系统，而在高空飞行的导弹就一定要装有自动稳定系统。

2. 机动性与过载

1）机动性

机动性是导弹的重要性能之一。大家知道，所有导弹都应具有改变其飞行方向的能力，以便完成攻击目标的任务。同时，导弹还能够改变飞行速度大小。

　　所谓导弹的机动性，是指导弹能迅速改变飞行速度大小和方向的能力。如何来评定导弹的机动性呢？显然可以用导弹在飞行过程中所能产生的切向加速度和法向加速度来描述导弹改变其飞行速度大小和方向的能力，即机动性。在一般情况下，人们最关心的是导弹的法向机动性，也就是法向加速度的大小。在同一飞行高度和速度条件下，导弹的法向机动性越好，它能转的弯就越小（曲率半径小），越有利于导弹攻击目标。导弹的机动性好坏，特别是法向机动性的好坏，会直接影响导弹的作战效果。

　　对于利用空气动力作为控制力的有翼导弹来说，它的法向机动性好坏，主要取决于法向空气动力的大小。导弹气动外形所能提供的最大法向空气动力越大，它的法向加速度就越大，也就是说法向机动性越好。如果导弹是用推力进行飞行控制，那么，它的法向机动性的好坏，则取决于发动机推力的大小及其可能偏离弹体轴线的角度。

　　下面以导弹在铅垂面内的运动为例进一步说明法向机动性的概念。因为导弹在铅垂平面内运动，所以它的法向加速度方程为

$$mv_\theta = P\sin\alpha + Y - G\cos\theta \tag{8-1}$$

或

$$v_\theta = \frac{P\sin\alpha + Y}{m} - \frac{G}{m}\cos\theta = \frac{P\sin\alpha + Y}{m} - g\cos\theta$$

在攻角 α 较小时，$\sin\alpha \approx \dfrac{\alpha}{57.3}$，这时上式可以写为

$$v_\theta = \frac{P\dfrac{\alpha}{57.3} + Y}{m} - g\cos\theta \tag{8-2}$$

在小攻角和小舵偏角的条件下，升力可以表示为

$$Y = Y^\alpha \alpha + Y^{\delta z}\delta_z \tag{8-3}$$

根据仰俯力矩的平衡关系

$$M_z^\alpha \alpha = - M_z^{\delta z}\delta_z$$

可以求得在平衡条件下，升降舵舵偏角 δ_z 和攻角 α 之间的关系，即

$$\delta_z = -\frac{M_z^\alpha}{M_z^{\delta z}}\alpha \tag{8-4}$$

将式（8-3）、式（8-4）同时代入式（8-2）后。可以求得

$$v_\theta = \frac{\dfrac{P}{57.3} + \left(Y^\alpha - Y^\delta \dfrac{M_z^\alpha}{M_z^{\delta z}}\right)}{m}\alpha - g\cos\theta \tag{8-5}$$

　　从（8-5）表达式中可以看出，导弹的法向加速度 v_θ 的大小取决于攻角 α 的大小。但是这里需要提醒一下，那就是只有在攻角 α 不太大的条件下，式（8-5）才是正确的。如若升力 F 和攻角 α、升降舵舵偏角 δ_z 都在线性关系成立的范围内，则可以认为，攻角 α 越大，产生的法向加速度越大，法向机动性就越好。对一枚导弹来说，它能够运用的最大攻角 α_{max} 总是一个有限的值，因此人们往往用最大攻角 α_{max} 时所能产生的法向加速度 v_θ 的大小来衡量法向机动性的好坏。

　　另外，由于

$$Y^a = \frac{1}{2}\rho v^2 SC_y^a$$

$$Y^\delta = \frac{1}{2}\rho v^2 SC_y^\delta$$

$$M_z^a = \frac{1}{2}\rho v^2 SC_y^a (x_G - x_p) M_z^a$$

$$M_z^{\delta z} = \frac{1}{2}\rho v^2 SC_y^{\delta*} (x_G - x_p) M_z^{\delta z}$$

这样,式(8-5)也可以表示为

$$v_\theta = \frac{\dfrac{P}{57.3} + \dfrac{1}{2}\rho v^2 S\left[C_y^a - C_y^\delta \dfrac{C_y^a (x_G - x_p)}{C_y^\delta (x_G - x_p)}\right]}{m}\alpha - g\cos\theta \tag{8-6}$$

从式(8-6)可以看出,导弹的气动特性(如 C_y^a、$C_y^{\delta z}$、x_G、x_p 的大小)、导弹质量的大小、弹道倾角 θ 的大小都会影响导弹法向机动性的好坏。在其他条件相同的情况下,随着导弹飞行高度的增加,大气的密度 ρ 下降,这时导弹的法向机动性也下降。导弹外形尺寸的大小也会影响法向机动性。另外,在其他条件相同的条件下,弹翼面积越大,法向机动性就越好。

2) 过载

过载是指作用在导弹上的外力(不包含重力)与导弹重量之比。由于力是向量,因此过载也是一向量。若用 n 表示过载,用 N 表示外力,用 G 表示重量,则

$$n = \frac{N}{G} \tag{8-7}$$

过载 n 的方向与外力 N 的方向一致。过载是一个无量纲的量。

因为过载为一向量,所以可将其在不同的坐标系下进行分解。

以铅垂平面内运动为例,这时沿弹道坐标系中的 Ox_2 轴和 Oy_2 轴的分量为

$$n_x = \frac{P\cos\alpha - X}{G}$$

$$n_y = \frac{P\sin\alpha + Y}{G}$$

导弹质心的动力学方程可用过载 n_x 和 n_y 表示为

$$\frac{\dfrac{d\theta}{dt}}{g} = n_x - \sin\theta$$

$$\frac{v\dfrac{d\theta}{dt}}{g} = n_y - \cos\theta$$

由此可见,过载 n 同样可用来衡量机动性的好坏。自然人们总是希望导弹的过载大一些好,但对一枚具体导弹来说,它的过载受很多因素的限制。第一,操纵元件的偏转范围是有限的;第二,产生气动法向力的攻角和侧滑角不可能太大,不能超过它们的临界值;第三,导弹弹体结构强度不允许法向力很大,否则会导致导弹弹体结构被破坏。所以,一枚导弹所能提供的过载是有限的。

导弹所能提供的过载称为可用过载，而导弹沿实际要求的轨迹飞行所需要的过载称为需用过载。可用过载一般应大于或等于需用过载。

3. 稳定性

所谓导弹的稳定性，是指导弹在飞行过载中，由于受某种干扰，使其偏移原来的飞行状态，当干扰消失以后，导弹恢复到原飞行状态的能力。若导弹可以恢复到原来的飞行状态，就称它是稳定的，或称之为具有稳定性；反之，称为不稳定的，或称之为不具有稳定性。

导弹在飞行过程中的稳定性，包括两组参数的稳定性：一组为质心运动参数（如速度 v、高度 H 等）；另一组为导弹角运动参数（如攻角 α，弹道倾角 θ 和姿态角 ϑ、φ、γ 以及它们的角速度等）。

一般所说导弹的稳定性，实际上包含着两个方面的含意：一个是指导弹（包括导弹稳定系统）的稳定性；另一个是指导弹弹体自身（不包含导弹稳定系统）的稳定性。

导弹弹体自身的稳定性是指舵面锁住情况下的稳定性。这时的稳定性与导弹的气动外形和部位安排有着十分密切的关系。通过理论推导和实验研究可知，只要保证气动力焦点 x_p 在质心 x_G 之后，并有一定的距离，就不仅可以保证迎角 α 是稳定的，而且能出现如图 8-3(a) 所示的稳定过程。如果导弹的焦点 x_p 在质心 x_G 之前的一定距离上，则迎角 α 是不稳定的，如图 8-3(b) 所示。

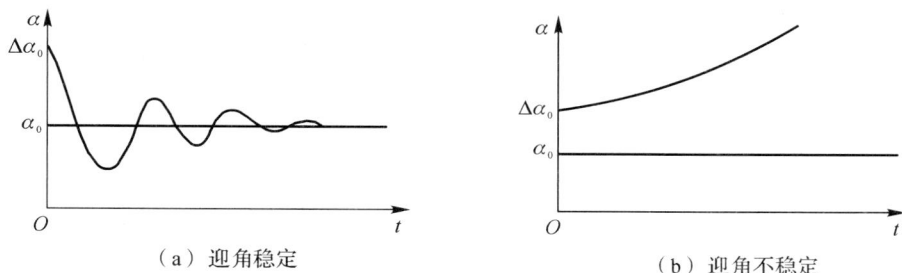

（a）迎角稳定　　　　　　　　　（b）迎角不稳定

图 8-3　迎角的变化过程

如果在导弹上装有自动稳定系统，这时对焦点和质心间的相互位置就不像前面所说的那样严格，由于自动稳定系统参与工作，可使原先不稳定运动过程转变为稳定过程。不仅如此，自动稳定系统还能用来改变其稳定过程的品质，如图 8-4 所示。图中曲线 a 为导弹自身的迎角 α 稳定过程；曲线 b 为导弹带有自动稳定系统迎角 α 的稳定过程。显然，带有自动稳定系统时的稳定过程较平稳，并且恢复到原飞行状态所需的时间也短。

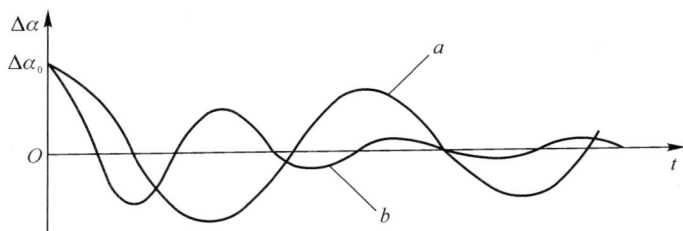

图 8-4　迎角 α 的稳定过程

4. 操纵性

导弹的操纵性是导弹重要的特性之一。导弹在操纵元件发生动作时，改变其原来飞行状态的能力以及对此反应快慢的程度，称为导弹的操纵性。譬如，如果导弹的操纵元件为空气动力舵面的话，导弹在舵面偏转某一定角度时导弹的飞行状态改变得愈快，运动参数（姿态角、攻角和侧滑角等）的改变量愈大，则导弹的操纵性就愈好；反之，导弹的操纵性就愈差。

导弹的稳定性与操纵性是既对立又统一的。导弹的操纵性愈好，导弹就愈容易改变其原来的飞行状态；而导弹的稳定性愈好，导弹则愈不容易改变其原来的飞行状态。因此，提高导弹的操纵性，就会削弱导弹的稳定性；反之提高导弹的稳定性，就会削弱导弹的操纵性。这就是说，导弹的操纵性和稳定性是矛盾的、对立的。另一方面，静稳定性差，或者静不稳定的导弹，则要求自动稳定系统使操纵元件发生动作而产生操纵力矩，以便对导弹进行操纵来克服外加干扰，维持导弹的稳定。在这种情况下，如果导弹的操纵性好，导弹在自动稳定系统作用下，能够较快地改变其飞行状态，使导弹迅速达到稳定。因此，导弹的操纵性有助于加强导弹的稳定性。这说明导弹的操纵性和稳定性又是统一的。

导弹的操纵性通常是以操纵机构突然变化时相应的运动参数的响应品质来衡量的。例如当升降舵有一个跳跃变化时，迎角 α 的变化曲线如图 8-5 所示。当升降舵突然增加一个 $\Delta\delta_z$ 后，迎角的增量 $\Delta\alpha$ 并不是立即达到平衡相对应的 $\Delta\alpha_w$，而是要有一个变化过程。这一变化过程，通常称为过渡过程。

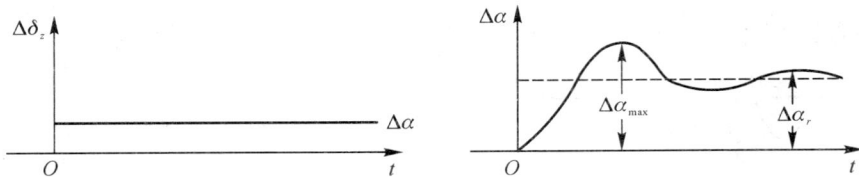

图 8-5 $\Delta\alpha$ 和 $\Delta\delta_z$ 的变化曲线

操纵性的评定，一般应包括以下 3 个部分内容：

（1）在单位舵偏角 $\Delta\delta = 1$（如升降舵偏角 $\Delta\delta_z$）时，导弹运动参数（如迎角增量 $\Delta\alpha$）的稳态值大小；

（2）导弹的运动参数的变化（如迎角的增量 $\Delta\alpha$）应该很快地稳定下来，也就是说，运动参数达到稳定值所需要的时间要短，即过渡过程的时间要短；

（3）运动参数（如迎角增量 $\Delta\alpha$）在向稳态值变化的过程中，它的最大值（如迎角增量的最大值 $\Delta\alpha_{max}$）不能太大。

8.3.2   导弹的导引方法

当导弹用来攻击活动目标（如飞机）时，就需要不断地测量出两者之间的相对位置，并随时调整导弹的运动，使其能最终有效地攻击目标。导弹与目标之间的相对运动所遵循的运动关系称为导引规律，此时导弹的弹道称为导引弹道。

为了使问题简化，在此以铅垂平面的运动为例，并进行如下假设：

（1）导弹和目标均看作是质点运动；

（2）导弹和目标始终在铅垂平面内运动；

（3）导弹能瞬时完成对运动的控制。

　　为了确定导弹和目标之间的相对运动关系,还需引用一套相对坐标系,如图 8 - 6 所示。在某瞬时,导弹所处位置用 D 表示,目标所处位置用 M 表示;导弹运动速度向量为 v,目标运动速度的向量为 v_M;导弹与目标之间的连线 $\overline{MD}$ 称为目标视线,两者之间的距离用 R 表示;目标视线和参考轴 Ax_g 之间的夹角称为视线角,用 q 表示;导弹质心运动的速度向量与目标视线之间的夹角为导弹运动的前置角,用 η 来表示;目标质心运动的速度 v_M 与目标视线之间的夹角为目标运动的前置角,用 η_M 表示。另外图 8 - 6 所表示的角度均为它们的正方向。导弹在向目标飞行过程中,两者之间的距离在不断地发生变化。根据运动学的规律可知,导弹与目标之间的距离 R 的变化率 $\dot{R}$ 等于导弹速度向量 v 和目标速度向量 v_M 在目标视线上投影的代数和,即

$$\dot{R} = v_M\cos\eta_M - v\cos\eta$$

或

$$\frac{\mathrm{d}R}{\mathrm{d}t} = v_M\cos\eta_M - v\cos\eta \tag{8-8}$$

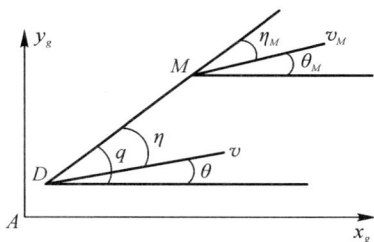

图 8 - 6　相对运动坐标系

　　导弹在飞向目标的过程中,除了导弹和目标之间的距离发生变化外,目标视线角 q 也要发生变化。目标视线角的转动角速度 $\dot{q}$ 应为导弹运动和目标运动分别引起目标视线转动角速度的代数和,即

$$\dot{q} = \frac{v\sin\eta}{R} - \frac{v_M\sin\eta_M}{R}$$

或

$$\frac{\mathrm{d}q}{\mathrm{d}t} = \frac{v\sin\eta}{R} - \frac{v_M\sin\eta_M}{R} \tag{8-9}$$

　　由图 8 - 6 和式(8 - 8)、式(8 - 9)可知,导弹和目标之间的相对运动关系是通过导弹与目标之间的距离 R 及视线角 q 这两个参数来描述的。也就是说,通过一个距离参数 R 和一个角度参数 q 作为坐标来描述,这样一种坐标系就是数学上所说的极坐标系。因此,描述导弹和目标之间相对运动的坐标系,就是以距离 R 和视线角 q 所组成的极坐标系。

　　1. 追踪法

　　所谓追踪法,就是指导弹在飞向目标的过程中,其速度向量 v 应每时每刻都指向目标。也就是说导弹在飞行过程中前置角 η 应始终为零。导弹的飞行弹道如图 8 - 7 所示。图中 $1', 2', 3', \cdots$ 和 $1, 2, 3, \cdots$ 分别代表同一瞬时目标和导弹在空间所处的位置,连线 $11'$、

22′、33′、… 分别代表在不同瞬时的目标视线，导弹的速度向量 v 在对应瞬时分别与 11′、22′、33′、… 重合。连接 1，2，3，… 各点在空间所形成的曲线就是导弹追踪法的导引弹道。图 8-7 中弹道是导弹相对地面坐标系的运动轨迹，称为绝对弹道。这种导引规律的最大优点在于制导系统结构较为简单。它的缺点是当导弹迎击目标或攻击近距离高速飞行目标时，弹道弯曲的程度很严重，这样导弹飞行时所需要的法向过载较大。由于这些原因，目前追踪法基本上没有得到实际应用。

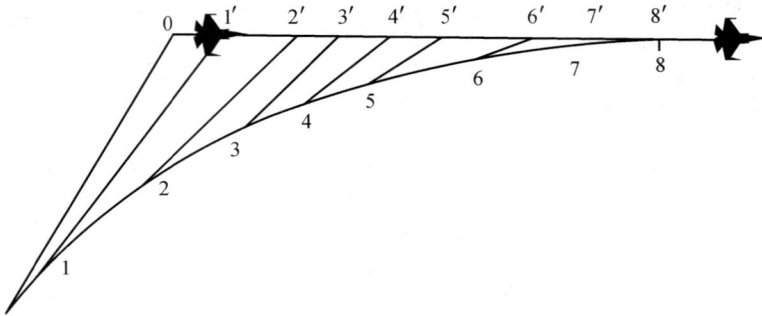

图 8-7　导弹的飞行弹道

2. 平行接近法

所谓平行接近法就是指导弹在接近目标过程中，目标视线在空间始终保持平行，如图 8-8 所示。这也就是说，导弹在接近目标过程中，目标视线的转动角速度应为零。此时，式 (8-9)可写为

$$\frac{\mathrm{d}q}{\mathrm{d}t} = \frac{v\sin\eta}{R} - \frac{v_M\sin\eta_M}{R} = 0 \qquad (8-10)$$

或

$$\sin\eta = \frac{v_M}{v}\sin\eta_M \qquad (8-11)$$

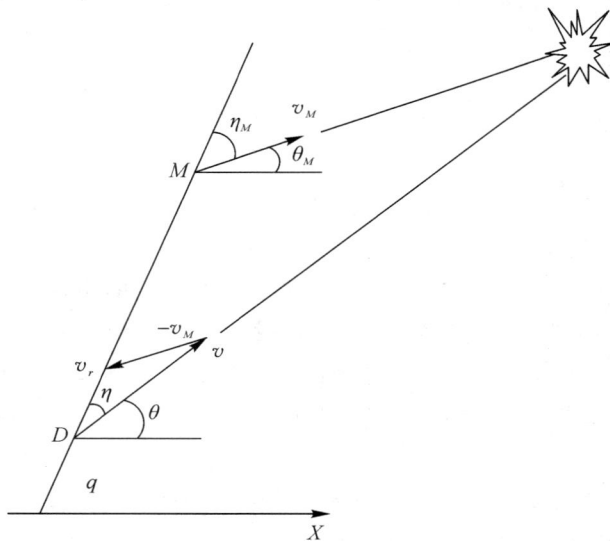

图 8-8　平行接近法示意图

也就是说，导弹飞行过程中的前置角 η 取决于目标飞行速度 v_M 与导弹的飞行速度 v 的比值和目标飞行的前置角。

式(8-11)说明，不管目标做何种机动，导弹速度向量 v 和目标的速度向量 v_M 在垂直于目标方向上的分量相等。因此，导弹的相对速度 v_r 正好在目标线上，它的方向始终指向目标(见图 8-8)。由此可知，所研究的瞬时目标线就是导弹的相对弹道。

当目标做机动飞行，且导弹的速度也不断变化时，如果速度比 $p = \dfrac{v}{v_M}$ 为常数，则采用平行接近法导引，导弹所需的法向过载总是比目标的过载小。这可证明如下：对式(8-11)求导，当 p 为常数时，有

$$\dot{\eta}\cos\eta = \frac{1}{p}\dot{\eta}_M\cos\eta_M$$

或

$$v\dot{\eta}\cos\eta = v_M\dot{\eta}_M\cos\eta_M \tag{8-12}$$

设攻击平面为铅垂平面，且因 $q = \eta + \theta = \eta_M + \theta_M = $ 常数，因此，$\dot{\eta} = -\dot{\theta}$，$\eta_M = -\theta_M$。

用 θ、$\dot{\theta}_M$ 分别置换 η 与 η_M 改写式(8-12)，得

$$\frac{\cos\dot{\theta}}{\cos\dot{\theta}_M} = \frac{\cos\eta_M}{\cos\eta} \tag{8-13}$$

因为 $v > v_M$，所以由式(8-11)可知，$\eta_M > \eta$。于是，有 $\cos\eta_M < \cos\eta$，则由式(8-13)可得

$$v\dot{\theta} < v_M\dot{\theta}_M \tag{8-14}$$

为了使 q 保持常值，且 $\eta_M > \eta$，必须有 $\theta > \theta_M$，因此有不等式

$$\cos\theta < \cos\theta_M \tag{8-15}$$

导弹和目标的需用法向过载分别为

$$\eta_y = \frac{v\dot{\theta}}{g} + \cos\theta \tag{8-16}$$

$$\eta_{yM} = \frac{v_M\dot{\theta}_M}{g} + \cos\theta_M \tag{8-17}$$

根据不等式(8-14)与式(8-15)，比较式(8-16)和式(8-17)两式右端，有

$$\eta_y < \eta_{yM} \tag{8-18}$$

由此可以得出以下结论：不论目标做何种机动，导弹的需用法向过载总是小于目标的法向过载，或者说导弹弹道的弯曲程度比目标航迹弯曲程度小，对导弹机动性的要求可以小于目标的机动性。

然而，平行接近法则要求制导系统在每一瞬时都要精确地测量目标及导弹的速度和前置角，并严格保持平行接近法的导引关系。这种导引方法对制导系统提出了很高的要求，工程实现难度较大。

3. 比例接近法

所谓比例接近法，是指导弹在接近目标的过程中，使导弹的速度向量 v 的转动角速度 $\dot{\theta}$

与目标视线的转动角速度 $\dot{q}$ 成比例,可表示为

$$\dot{\theta} = K\dot{q} \qquad\qquad (8-19)$$

式中,K 为比例系数。

从式(8-19)可以看出,在比例系数一定的条件下,如果目标视线的转动角速度 $\dot{q}$ 较小,就可以使 $\dot{\theta}$ 也较小,即可以使导弹的飞行弹道比较平直。

由几何关系 $q = \eta + \theta$ 可得

$$\dot{q} = \dot{\eta} + \dot{\theta}$$

将上式代入式(8-19)可得

$$\eta = \frac{1-K}{K}\dot{\theta} \qquad\qquad (8-20)$$

若 $K=1$,则 $\dot{\eta}=0$,实质上就是 $\eta=0$ 情况下的追踪法;若 $K\to\infty$,则 $\eta=-\dot{\theta}$,也就是说 $\dot{q}=0$,这就是平行接近法。

由此可见,比例接近法的弹道特性处于平行接近法和追踪法之间。比例系数 K 一般取在 $3\sim6$ 之间,此时的弹道特性比较好。

由于比例接近法具有飞行弹道比较平直和技术上容易实现的优点,因此目前广泛用于自动寻的导弹上。

4. 三点法

三点法是指导弹在导向目标过程中,导弹、目标和制导站始终在一条直线上。也就是说要使导弹始终处在制导站和目标的连线上,如图8-9所示。实际上三点法是一种遥控导弹的引导方法。在图8-9中,导引站在制导导弹过程中相对地面是不动的,用0表示;1,2,3,…和 $1'$,$2'$,$3'$,…则分别表示同一瞬间导弹和目标在空间所处的位置。当目标在1点时,导弹在制导站和目标连线 $01'$ 上的1点处,其余类推。这就实现了三点法导引。

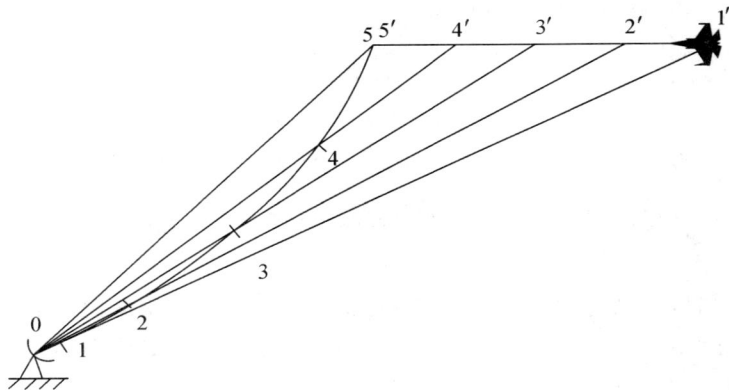

图8-9　三点法

三点法导引中的制导站相对地面可以是固定的,也可以是活动的。

三点法导引的缺点是弹道弯曲严重,即导弹需用过载大。特别是地空导弹在迎击低空高速目标时,这一缺点更为严重。然而,这种方法技术上易实现,抗电子干扰的能力好,因而得到了广泛的应用。

5. 前置角法

前置角法(有时也称矫直系数法)是指导弹在导向目标的过程中,总处在导引站和目标连线的前方,也就是使导引站和导弹之间的连线超前导引站和目标连线一个角度 ε,如图 8-10 所示。图中 O、D、M 分别表示同一瞬时导引站、导弹、目标所在的位置。导弹和目标之间的距离用 R 表示。

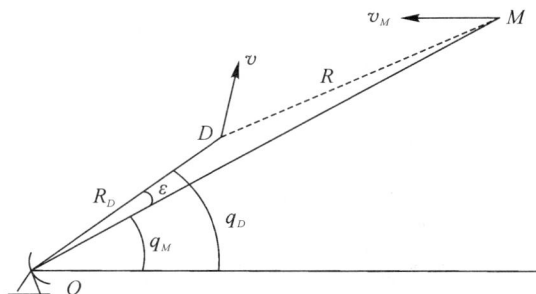

图 8-10　前置角法示意图

为了使导弹能直接命中目标,就需要使导弹和目标之间的距离 R 接近零时 ε 也应为零。故导弹的超前角 ε 应具有如下的变化规律,即

$$\varepsilon = CR \tag{8-21}$$

式中,C 的构成形式可根据具体要求而定。

6. 方案飞行

方案飞行用在自主控制的导弹上,这种导弹上装有一整套按程序自动控制的装置。导弹在空中飞行的轨迹是在发射前预先选定的,并根据所选定的弹道设计出导弹操纵元件的偏转规律,这种规律由弹上的程序自动控制装置来实现。当导弹发射出去后,它就可以按照选定的弹道飞行了。由于它不能根据导弹和目标的相对关系改变自己的飞行弹道,所以在向活动目标攻击时,不能在全弹道上都采用程序自动控制的方案飞行。因为方案飞行命中率太低,所以方案飞行只能用作控制弹道的一部分。如有的地对空、岸对舰、舰对舰导弹飞行弹道中,只是在发射出去后的一段时间内采用了方案飞行。

在向活动目标攻击的过程中,有时一发导弹不是自始至终都采用一种导引方法,而是在不同的飞行阶段采用不同的导引方法,这就是所谓的复合制导。如某地空导弹,首先在飞离发射架后的一段时间内采用常值舵面角的程度控制,即方案飞行,然后转换为三点法(或前置角法)的遥控飞行,最后在接近目标时转换为按比例接近法导引的自动寻的飞行。

在一种导弹上,选择哪一种制导方法,要根据导弹的战术技术指标要求、控制系统的技术状态、导弹的气动力特性以及目标的飞行性能等多方面的具体情况而定。

8.3.3　导弹的攻击区与发射区

1. 空空导弹攻击区

空空导弹攻击区是指目标周围的一个空间区域,载机在此区域内发射导弹,能满足脱靶距离的要求,并以一定的概率毁伤目标。空空导弹攻击区是导弹系统作战效能的综合体现。

以前导弹的攻击区仅考虑导弹的动力性能及对目标的探测性能等因素，并假定目标在导弹攻击过程中不做机动飞行。这种攻击区是简单的攻击区，其大小主要决定于导弹的动力性能，所以称为动力攻击区。如果载机在动力攻击区中发射导弹，而目标在导弹攻击过程中做机动飞行，这样目标就可能逃避导弹的攻击，导致导弹攻击失败。为此，目前提出了不可逃逸攻击区及概率攻击区的概念。

不可逃逸攻击区的含义是，载机在该攻击区发射导弹，目标做任何机动飞行，导弹均能截击目标。这样在动力攻击区内除去那部分因目标机动而无法命中的区域，就可得到不可逃逸攻击区。很显然，不可逃逸攻击区比动力攻击区小。攻击区减小，加大了载机形成发射条件的难度，但增加了导弹命中目标的置信度。所以目前将不可逃逸攻击区作为导弹的性能指标。不可逃逸攻击区是立足于运动学的观点，确保导弹成功截击目标提出的。如果再考虑有效毁伤目标，则引出了概率攻击区。

载机在动力攻击区内发射导弹，虽然可满足一定的脱靶距离要求，但不可能百分之百地毁伤目标。在攻击区内不同位置发射导弹，命中目标时的交会参数是不相同的，它影响着引战配合性能，即影响着毁伤目标的概率。在攻击区内与一定范围的毁伤目标概率相对应的区域称概率攻击区。在该区域发射导弹，可得到一定数值的毁伤目标概率值。较大概率值的区域为优选的发射区。

下面所说的攻击区均指载机与目标在同一平面的动力攻击区。

1）尾后攻击区

尾后攻击区是指攻击区仅在目标尾后一局部空域，如图 8-11 所示。

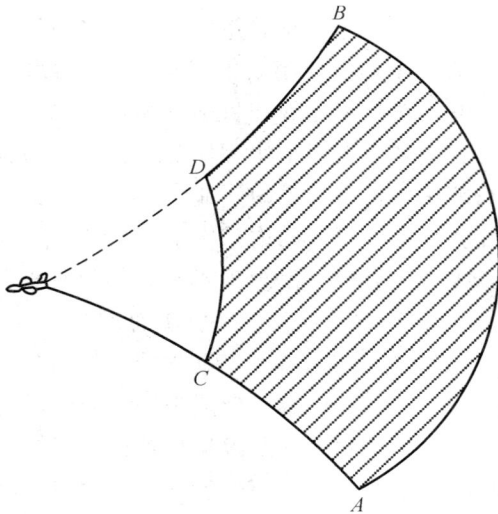

图 8-11 空空导弹尾后攻击区

早期的美国响尾蛇 AIM-9B 导弹、苏联的 K-13 导弹等，它们的攻击区均为尾后攻击区，载机只有从目标尾后发射导弹才能命中目标。

尾后攻击区中 AB 段为最大允许发射距离边界，CD 段为最小允许发射距离边界，AC、BD 段为侧边界。

2）全向攻击区

全向攻击区是导弹在目标前后及侧向的一定范围内均允许发射的区域。

具有全向攻击性能的导弹有美国的麻雀系列导弹、英国的天空闪光导弹、意大利的阿斯派德导弹、苏联的 R-73 导弹等。

全向攻击区中内边界为最小允许发射距离边界，外边界为最大允许发射距离边界。在全向攻击区中，迎头攻击的最大允许发射距离与最小允许发射距离明显大于尾后攻击的最大允许发射距离与最小允许发射距离。这是因为迎头攻击时，导弹与目标间的相对速度是两者之和；而尾后攻击时，则是两者之差。在同样时间内迎头比尾后飞行距离更远。

3）限制攻击区的因素

（1）限制最大允许发射距离的因素包括：

① 弹上能源工作时间。空空导弹上的能源工作时间是有限的，一般为几十秒，弹上能源耗尽后，导弹就失去了工作能力。

② 命中目标时导弹与目标的最小相对速度。导弹命中目标时，出于近炸引信的工作原理与引战配合的要求，对相对速度最小值是有限制的。相对速度低于该限制值时，近炸引信给不出引炸信号，导弹不能毁伤目标。

③ 导引头作用距离。没有空中制导的空空导弹，其发射条件之一是导引头在发射之前要捕获、跟踪目标。因此导引头的作用距离必须大于最大允许发射距离。

④ 导弹末速度。导弹末速度低于某限定值，则机动能力下降，难以命中目标。

（2）限制最小允许发射距离的因素包括：

① 安全与解除保险机构解除保险的时间。空空导弹飞离载机一定的时间和距离后，安全与解除保险机构才能可靠地解除保险，这时才有引炸战斗部的可能。在该段时间内导弹飞行的距离应与最小允许发射距离一致。

② 命中目标时导弹与目标的最大相对速度。引战系统对导弹命中目标时最大相对速度也是有明确要求的。距目标较近时发射导弹，命中目标所需的时间短，这时导弹的速度大，与目标的相对速度也大。如超过了引战系统的要求值，导弹就无法毁伤目标，这样就限制了导弹最小允许发射距离。

③ 载机的安全性。导弹命中目标爆炸形成的破片不允许对载机有任何危害，这也是限制最小允许发射距离的因素之一。

④ 导弹最大机动过载。如果发射距离过近，导弹最大机动过载可能满足不了机动飞行要求，难以命中目标，因此它限制了最小发射距离。

（3）限制侧边界的因素。限制攻击区侧边界的因素有导引头探测目标的方向性、导弹的机动能力、导引头的角跟踪范围等。

（4）攻击区中的死区。攻击区中死区是指攻击区不允许发射导弹的局部范围，如果在该区域中发射导弹，脱靶距离大，难以命中目标。

① 迎头攻击区的死区，如图 8-12 所示。红外型导弹迎头攻击时可能会出现死区。其主要原因是红外导引系统无法测得导弹与目标间的相对速度，导引系数中无法引入相对速度项，这样迎头攻击时，导引精度差，命中概率低。

② 侧向攻击区的杂波区。雷达型空空导弹在侧向下视攻击时，有杂波区，如图 8-13

所示。雷达型导引头是利用导弹与目标间的相对速度引起的多普勒信号进行目标跟踪的，并用它来检测目标。导弹侧向下视攻击时，导引头天线指向下方，天线主波瓣触地引起地面主瓣杂波。目标多普勒频率与地面主瓣杂波频率基本相同，而目标信号能量比杂波能量要小得多，这时导引杂波频率正好落入导引头带宽内，使导引头无法工作，这个区域称为杂波区。在该区域内不允许发射导弹。

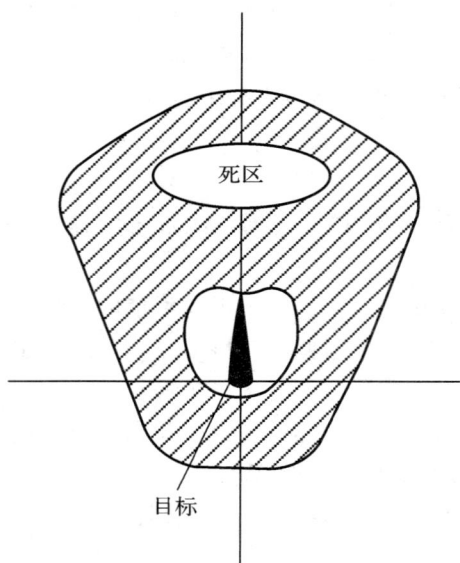

图 8-12　迎头攻击区的死区

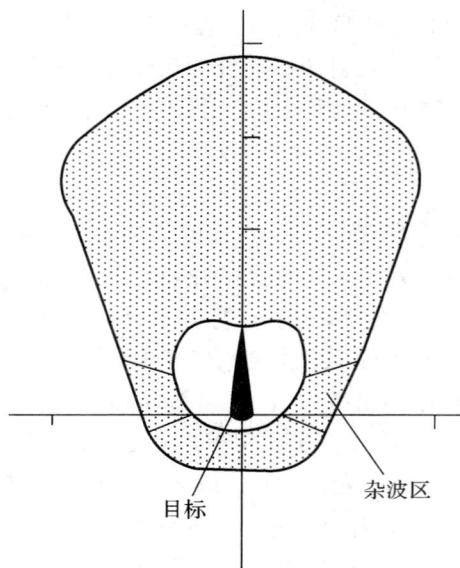

图 8-13　侧向下视攻击的杂波区

（5）攻击区的显示。空空导弹攻击区大小随导弹性能不同而不同。其最大允许发射距离、最小允许发射距离除受弹上能源工作时间和命中目标时相对速度等限制外，还与载机的速度、目标的速度、发射时的高度、攻击投影比等有关。在实际运用中，根据各种不同条件，将其内、外边界事先拟合成数学模型，导弹火控系统根据该模型计算出具体数值，并在显示器距离刻度标线上以一定的符号显示，同时显示出目标实际距离，飞行员根据显示信号可判断载机是否在导弹攻击区内。

2. 空对地导弹攻击区

地面目标和海面目标一般是固定不动的或是运动的，但其运动速度相对于导弹的飞行速度而言是非常小的。因此，在计算空地导弹的攻击区时，可以认为目标速度为零。

在对固定目标攻击时，同其他方向比较而言，在水平面内各个方向上对导弹的要求都是一致的。因此，计算并建立在垂直平面内的攻击区就足够了。这样的攻击区如图 8-14 所示，坐标系为 XOH，坐标原点为目标中心，X 轴处于水平平面内，指向导弹发射方向，H 轴处于垂直方向。区域 $ABCD$ 就是导弹的攻击区，边界 AB 取决于导弹的最小发射距离，边界 CD 取决于导弹的最大发射距离，而 BC 与 DA 边界分别取决于最大和最小发射高度。显然，空地导弹攻击区的计算可以这样进行：从最小导弹发射高度 H_{min} 到最大发射高度 H_{max} 之间取一系列的高度数值 H_{nl}，确定对应的最大发射距离 D_{nmaxl} 和最小发射距离 D_{nminl} 右侧的曲线，该曲线由各个坐标（D_{nmaxl}，H_{nl}）连接得到，是最大发射距离边界 $D_{max}(H)$；同样，左侧的曲线，由各个坐标(D_{nminl}, H_{nl})连接得到，是最小发射距离边界 $D_{min}(H)$。这样，计算攻击区的核心问题就是如何根据给定的高度值 H_n 计算对应的最小发射距离 D_{nmin} 和最大发射距离 D_{nmax}。

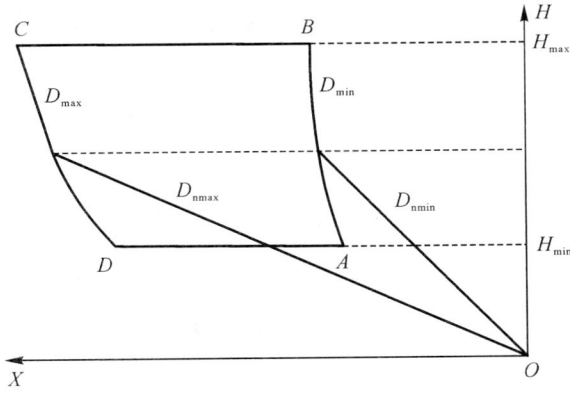

图 8 - 14 空地导弹攻击区示意图

第9章 空中力量作战任务及运用方法

9.1 现代空中力量行动的特点

空中力量作战（简称空战）是交战双方单机、编队或机群在空中进行的战斗。空战可在歼击机与歼击机、歼击机与其他机种或其他机种之间进行，运用近距格斗导弹、航炮进行的视距内空战和运用拦射导弹进行的超视距空战，是现代空战的两种基本样式。

超视距空战是在空空导弹射程、机载火控雷达探测距离均远距化的基础上，为适应空战中"先敌发现、先敌攻击"这一战术要求而产生的。它最早出现于20世纪60年代的越南战争中。20世纪70年代以后，随着机载雷达技术的进步，中距拦射导弹性能的提高和目标识别技术的发展，超视距空战的技术日趋完善。进入20世纪90年代，特别是在海湾战争中，超视距空战真正走上了空战舞台，成为一种重要的空战形式。超视距空战具有以下特点：

（1）攻击范围明显扩大。超视距空战的攻击范围扩大具体表现在攻击方向、距离、高度差和攻击机会等各个方面。超视距空战既可以尾后攻击，也可以迎头攻击，攻击的起点和终点均在目视范围之外。另外它还可以采用大高度差从高位或低位进行攻击。

（2）攻防态势具有较大相对性。这一特点主要表现在双方均具有超视距空战能力的飞机之间的空战中。视距内攻击时，一般从目标的后半球进入，攻与防、主动与被动的界限清楚；超视距攻击时，攻击方向多，攻击距离远，攻击高度差扩大，攻击的隐蔽性好，对方不易察觉；在双方武器系统性能大致相同的情况下，一方获得攻击机会时，另一方也有实施攻击的可能；如果运用的导弹不具备"发射后不管"性能，即使先敌攻击，但载机在控制导弹飞行过程中，仍有被对方攻击的危险。因此，超视距空战时，双方攻防之间的界限不明显，没有纯粹的进攻，也没有纯粹的防御，攻防态势更趋融合，必须注重攻中有防，防中有攻。

（3）空战机动的急剧程度明显减弱。视距内空战时，在双方相互被发现的情况下，攻击前为争夺有利攻击位置而进行急剧机动是一种必然现象。超视距空战由于攻击范围大，基本上没有攻击禁区，不必为进入有限的攻击区而急剧机动。当运用机动能力强的空空导弹，且载机武器系统有较大的离轴发射能力时，载机的机动过载就会变得更小。从目标方面分析，由于攻击距离远，目标机动时形成的目标线角速度很小，攻击一方以较小的过载机动就可以跟踪目标。从总体上看，只有在发射距离较近，或为了迅速搜索、截获目标需要将机头及时转向目标，以及为摆脱敌机攻击，才运用大过载机动。

（4）信息斗争变得更加复杂而重要。超视距空战中的信息斗争比视距内空战复杂得多，也重要得多。超视距空战中，双方都力争及早发现对方，被发现一方将会采用各种干扰、欺骗手段破坏敌方搜索、识别和跟踪,使其丢失目标。中、远距空空导弹多采用雷达制导,被攻击一方还可对来袭的空空导弹进行干扰,使其增大脱靶量或失效。同时,隐身技术和来自外界的电子干扰,也会增加超视距空战的信息斗争复杂性。实战经验证明,超视距空战中火力是否能充分发挥极大地依赖于信息,而不过分依赖于机动。因此,超视距空战中的信息斗争不仅十分激烈,而且在一定程度上对空战胜负具有决定性影响。

(5) 机载武器系统的作用尤为突出。在超视距空战中,能"先敌发现、先敌攻击"的一方往往享有很大的优势。这种优势与机载雷达的最大探测距离、空空导弹的最大射程及命中精度密切相关。当一方的空空导弹在射程和其他性能优于对方一定程度时,如能在发射空空导弹后不进入对方的火力范围,或能有把握脱离对方的火力范围,就可以有效地杀伤对方。相比较而言,武器系统的效能在超视距空战中的作用比在视距内空战中更为突出。

(6) 空战阶段发生重要变化。空战阶段是对空战过程的一般描述。视距内空战明显地表现为搜索、攻击、接敌和退出战斗四个阶段。在超视距空战阶段,空战既有一般空战的共性,也有其特殊性。超视距空战对信息的极大依赖,使搜索的重要性更加突出,攻击是歼灭敌人必不可少的关键阶段,退出战斗仍有其自身的意义。至于在接敌阶段,由于导弹的射程远,各个阶段划分有时并不明显,搜索的同时可能就在接敌,接敌和攻击之间也难以截然划分。所以,在超视距空战阶段,将以搜索和攻击为主,即空战过程主要表现为"发现—攻击"。

9.2　空战的本质与基本规律

空战的本质和基本规律在空中战术理论体系中占有重要地位,它是研究空中战术的理论基础。

9.2.1　空战的本质

空战的要素是指构成战斗的必要因素,它是规定或影响空战的各种情况和条件的高度概括。它主要包括:机动、火力、攻击、防护和信息。

(1) 机动。机动是指有组织地转移兵力或火力的行动。在战斗范围内所实施的机动,称为战术机动。它包括兵力机动和火力机动两个方面。兵力机动是指部(分)队或某一兵器从一个方向(地区)迅速转移到另一方向(地区)的行动。火力机动是指火器在原发射阵地不变的情况下,通过弹道的变化,将火力从一个方向转向另一个方向的行动。机动是空战中兵力运用的基本形式,是夺取和保持空中战场主动权的基本手段,也是达成歼敌条件的重要环节和提高生存能力的重要措施。

空战中的机动与其他军兵种相比,有以下鲜明的特点:

第一,机动的快速性。无论是作战飞机本身的机动,还是兵力、物资通过空中(输送)机动,速度之快,都是陆上、海上机动无法比拟的。

第二,机动的立体性。空战中,机动的形式多种多样,但都是在三维空间实施的,其立体性显而易见。它不仅能超越地面、海上机动时可能遇到的各种天然障碍,而且可以大大缩短机动所需的时间,及时改变战场态势。

第三,机动的频繁性。机动的频繁性是由武器装备和战斗行动特点所决定的。同时,现代作战理论的发展和空中力量地位的提高与作用的增大也是机动频繁的重要原因。

第四，机动的复杂性。导致空战中机动复杂的主要原因除机动本身是一个复杂的过程，需要周密计划、精心实施以外，主要源自两个方面。一是机动面临的战场环境更加复杂。机动与反机动是空战中敌对双方较量的内容之一。二是成功的机动必须以多方面的保障为前提。机动的战场环境复杂，要求实施机动时要组织多方面的保障。现代条件下空战中的机动，在很大程度上不是单一兵(机)种、单个战斗单元的行动，而是有时需要多个兵(机)种、多个战斗单元配合行动。当多个兵(机)种、多个战斗单元配合行动时，将加大组织与实施机动的难度。

(2)火力。火力是指弹药发射或投掷后爆炸所产生的杀伤力和破坏力。火力是武器效能的直接表现，而各种航空武器则是空战火力因素的等价物。空战中的火力按其打击的目标所处位置分为空对空火力和空对地火力。

(3)攻击。攻击是指主动进击敌人的战斗行动。空战中的攻击是运用各种航空火力对空中和地面(水面)之敌实施打击的统称。在空战中，由于实施攻击时火力与机动往往紧密地结合在一起，容易使火力与攻击这两种要素的界限变得模糊不清。实际上二者有严格的区别。火力表现为武器，是一种静态的因素；攻击则是武器的运用，而且在运用时与机动结合在一起，是一种过程。在这一过程中，除武器的运用外，还包括诸如战斗主体、武器运用平台位置的变化和各种战术的运用。

(4)防护。防护是指为使人员、装备和物资免受或减轻敌方杀伤破坏而采取的保护措施。广义的防护包括的内容十分广泛，如采用迷彩、遮障、假阵地、假目标等进行伪装，利用地下工事、人防工程、飞机洞库和掩体防备敌方空中袭击，分散配置人员、兵器及作战物资，减轻敌方空袭可能造成的损失等。在空战中，防护是保存自己的基本手段。防护与攻击共同构成实现战斗目的相辅相成的两个方面。

(5)信息。信息是指那些与组织实施空战有关的，决定空战诸要素的组合、运动方式相关的信息。如反映敌军编成、部署和所处状态的信息。

在空战中，信息要素的地位作用随着武器装备的发展和作战方式的变革而逐步强化。在空战中，信息是联结其他要素的纽带，是实施调控的桥梁，是决策的依据。空战中的信息要素与火力、机动、攻击、防护相比，没有外在的形态，缺乏实体特征，属于联结性要素。

空战的本质是指空战本身所固有的，决定空战的性质、面貌和发展的根本属性。空战的现象丰富多彩，易逝多变，具有外在性和表面性，能够为人们的感官所感知。人们可以根据不同的标准将丰富多彩的空战划分为不同的样式。而空战的本质则比较稳定，它贯穿于战斗过程的始终。它具有深刻性和不可直接感知性，只能通过抽象的理性思维来把握。

从以上对构成空战的必要因素的分析不难看出，空战是由机动、火力、攻击、防护和信息等要素组成的。没有这些基本要素，便没有空战。但是，这些要素不是孤立的、静止的，而是有着普遍的多方面的联系。在空战中，机动是有组织地转移火力(兵力)的行动；火力是武器装备的集中体现，是消灭敌人的物质基础；攻击是集中运用火力(兵力)对敌实施的打击；防护是保存自己的基本手段。火力通过机动和攻击有效地消灭敌人；攻击依靠火力和机动达成目的；机动能够提高火力、攻击、防护的效能；防护是保障火力、攻击、机动有效运用的必要条件；信息则是各要素的"黏合剂"，既是组织实施战斗的依据，也是控制火力、机动、攻击和组织防护的手段。诸要素相互渗透，相互作用，相互结合，决定战斗的形式，影响战斗的进程和结局。空战的本质就是敌对双方为达成一定的目的，在一定时间和空间内，凭借各种航空或防空武器装备，以攻击为主防护为辅，在信息、火力、机动等方面进行的全面对抗。

9.2.2 空战的基本规律

空战规律是指空战运动过程中存在的本质联系及其必然趋势。它是客观存在的，制约和影响着一切战斗。人们在实践中不断地揭示和认识空战规律，并以此为指导去争取战斗的胜利。如果违背了它，凭主观意志盲目行动，就会导致战斗的失败。空战有以下基本规律：

（1）空战是在一定空间、时间内进行的。战斗主动权取决于占有时空优势这一规律，其基本含义是，在空战中，只有在时间、空间上占有优势，才能掌握战斗的主动权。它是由武器装备和战斗行动特点决定的。

（2）空战的空间表现为战斗范围、运用兵力的多少，以及战斗兵力密度、气象、地形等。与其他战斗相比，空战中的空间具有特殊性，它集中表现为战斗空间的大立体性。广阔的空间是空中力量进行空对空、空对地战斗的战场，但是空间对空战具有制约作用。这种制约作用主要是通过高度、方位、距离、气象与地形等影响来体现的。不同的高度，不同的气象、地形条件，对空战活动有不同的影响。衡量敌对双方关系位置的方位、距离决定双方火力的运用效果。

（3）空战的时间表现为战斗的过程、阶段和时机等。其特点集中表现为战斗时间的快速性，即空战全过程和过程中的每个阶段都表现为持续时间短、节奏快，战斗中情况变化迅速，敌我主被动态势瞬息易手，战机稍纵即逝。因此，在空战中，要争取主动权，就必须要巧妙地利用空间和争取时间，即掌握利用空间换取时间和利用时间换取空间的艺术。

（4）在空战中，武器装备主要指各种作战飞机、机载武器系统，以及预警飞机、指挥飞机、电子干扰飞机、空中加油机等专用飞机和雷达等。它是火力、机动、攻击、防护、信息等要素的载体或主体。

武器装备决定战术，也就是说有什么样的武器装备，就有与之相适应的战斗方法，这是因为人们不能超越武器装备的战术技术性能去创造战斗方法。首先，武器装备是空战得以进行的基本条件。对于飞行人员来说，如果失去了飞机，也就失去了空中作战的能力。其次，武器装备性能是空战运用方法的客观基础。如：只有部队装备了拦射导弹和先进的火控系统，才能实施超视距攻击；只有部队装备了雷达和夜视瞄准设备，才能在夜间和复杂气象条件下进行轰炸；只有有了空中加油飞机，战术飞机才能实施长途奔袭作战。

空战实践表明，先进的武器装备容易形成较高水平的技术和战术，而武器装备性能落后，技术和战术的发展就会受到限制。武器装备性能的先进与落后是相比较而言的。对于一件具体先进的武器装备来说，不一定一切性能都先进，也不一定在任何战斗情况下都能彰显其优长；同样，性能落后的武器装备不一定一切性能都落后，也不一定在任何战斗情况下都不能彰显其优长。因此，对武器装备的新与旧以及性能的先进与落后，应该辩证地看待和具体地分析。在战斗中，应针对各种武器装备的不同性能，扬长避短，正确地运用战术。

在空战的历史上，有一个十分有趣的现象：数量庞大的辉煌战绩中，有很大一部分是由少数表现杰出的战斗集体和个人取得的。这一现象表明,那些能充分发挥武器装备性能、能创新战术、取得最大战斗效果的精兵对发挥空战效能具有重大的支撑作用。

这一规律是由以下空战对象和作战方式的特殊性决定的:一是空军的武器装备技术密集,操纵复杂,需要与之相适应的高素质人员;二是空战情况变化急剧,战场环境复杂,战斗过程短暂,战机易失不易得,在许多情况下,往往是"一锤定音",分秒决定胜负,只有体魄强健、头脑冷静、精力充沛、具有丰富战斗经验的优秀飞行人员,才能很好地适应这种战斗环境,及时正确地判明情况,不失时机地采取各种战术行动去赢得战斗的胜利;三是战斗行动独立性强,要求飞行人员必须智勇双全,对祖国无限忠诚,有严格的组织纪律观念,有视死如归的英雄气概和高超的技术战术水平。

(5)情报信息对战斗的成败具有普遍的重要意义。毛泽东说过:只有熟识敌我双方各方面的情况,找出其行动的规律,并且应用这些规律于自己的行动,才能取得作战的胜利。中国古代军事家孙子也说过:知彼知己,胜乃不殆;知天知地,胜乃不穷。他们所强调的这些,都是情报信息对作战行动的重要性。

空战行动有赖于高效的情报信息的规律,是指情报信息作为空战中信息要素的重要组成部分,对夺取空战的胜利具有特殊的意义,在许多情况下它对战斗胜败有着决定性影响。

空战行动之所以依赖于情报信息,是因为:一是空战突然性强,进程短,节奏快,判断和处置情况的时间十分短促,一旦情报信息稍有延误,可能导致战斗的全盘失利;二是组织实施空战时,既需要敌我双方各方面静态的情报信息,更需要敌我双方各方面动态的情报信息,缺少哪一方面的情报信息,都会影响战斗行动的顺利进行,甚至影响到战斗任务的完成;三是空战是在广阔的空中进行,空中没有任何坐标参照物,需要量化程度高的情报信息。情报信息的精确和量化是提高空战行动和作战指挥准确性的重要保证。

(6)空战的物资和技术保障主要包括油料、器材、弹药、车辆、军需、机场等保障,以及装备的战斗准备和技术维修等保障。物资和技术保障极大地制约着空战的规律,也就是说空战的胜负有赖于物资和技术保障。物资和技术保障可不断地向技术装备和人员提供能量、动力和生存保证,从而使空战得以实施和持续进行。没有物资和技术保障,空战就失去了必要的物质基础,也就没有了空战行动。物资和技术保障的主要特点有:一是空战基本上是不能伴随保障的,而是在地面相对固定的基地上,通过既设的保障网络来实施的;二是只要有一架飞机处于战斗状态,整个保障系统都要投入工作;三是技术性强,特别是武器装备维修和保养复杂,需要专门设备和专业技术人员;四是保障内容繁杂,专业门类多,物资、器材、弹药品种多;五是特种和贵重物资消耗量大,持续保障比较困难。上述特点的存在,使物资保障变得极为复杂,如果不能正确认识这些特点,周密地组织物资保障,空战将难以进行。

9.3　空中力量的主要作战任务

空战任务是航空兵承担的战术任务样式集合,是相对独立运行的最小任务单元,空战的战役任务筹划、任务执行、部队训练、能力建设都将以任务清单为基点。

1. 制空任务

制空的目的是确保己方运用空域,阻止敌方运用空域,包括进攻性制空和防御性制空两部分。进攻性制空又包括肃清空域、护航、压制防空、制空突击、打击高价值空中目标等任务；防御性制空又包括区域防空、要地防空、巡航导弹拦截和高价值空中资产防护等方面。

1）进攻性制空

肃清空域任务是指利用飞机扫除敌方空域特定部分的一切空对空威胁，往往处于一个进攻编队最前沿，为后续攻击编队扫除空中障碍。

护航任务用于保护空中作战中能力较弱的飞机免受敌方飞机袭击。此时，敌方防空系统可能部分被压制，作战对象是敌方的拦截飞机。护航任务的核心目的是保护飞机的安全，可以通过扰乱敌方防御态势、延缓敌方飞机防御反应达到护航的目的，但并不一定要求摧毁敌机。

压制防空任务的目的是摧毁或暂时降低敌方地面防空系统的能力，确保敌方地面防空系统不对己方空中力量造成威胁。压制防空可以分为两种情况，即前期区域压制和后期持续随机压制。前期区域压制任务面临的敌方防空体系健全，威胁程度高，但目标相对固定。后期持续随机压制任务面临的敌防空体系已经遭受一定损伤，威胁程度较低，但目标临时出现，要求作战飞机目标识别能力强，能够快速发现、识别并攻击临时出现的目标。

制空突击任务的目的是打击敌方地面飞机及为己方提供支持设施，使敌方飞机不能升空与己方争夺制空权，所打击的目标包括机场跑道、机库、指挥控制设施等，一般为固定目标。该任务一般在夺取制空权的初期执行，此时未完全摧毁或压制对方的防御体系，需要能同时攻击多个、分散的坚固目标。

打击高价值空中目标任务主要是指打击敌方预警机、加油机等至关重要的战区空中目标。该类目标一般位于战区后沿且有护航飞机保护，需要在有限信息支援条件下展开行动。

2）防御性制空

区域防空是指在相对较大的区域能执行防御任务，以保护己方地面力量免受敌方空中攻击。该任务面临的作战对象是敌方肃清空域的飞机，一般在己方空域进行，有己方较完备的信息支持。要求能够抗衡敌方来袭飞机，并能留有力量攻击敌方后续攻击飞机。

要地防空主要保护特定目标或有限空域免受敌方空中攻击，要求反应迅速，能够在地面起飞拦截，以及能够与地面武器系统协同拦截来袭飞机。

巡航导弹拦截任务将面临敌方在某一方向一次性齐射炮弹进行攻击的威胁，但受作战环境威胁程度较低。

高价值空中资产防护主要是指保护己方高价值空中资产免受敌方空中攻击。

2. 制地任务

制地任务包括近距空中支援和空中遮断两类任务。

近距空中支援主要是对接近己方友军的敌方地面部队进行打击，此时已基本取得制空权，但战场环境复杂，目标多样，且与友军和敌军的距离较近，容易受到敌军近程防空武器的威胁。依据战场环境的不同，近距空中支援任务包括野战近距空中支援、城市近距空中支援等任务。

空中遮断任务是指在交战前干扰、迟滞或摧毁敌方地面作战能力，所打击的目标一般为桥梁、交通线等，目标相对固定，此时已取得暂时制空权，作战环境威胁程度较低。依据战场距离的不同，空中遮断任务包括浅近纵深遮断和战役纵深遮断等任务。

3. 制海任务

制海任务包括突击舰船和突击海上交通线两类任务。

突击舰船任务目的是摧毁敌方舰船目标(属于海上慢速移动目标),此时敌方舰船上防空系统遭受一定压制,要求飞机载弹量大和武器当量大。

突击海上交通线任务目的是迟滞或摧毁敌方海上补给能力,打击目标为战场后方防护能力较低的舰船。

4. 制天任务

制天任务的目的是确保己方运用轨道空间,阻止敌方运用轨道空间,包括进攻性制天和防御性制天两类任务。进攻性制天任务包括发射场打击、轨道目标打击、链路干扰等任务。其中,发射场打击防御任务主要是指对敌方天基装备发射场实施打击,阻止敌方发射卫星等。轨道目标打击任务主要指对敌方运行在轨道上的天基装备进行致盲、捕获和摧毁。链路干扰任务主要指对地面测控和通信节点进行打击,对 GPS 信号、天基装备与地面的通信链路进行干扰。防御性制天任务包括发射场防御、轨道目标防护等任务。

5. 制信息任务

制信息任务的目的是确保己方运用电磁空间,阻止敌方运用电磁空间,包括进攻性制信息和防御性制信息两类任务。进攻性制信息任务包括信息攻击、电子攻击以及心理战等任务。其中,信息攻击任务主要指对敌方信息系统或信息本身进行攻击,但不改变信息载体的实体特性;电子攻击任务主要指对雷达、通信等实施防区外或随队干扰,向敌方传递错误的电磁信息,或利用定向能武器实施软杀伤;心理战任务主要指对敌方的心理、士气、意志等进行影响。防御性制信息任务主要包括电子防护、反宣传/反间谍等任务。

6. 战略打击任务

战略打击任务主要是指打击敌方重型和高价值地面目标,主要目标是港口、工厂、能源设施、指挥中心等大型建筑物,这些目标一般处于战场腹地。战略打击任务包括常规打击和核打击两类任务,其中常规打击任务又包括削弱战争潜力的打击以及影响战争进程的关键节点打击等任务。

7. 空中投送任务

空中投送任务主要是指利用空域向作战区域投送作战力量和支援保障力量,包括战略空运空投、战术空运空投等任务。战略空运空投任务主要是指远程、大范围、跨战区的战略投送。战术空运空投任务主要是指战区内战术级别的空中投送。

8. 情报侦察监视任务

情报侦察监视任务是支援性任务,主要为空中战役筹划和战术行动提供情报支持。其中,情报是指为作战规划和作战行动提供清晰、简明、相关、实时的目标情况分析,强调收集、分析、融合、选择、分发能力,形成战场情报准备的能力。监视是指通过视觉、听觉、电子、成像等手段,对敌方空中、空间、地(海)面、地(海)下的区域、地点、人员、事件等进行系统化的观察,强调持续性,不针对特定目标。侦察是对监视的补充,目的是获取特定活动或特定目标的信息,或者收集特定区域的气象、水文、地理特征信息,强调时效性,针对特定目标。

9. 空中加油任务

空中加油任务是支援性任务。按照被支援的任务类型划分,空中加油任务主要包括以下 6 种任务：核作战支援任务，主要是指保障核轰炸机 24 小时留空的空中加油任务；远程作战支援任务，主要是指保障远程奔袭作战的空中加油任务；机动支援任务，主要是指保障运输机空中投送的空中加油任务；跨区部署支援任务，主要是指保障航空兵转场的空中加油任务；持续作战支援任务，主要是指保障区域内飞机长期留空的空中加油任务；特种作战支援任务，主要是指为直升机等实施空中加油的任务。

10. 战场搜救任务

战场搜救任务主要是指搜索和救援失事机组人员的任务，通常需要压制对方防空系统和重火力点，包括部队、高炮、装甲车辆、建筑等，并将面临随机出现的防空系统，应具备低附带损伤攻击能力。

11. 空降及特种作战任务

空降及特种作战任务主要是指通过空中投送的方式向敌控制区域或政治敏感地区快速投送精干力量并遂行特种行动。

9.4　空中力量的主要空战活动方法

空战活动方法是遂行战斗任务的基本方法。每一次空战，无一不是通过运用相应的空战活动方法实施的。空战活动方法可分为对地面（水面）目标和对空中目标两类。

9.4.1　对地面（水面）目标的主要空战活动方法

压制、破坏和消灭敌方的地面（水面）目标，历来是空中战斗的主要内容。对地面（水面）目标的空战活动方法主要有集中突击、连续突击、同时突击、空中封锁、空中游猎等方法。

1. 集中突击

集中突击是指集中较多的兵力，在短时间内，对一个目标或目标群实施的空中突击。目的是彻底摧毁目标，并予敌方以精神上的震撼。

集中突击的主要特点是兵力、时间和空间都比较集中。所谓兵力集中，就是为达到比较大的火力密度，保证彻底摧毁目标，出动兵力的数量比较多；所谓时间集中，是指突击行动是在较短的时间内完成；所谓空间集中，就是集中突击时打击的是一个或分布在有限地域内的一个目标群。

集中突击时出动兵力的具体数量，通常由上级根据任务的要求、武器装备性能、目标的性质、飞行人员的技术水平等因素确定。其中，武器装备性能的优劣对集中兵力的数量影响最大。在其他条件不变时，如果运用常规炸弹突击，集中的兵力就比较多，而运用精确制导武器突击则出动的兵力大大减少。

集中突击时，突击兵力与保障兵力相对集中，在有限地域内兵力密度较大，协同的复杂程度加剧，各突击编队需特别注意搞好进入和退出目标的时间、高度、方向等方面的协同，防止相互干扰。集中突击通常用于对某些重要目标或目标系统的首次突击。

2. 连续突击

连续突击是指以较少兵力，在较长时间内，按适当的时间间隔，对一个目标或相邻数个目标连续进行的空中突击。目的是在较长时间内压制敌人，阻止敌人修复被破坏的设施。

连续突击的特点是空间上集中，时间和兵力上则比较分散。所谓空间上集中，是指突击的目标固定；所谓时间上分散，是指空中突击以若干波次按适当的时间间隔分批出动的方式实施，整个战斗活动持续的时间较长；所谓兵力上的分散，是指连续突击时，每一波次运用的兵力比集中突击时少，甚至可以单机或小编队出动。

连续突击时出动兵力的数量、波次之间的时间间隔，一般根据突击目标的数量、目标的防护能力以及敌方修复需要的最短时间等因素确定。

3. 同时突击

同时突击是指以若干编队在同一时间内分别对若干目标或某一目标系统实施的空中突击。目的是在短时间内摧毁彼此关联或性质相同的若干目标，使其同时受到打击而丧失作用能力。

同时突击的特点是兵力、时间集中，而空间分散。所谓兵力集中，是指同时突击时必须出动大量兵力，否则不能满足对多个目标突击的需要；所谓时间集中，是指所有参加突击的编队，必须在同一时刻到达各自突击的目标上空；所谓空间分散，是指所突击的是分布在不同地域内的数个目标。

4. 空中封锁

空中封锁是指为限制、分散和孤立敌人，对预定目标进行火力封锁的战斗活动。按战斗任务和封锁对象的不同，空中封锁可分为封锁机场、封锁交通、封锁战场等。

空中封锁的目的主要是破坏敌方的交通运输线和物资补给，割裂敌地面各部队之间的联系，为己方地面军队作战创造条件。封锁时突击的主要目标是重要的铁路、公路干线，桥梁和渡口，铁路车站的进出口道路，江河上的运输船，敌方第二梯队(预备队)及敌后勤补给线等。

5. 空中游猎

空中游猎是指以小编队或单机深入敌后，伺机袭击敌方地面目标，并结合进行航空侦察的战斗活动。

9.4.2 对空中目标的主要空战活动方法

现代条件下用于军事的航空器越来越多，因此与敌方空中目标进行斗争是最主要的任务，也是争夺制空权的重要手段。与敌方空中目标进行斗争的空战活动方法主要有空中截击、空中巡逻、空中阻击、空中护航和空中游猎等方法。

1. 空中截击

空中截击是指在指挥部的引导下，拦截并歼灭敌方空中目标的战斗行动。它是一种基本战斗活动方法，也是消灭敌方空中目标的主要手段。

空中截击的目的是使敌方空中目标在到达己方掩护地域之前，就遭到打击。空中截击的特点是截击活动完全是在指挥所的控制下进行的，截击效果受情报保障和指挥引导条件的制约。预警系统发现敌情越早，指挥引导越准确，截击的成功率就越高。空中截击分为机场待战转入截击和空中待战转入截击。

所谓机场待战转入截击，就是遂行任务的编队在待命状态下，根据指挥所的命令进行战斗起飞，在预定的截击线截击空中目标。机场待战是空中截击的基本出动方式。只要雷达情报及时准确，无线电通信保障可靠，指挥引导准确，通常能有效地拦截敌方空中目标。

其优点是出动的针对性强，待敌而动，可以避免浪费兵力。其缺点是发现敌情较晚或截击地段较短时易贻误战机。

所谓空中待战转入截击，就是遂行截击任务的编队在指定的空域内做机动飞行，随时准备根据指挥所的命令截击空中目标。空中待战转入截击的优点是先敌而动，可以在较远的距离上截击敌机；其缺点是，敌情掌握不准确时易浪费兵力，空中待战飞机可用于空战的时间减少。因此，空中待战是空中截击的辅助出动方式，通常在机场待战不能保证及时转入截击，或截击地段短不能满足作战需要时采用。

组织空中待战时，应当根据敌机可能来袭的方向、需要掩护的正面宽度、敌机活动的特点以及与友邻部队的协同作战关系、己方武器装备性能、机场位置等情况，科学确定待战空域的方向、数量和每个空域配置的待战兵力。

2. 空中巡逻

空中巡逻是指以较少的兵力，在规定的时间和指定的空域内进行的警戒飞行。空中巡逻的目的是监视空中情况，及早发现敌方空中目标，为己方地面、空中提供较多的预警时间，以便迅速采取防范措施。

空中巡逻时，巡逻空域应配置在敌机可能来袭的方向，并靠近己方雷达探测范围的边缘；巡逻空域的数量应当根据敌机可能来袭方向扇面的大小和可用于巡逻的兵力数量确定；各巡逻空域之间的距离应能保证不遗漏空中情况；巡逻兵力在空域内的飞行航线应当有利于增大发现目标的概率；当巡逻飞机发现敌情时，应当及时向指挥所报告。

3. 空中阻击

空中阻击是指在一定的时限和空域内运用较多的兵力形成空中屏障，阻拦和抗击敌方空袭的战斗行动。

空中阻击的优点是：便于集中兵力在一个方向或空域，造成局部优势，掩护较可靠；便于同时完成多种任务；空中兵力多，搜索范围广，相对减少对指挥引导的依赖。缺点是组织实施较复杂，兵力耗费大，特别是己方远距空战能力较弱时，易陷入被动。因此，空中阻击通常只用于夺取局部制空权、掩护陆（海）军主要部署和主要集团的战斗行动。

4. 空中护航

空中护航是指某部为保障其他部分遂行任务而进行的护送飞行。空中护航的目的是随时驱逐、歼灭敌方歼击机，或降低其抗击能力，使被护送的飞机顺利完成预定任务。按护送的航程，空中护航可分为全程护航和部分地段护航。护送航程的大小，在不进行空中加油的情况下，主要受被护送飞机的飞行速度和护送飞机续航时间制约。

5. 空中游猎

空中游猎是指根据敌机活动的规律，以小编队或单机深入敌后，伺机攻击敌方空中目标并进行空中侦察的战斗活动。与对地面目标空中游猎不同的是，己方飞机对空中目标游猎时，打击的对象是各类敌方空中目标，如正在起飞、出航、降落的单机和小编队，敌方机群中因负伤、故障而掉队的飞机，正在空中活动的加油机、预警机、运输机和直升机等。空中游猎组织实施的要求与对地面目标游猎时相同。

9.5　空中力量战术行动的基本原则

空中力量战术行动的基本原则是指空战行动依据的基本法则或标准。正确制定和贯彻空战基本原则,对取得空战胜利具有重要意义,而违背原则的行动往往会导致不利的后果。

9.5.1　战术优势

空战的胜利有赖于集中优势兵力,同时更有赖于充分发挥飞机的战术技术性能,争取和保持战术优势。在未来空战中,我们面临的基本情况是以劣势装备对付优势装备之敌。要战胜拥有优势装备的敌人,就得发挥人的主观能动性,依靠飞行员的聪明才智,以灵活机动的战术去弥补技术装备上的不足。

现代科学技术的发展,新技术的广泛应用,给空战战术带来了新的变化。有了新的技术,就会有新的战术。掌握了新的装备,就会有新的战法。而新的战术一经出现,便会有新的对策。然而战术又是客观的,是人的主观能动作用在战争中的反映。有效的空战战术总是适得其时,适得其地,适得其所,符合空战的客观规律,经过灵活运用从而取得空战的胜利。正因为如此,正确的战术总是空战双方都有意识地去争取的东西,它必将随着实际情况的变化而不断地得到创新。本小节将就什么是现代空战的战术优势、在现代空战条件下要夺取空中战术优势应强调哪些问题进行初步探讨。

空战中的战术优势主要是指空战时己方飞机在高度、速度和位置等方面争取和保持的有利于己方而不利于敌方的空中态势。

在空战中争取飞机高度、速度和位置优势,历来就为人们所重视。因为有了高度优势,就可以居高临下,对敌实施攻击;有了速度优势,就能够迅速接敌,迅猛攻击,迅速脱离;有了高度和速度优势,就能巧妙地运用垂直和水平机动动作,占据有利的攻击位置,选择最有利的攻击手段,将敌机击落。在实际空战中,高度、速度和位置等方面的战术优势是互相转化和互相作用的。有了优势的高度,就便于取得有利的速度;有了有利的速度,就便于迅速争取优势的高度;有了高度和速度优势,就便于迅速占据有利的攻击位置;有了位置优势,高度和速度优势的作用才能得以发挥。下面进行具体阐述。

1. 高度优势

对于高度优势,传统的观念是:空战中谁的高度高,谁就占优势。居高临下,攻击的方向和时机的选择都很便利,还可以利用高度换取速度,迅速接敌,突然攻击。

从以往经验来看,"高度高"在现代空战中已不再占有重要位置。或者说,在很多情况下,"飞得高"只能是利少弊多。因此"高度高"在空战中已基本上不具有战术上的优势。

那么,"高度优势"这个概念在现代空战中是不是不再存在了呢?不!从现代空战的特点考虑,将"高度优势"的概念理解为"优势的高度"似乎更为合适。也就是说,飞行高度应是该高则高该低则低。根据作战对象、敌我双方飞机及武器装备性能和作战环境等条件来综合衡量,凡是有利于发挥己机长处,便于先敌发现和隐蔽接敌、实施攻击的高度,不管是高是低,都是优势的高度。

综上所述,"高度优势"的概念在现代空战中已逐步被"优势高度"所取代。但是,高度优势的问题也不是绝对不存在的。在格斗空战阶段,当双方飞机经过机动,速度减小的情况下,有了高度优势将更便于迅速获得速度优势和位置优势。对这一点,我们仍应予以足够的重视。

2. 速度优势

对于速度优势,传统的观念是:空战中,谁的速度大,谁就占优势。速度大,便于掌握空战的主动权。速度小，较难掌握空战的主动权。

但是，飞机飞行速度的提高，却带来了"速度优势"这一概念的变化。

在现代空战中，已不是飞机飞行速度越大就越能占优。这是因为：第一，速度过大，转弯半径就大，飞机的安定性、操纵性则变差，这将不利于大机动量的近距格斗；第二，飞行员承受连续过载的能力是一定的，为了近距格斗而必需的目视识别距离也是一定的，速度过大，双方相遇时间短，不仅难于用肉眼判明目标，而且还要在机动过程中做长时间的大过载飞行。这就决定了近距空战必须在 1.4 倍音速以下进行；第三，现代飞机大多数不开加力则飞行速度很难超过音速，而开加力则油量消耗大，影响留空时间和飞行半径，因此，即使在出航、搜索阶段或是中、远距空战中，也不是速度越大越好；第四，空战中，如速度过大，则运用武器系统时的瞄准十分困难，不仅可能丢失机遇，而且搞不好还容易冲前造成被动；第五，在运用红外空空导弹进行空战的情况下，企图开加力增速，直线脱离则容易被对方所击落。

那么，"速度优势"这一概念在现代空战中又如何解释呢？根据以上叙述，以"优势的速度"来代换"速度优势"的概念似乎更为合适。这里的"优势速度"是指最便于发挥飞机机动性能，最有利于接敌攻击和摆脱、反击时的速度。这一速度并不能以一固定数值来衡量，而应该是该大则大，该小则小，大小适度，机动自如。

从飞机的设计指导思想及作战运用特点看，任何一种飞机都有其最佳速度范围。在这一范围内，飞机的机动性能最好，也最有利于发挥机载装备的性能。认真加强敌我飞机性能研究，对常用的空战速度进行详细的分析对比，找出双方飞机空战时的最佳速度范围，力争在空战中以"优势速度"与敌作战，从而取得空战的胜利。

3. 位置优势

对于位置优势，传统的观念是：处在敌机后半球比处在敌机前半球有优势。用机炮进行空战时，谁取得和保持"咬尾"态势，谁就取得了位置优势，并有可能将对方击落。所以，攻击的一方总是死死地"咬住"被攻击的一方，并不失时机地进行瞄准，以猛烈的火力进行射击。而被"咬尾"的飞机总是千方百计进行摆脱，力争转换位置，企图取得对敌方的"咬尾"态势。这是传统空战的招式。空战的位置（"咬尾"）优势是战术优势最重要的一环。争取高度优势和速度优势，是为了取得位置优势。有时甚至为了换取位置优势，而不惜舍弃高度或速度优势。全面占有高度、速度和位置优势是最理想的，也是人们所力争的，但一般却很难达到。因此，即使其他优势一时不能取得，只要有了位置优势，空战中就首先掌握了攻击的主动权。因此，在空战中位置优势的得失是个生死攸关的问题。

9.5.2　基本原则

空战基本原则的内容是有关指导空中战斗的理性认识。我国根据自己的实践，并参照外国空中作战的经验，从 20 世纪 60 年代起就对空战的指导规律进行了理论上的探索，研究和确定了空战运用的基本原则，现在又根据近些年局部战争中空战的新经验多次做了修改与完善，从而形成了具有中国特色的一系列基本原则。这些原则包括以下几点。

1. 积极进攻

"保存自己，消灭敌人"是战争的基本目的。只有通过积极的进攻行动，才能更有效地消灭敌人保存自己。积极进攻在空战中具有特殊的地位，是空战的重要原则。

首先，空中装备的特点要求空战行动必须强调积极进攻。空战具有猛烈的突击能力和快速的机动能力，长于进攻是它的"天然属性"。不论采取哪种形式和遂行何种任务，空战行动都具有强烈的进攻性。也只有通过积极的进攻行动，空战的猛烈突击能力和快速机动能力才能得到充分发挥。特别是在高技术条件下的中远距空战中，先敌发现，先敌攻击，对取得空战胜利往往起决定性作用。

其次，空战行动的特点要求空战行动必须强调积极进攻。空战范围广阔，时间短暂，节奏很快，争斗激烈，谁采取积极进攻的行动，出其不意地攻击对方，谁就易于达成战斗的突然性，争取到主动。空战大多没有自然屏障可以利用，采取机动摆脱的防守方法，最多只能避免被动，而不可能赢得主动。当处于被动状态时，只有以积极进攻的精神，采取反击行动，才能变被动为主动。

最后，只有强调积极进攻，不断歼灭敌方有生力量和削弱敌方兵力兵器，积小胜为大胜，才能改变敌我双方力量的对比，夺取战斗的最后胜利。

总之，积极进攻既要体现在战术意识方面，也要渗透到战斗决策、兵力编成、战术运用和战斗动作等方面。考虑战斗行动的着眼点，积极进攻首先和主要的任务是有利于积极进攻歼灭敌人。当出现有利于进攻的态势和条件时，要不失时机地采取进攻行动；当尚未出现进攻的态势和条件，不得不进行防御时，也要积极为转入进攻创造条件。

2. 集中运用

集中运用兵力就是在重要时节将兵力集中运用于主要作战方向，打击主要的目标。它是相对于兵力的平均、分散运用而言的。集中运用是兵力运用的通则，也是空战中兵力运用的首要问题。集中运用就在于它能形成拳头，增大打击力量，提高战斗效益；能改变一定空间敌我力量对比的态势，以局部的兵力优势促进全局的变化；能满足战斗中主要方向的要求，有利于解决战斗中的主要矛盾，达成预定的战斗目的。

集中运用兵力是一个极为复杂的问题，必须处理好以下几个关系。

1）兵力的集中与分散的关系

在空战中，需要遂行的任务（或打击的目标）较多，战斗需要的兵力往往与实际可能投入的兵力之间产生矛盾，容易导致兵力运用的分散。为了集中运用兵力，一方面要尽量避免不分轻重缓急地运用兵力，造成兵力的分散，另一方面要注意节约运用兵力，讲究战斗的效费比，以达成战斗目的作为兵力集中运用的尺度。同时，还要设法牵制与调动敌人，如以佯动、游猎吸引敌人，造成敌方兵力的分散，以利于己方兵力的相对集中，形成局部兵力对比的优势。从指挥体制方面来说，坚持统一指挥，是实现集中运用的根本保证。

2）兵力的数量与质量的关系

集中运用兵力，既要看数量，又要看质量。尤其是现代空中装备在性能、火力上差别很大，战斗指数相差悬殊。如果仅仅在兵力数量上超过敌方，并不一定能形成兵力优势。只有在数量和质量的统一上达成兵力集中，才能形成对敌兵力的优势。

3）主战兵力与支援保障兵力的关系

现代空战协同性强，既包含有主战兵力，又往往包含一定数量的支援保障兵力。合理运用各类力量，才能构成完整的作战系统。因此，集中兵力要着眼于整体作战能力的大小，不仅要集中一定的主战兵力，还要集中相应的支援保障兵力。

4）兵力的集中运用与分散配置的关系

为了提高生存能力，空中的兵力、兵器通常采取分散配置的方法，但这不能影响兵力的集中运用。空战时，应当在统一指挥下，发挥空中高速机动特性，将分散配置的兵力，迅速集中到战斗的主要方向，用于打击主要目标。现代局部战争经验也充分证明，随着空中高技术装备在战斗中的应用，集中兵力的方式也在发生变化。这种变化主要体现在两个方面：第一，尽量采用临时的、动态的集中，发挥空中加油机的作用，从不同机场起飞的飞机临时向预定作战地区集中。第二，运用远距离投射武器，从不同方向、不同距离上共同打击同一目标或同一系统的目标，以集中火力的方式实现兵力运用的集中。

3. 快速反应

快速反应是指战斗中能根据敌情变化，及时采取有效的应对措施。在空战中，快速反应是由空中装备运动速度大和战斗过程短暂决定的，是战斗行动的基本原则之一。在空战中，敌我对抗的重要内容就是通过速度争得时间和空间。有了时间和空间就有争取主动与优势的条件。一般来说，快速反应不仅有利于战斗初始争夺主动和优势，更有利于战斗后续的发展。在高技术条件下，兵力、兵器运动速度普遍增大，飞机的最大速度一般在两倍音速以上。这种变化使现代空战的时效性显著增强，时间的作用在升值，也对快速反应提出了更高的要求。

4. 隐蔽突然

隐蔽突然是指战斗过程中，千方百计地保守己方战斗意图和战斗行动的秘密，出其不意地打击敌人。隐蔽突然有利于捕捉战机，转变敌我态势，提高打击效果和降低己方损失，历来为兵家所重视。现代作战飞机的飞行速度大，航程远，打击目标的精度高，为对敌方实施隐蔽突然的打击提供了良好的物质基础。同时，飞机以广阔的空间为活动舞台，难以得到自然条件的掩护，只有采取各种战术手段保守己方战斗意图和战斗行动的秘密，才能完成预定的战斗任务。因此，隐蔽突然对指导空战行动更具有特殊意义。空战经验证明：凡是重视隐蔽突然行动的，无不从中得到战斗效益；反之，不注意隐蔽，事先暴露意图，往往是战斗失利的主要原因。

在空战行动中，达成隐蔽突然的途径多种多样，如进攻作战时善择时机、精选飞行航线，防空战斗中推前部署兵力、机动设伏等，都是屡见不鲜的手段。除此以外，还可通过秘密行动、欺骗伪装、乘敌之隙、突然运用新兵器新战术等达成。

高技术条件下，由于高性能侦察设备的广泛运用，使战场透明度增大，达成隐蔽突然较过去困难得多。因此，组织实施空战时，要认真分析敌方侦察设备的工作原理、技术性能，并以此为依据，研究有效的隐蔽措施，特别是电子战措施，否则，战斗中极易陷入被动。

5. 灵活机动

在空战中，由于每次战斗的条件各不相同，且始终处于急速变化之中，战术的运用也必须适应这种情况。灵活机动地运用兵力，就是要求指挥员和战斗员要按照战斗双方的情况，为争取主动地位和有利态势，做到敌变我变，或我变先于敌变，善于出奇兵和用奇术，以奇制胜，而不能墨守成规，呆板地挪用或重复运用某些战术（即使这些战术曾经是成功的，也是危险的）。

灵活机动的原则主要体现在灵活地集中、分散和转移兵力，以及灵活地运用与变换战术两个方面。即：战斗中，要适时地将兵力集中到主要方向(地区)，完成任务后，迅速将兵力转移或分散配置，以等待新的战机；善于根据每次战斗条件的不同，创造和运用新战法战胜敌人。

灵活机动地运用兵力还要在不违背上级意图的前提下，敢于机断用兵。在一般情况下，要坚定地贯彻和运用上级的用兵计划，但当出现新的情况必须改变原定用兵方案时，要敢于和善于果断机智地采用新的用兵方案，使战斗能更好地向实现预定意图的方向发展。

6. 密切协同

高技术条件下的空战，大都具有合同的性质。战斗的胜负，不仅取决于参战的各兵种、机种是否发挥了各自的战斗效能，而且取决于他们之间配合的默契程度。因此，密切协同是空战的重要原则。参战的各部在准备过程中，应当制定协同计划，实现各部行动的时间与地点、打击目标的顺序与方法、联络的信号与手段的协调一致；在战斗过程中应当根据空中、地面情况的变化，及时调整协同动作。只有这样，才能使参战的各部形成统一的战斗整体，提高整体作战威力。

7. 充分准备

不打无准备之仗，不打无把握之仗，每战力求有准备，力求在敌我条件对比下有胜利的把握，这是组织实施空中战斗的基本原则。要做到充分准备，应当抓好以下两个方面。

第一，知彼知己，周密计划。熟知敌我双方情况，是定下战斗决心、制定战斗计划、正确实施主观指导的依据。熟知敌情，主要是指熟知敌方的力量编成、力量部署和数量、兵器性能及战术运用特点等基本情况。熟知我情，就是要全面准确地掌握己方的实际能力、维修保障能力。只有熟知敌我，才能使主客观保持一致，否则，就会导致判断和决策的失误。周密计划是组织空战的重要环节。为实现周密计划应当采取五个方面的措施：一是针对具体任务、任务对象与任务条件等情况，确定有效的完成任务的指导思想和遂行任务的方法；二是充分预见战斗中敌方可能采取的行动，准备多种方案和措施；三是对参战兵力出动的时间、顺序和飞行诸元、攻击数据、协同动作等进行精确计算；四是对实现战斗计划的各种保障措施作出明确、具体的规定；五是在制定主要的战斗行动计划的同时，还要制定应急机动、防护疏散、紧急抢救抢修等配套的计划(预案)。

第二，战前认真组织有针对性的训练。特别是进攻型空战，深入敌区完成任务的难度大，通过严密组织战前训练，熟悉战斗程序和战斗行动方法，检验和完善战斗方案，对增大空战胜利的把握具有十分重要的作用。

另外，空战的突然性大，在没有充分准备的情况下投入战斗也是有可能的。在这种情况下，遂行战斗任务应当果断，不能因准备的不周而丧失战机。

8. 严密防护

严密防护主要是指技术装备和人员及设备的疏散、隐蔽、伪装和防卫。它是保存自己的必要手段，也是提高生存能力，保持持续作战能力的重要措施。

在战斗过程中，为做到严密防护，应当采取多种渠道和方法，及时准确地了解和掌握敌机来袭的情况，制定相应的防护计划和措施，充分利用防护工事、有利的地形和民众条件，果断地采取一切防护行动。这种防护行动不应是消极的，应便于从防护状态下迅速转入战斗状态。

9.5.3 贯彻方法

运用空战基本原则的关键是要紧密结合空中战斗实际,使主观与客观相一致。因此,贯彻空战基本原则时,必须着重把握以下 3 个问题。

1. 坚定性与灵活性相统一

坚定性与灵活性相统一,是正确运用战斗基本原则的首要问题。它是运用带普遍意义的空战基本原则,指导多种多样、千变万化的空战行动必须具有的科学态度,也是空战指挥艺术的集中表现。

空战基本原则正确地反映了空战的客观规律,具有严密的科学性,对空战具有普遍指导意义。所以,贯彻空战基本原则,认识上要坚定不移,行动上要高度自觉。运用原则的坚定性,主要是指在完整准确地理解原则内容的基础上,将其全面贯彻落实在空战的整个过程和各个方面的行动中,既不为错误的意见和建议所左右,也不为艰苦复杂的环境所动摇。

对空战基本原则的运用,还必须强调灵活性。所谓灵活性,就是按照实际情况灵活运用原则,即根据空战的不同情况,采取不同的运用方法。灵活运用原则的重要性,在空战中表现更为突出。这主要是由于空战快速多变和每次战斗的具体情况不同所致,而原则都是带共性的指导,不可能给每个具体战斗提供现成的答案。因此,对每一具体战斗来说,如何运用兵力和运用战术等,都必须由指挥员根据原则的精神做出抉择,采用不同的方法。

2. 在全面贯彻中突出重点

空战原则的内容是一个有机联系的整体,全面地运用原则,主要是强调注意原则内容的系统性和各条原则之间的联系,避免对原则内容的片面理解和割裂原则之间的联系。如:夺取时空优势是空战制胜的基础,但这个基础离不开集中运用兵力、快速反应、及时变换战术;充分发挥整体威力,既离不开兵力的集中运用和协调配合,也离不开灵活的战术和快速的机动;快速反应既是充分准备的直接体现,又是贯彻力争主动的必要条件,一旦行动迟缓,失去战机,集中了的兵力、协同好的计划都要落空。可见,只有全面地运用空战原则,才能发挥空战原则的整体作用。

空战的各条原则的地位和作用是不同的,其中有的原则占有更为重要的地位,能起支配作用。如在空战原则中,核心内容就是积极主动原则,它要贯彻于战斗指导的全过程,应该始终是运用原则的重点。同时,在运用原则的过程中,要从敌我双方的实际情况出发,当某个空战原则的运用对战斗胜负起决定作用时,就应着力贯彻这个有决定意义的空战原则,促成战斗的胜利。有重点地运用原则,还要体现在战斗的不同阶段之中。只有在空战中有重点、有针对性地运用空战基本原则,才能提高主观指导的有效性。

3. 在运用原则中大胆创新

在运用原则中大胆创新,是空战实践的客观需要。已有的空战基本原则都是在战斗实践中不断创新发展而来的,变化着的战斗实践要求创造新的原则与其相适应,而创造新的原则又都是在运用已有原则的过程中得以实现的。

在运用原则中大胆创新,主要是指在已有的原则不符合和不完全符合客观情况时,应根据新的战斗实际情况,总结新的战斗经验,充实、修改和变更战斗原则的内容,其实质是总结出新的原则,使之符合新的战斗实际,更有效地指导空战。灵活运用原则是指在不违背已有原则基本精神的前提下,使原则与变化着的客观战斗实际相吻合,其实质是使已有的战斗原则能更好地符合战斗实际情况。

在运用原则中大胆创新，必须要有很强的责任心和勇气，因为创新原则本身就包含着对已有战斗原则某种程度的否定，是一种新的探索和尝试，新原则用于战斗时可能带来很大的风险。创新原则必须要有十分严肃和科学的态度，坚持以科学的理论和方法做指导，以扎实的实践经验以及对敌我双方实际情况的透彻了解为基础。同时必须进行创造性思维，因为墨守成规、循规蹈矩、只求同不求异，不可能在战斗原则上有所创新。创新原则的正确与否，最终还要经过战斗实践的检验。

第 10 章　飞机建模与仿真

10.1　装备建模与仿真的基本概念

　　装备建模与仿真就是利用计算机和模型，对飞机系统及其体系构建相应的仿真系统，在仿真系统上对飞机系统及其体系在一定仿真条件下进行仿真，并对仿真结果进行分析评估的过程。建模是指对系统、实体、过程和现象的物理描述、数学描述和逻辑描述。仿真是指利用相似原理，利用计算机建立相关模型并进行研究的方法和过程。

　　建模、仿真的主要应用领域包括：

　　(1) 教育、训练和作战中的应用：用于可视化的再现作战的过程，也用于制定作战的战术、条令和规则以及开展作战的评估等过程。

　　(2) 设计和研发：用于辅助开展需求论证、工程设计的研发和系统的性能分析评估等。

　　(3) 试验与评估：包括性能试验、作战试验和在役考核等。

　　(4) 作战的筹划分析：包括作战的兵力部署、装备体系构成、成本分析等。

　　(5) 部署与后勤保障：包括编配数量规模、保障资源规划、保障人员数量等。

　　模型可以非常简单地被认为是从数据、过程、算法或其任何组合中构建的。装备的模型可以分为数学模型、静态模型、动态模型、逻辑模型和物理模型。

　　(1) 数学模型是一种抽象的描述型模型，它通过数学公式或者数学关系来表示。出于试验的目的，数学模型被用来对系统在试验中的行为/能力进行估计。这些估计被用来帮助设计试验案例，以评估试验的准备情况。同时模型的输出需要与实际测试结果相比较，以帮助确认模型的有效性和模型对系统行为的表述。

　　(2) 静态模型是一个不随时间变化的系统模型，例如，飞机外观模型就是静态模型，研究它就是研究飞机的外观而不是飞机在不同负载下的性能。静态(或稳态)模型代表一个处于平衡状态的系统，因此是时间不变的。静态模型可以是一个数学表示，也可以是一个被表示的系统的实际物理模型。

　　(3) 动态模型是一个随时间变化的系统模型，如事件随时间的发生或物体在空间的运动。风洞中的飞机就是一个动态模型的例子，用于测量不同的飞机角度。动态模型说明了系统状态中与时间有关的变化。与静态模型一样，动态模型可以是数学表示，也可以是被表示的系统的实际物理模型。

　　(4) 逻辑模型是一个系统执行过程的模型。例如，一个将软件测试和评估过程表示为一个阶段序列的模型。逻辑模型用于描述执行试验的活动的流程、顺序、操作或步骤，或者用于描述正在由一个系统执行的活动的流程。过程模型可用于支持计划/安排测试，也可以用来描述战术、技术和程序、任务进程和作战情景。逻辑模型可以被执行，从而辅助理解流程的逻辑和执行的效率,尤其是当使用者需要操控数学模型一起运作时,更能发挥作用。

(5)物理模型是一个模型,其物理特性与被建模系统的物理特性相似。物理模型被用来模拟实际系统(或系统的组成部分)的形式和配合。物理模型可以是有形的(例如,飞机是塑料或木制的复制品)或虚拟的(例如,三维计算机辅助设计(CAD)表示)。这些类型的模型可用于风洞测试、人为因素测试等。

模型的真实度是指模型与真实世界相比,其反映真实世界的准确性。真实的程度也就是仿真程度。例如,雷达的材料特性、嵌入式子系统、关键特性等模型是否考虑了雷达的真实截面积,以及是否考虑了雷达结构的载荷等。真实度越高,需要的模拟量越大,需要计算的资源需求也越大。

分辨率在模型或仿真中用于表示物体或功能的细节和精确程度,例如,在图像中可以区分的细节的精细程度。

分辨率更多的是考虑模型与对象在组成上的一致性,而真实度更多的是考虑模型与对象在功能上的一致性。

10.2　装备建模与仿真的类型及层次

10.2.1　装备建模与仿真的类型

装备仿真分为实况仿真、虚拟仿真和构造仿真。

1. 实况仿真(Live Simulation)

实况仿真也称为实装仿真,是真实的人操作真实系统。

实况仿真可以模拟或仿真真实世界的试验条件,试验仿真数据用以验证系统的功能和性能要求,还可以用来验证相关的仿真模型,以支持设计开发。

此外,实况仿真因为是真实世界的试验条件,由真人做出即时决定,所以非常适合于需要试验体系的部件、系统或子系统之间进行数据交换的试验活动。

除了上述优点外,实况仿真也有以下不足:

(1)在试验的时间进度上,因为资源或场地的冲突会受到影响;

(2)在试验设计上,因为实际试验条件不可控,会受到影响;

(3)在数据收集和分析上,会受到试验场地和条件的限制;

(4)试验仪器设备、测试仪器可能无法与被测系统兼容;

(5)试验的重复性由于地理、天气等原因,许多条件不可重现;

(6)试验的成本高,需要作战人员、场地、弹药、装备等大量的试验资源。

2. 虚拟仿真(Virtual Simulation)

虚拟仿真也称为半实装仿真,是真实的人操作模拟系统。

虚拟仿真优点是:

(1)可以避免实装仿真的高风险和高成本;

(2)可以重复试验,产生更多的数据和样本量;

(3)可以开展一些实况仿真无法开设的场景。

虚拟仿真缺点是:

虚拟仿真的一个重要限制是无法验证系统的可靠性、保障性等指标。另外还存在以下缺点：

（1）需要对虚拟仿真系统进行 VV&A（验证与确认）的过程，需要大量的时间和成本；

（2）模拟系统需要及时更新，从而与实际系统的功能相匹配，否则试验结果不可信；

（3）模拟系统需要与实装系统进行互联互通，存在接口匹配的风险；

（4）模拟系统的试验场景大多是固定的，新的试验场景和试验能力很难验证；

（5）模拟状态的可更改能力受到系统设计的约束，无法全面的适应各类操作人员的战术要求。

3. 构造仿真（Constructive Simulation）

构造仿真也称为数字化仿真，是虚拟的人操作数字化系统，也可以是真实的人操作数字化系统（只是更改参数，不操控）。

构造仿真优点是：

构造仿真优点可以模拟多个层次，即可以从单系统模拟到多系统模拟。此外，由于构造仿真是完全计算机化的，没有真实的人，也没有真实的系统，因此使用真实的人和真实的系统太危险或太昂贵时，可以采用构造仿真。

构造仿真的缺点和虚拟仿真类似，具体有以下几点：

（1）构造仿真无法对一些可靠性、保障性指标进行验证；

（2）模型的设计开发需要大量的时间；

（3）模型的 VV&A 过程同样非常复杂，需要耗费大量的时间成本；

（4）模型的真实度很难得到保证。

10.2.2　装备建模与仿真的层次

依据仿真的粒度，装备建模与仿真分为战役级、任务级、交战级、工程级 4 个层次，如图 10-1 所示。

1. 战役级

战役级建模与仿真功能定位于面向国防和军队建设发展趋势、武器装备建设发展策略、战区/军种装备领域体系构建等宏观战略问题，发展具备联合作战条件下对装备体系运用进行分析研究的能力，支撑开展战略/战役层面关注的军事资源优化配置、中长期装备发展规划、装备体系能力评估、装备规模结构分析、经费投向投量分析等论证评估工作。

战役级建模与仿真主要用于支撑军委/战区/军兵种/战役层级的指挥控制策略、力量运用、规模编成、保障资

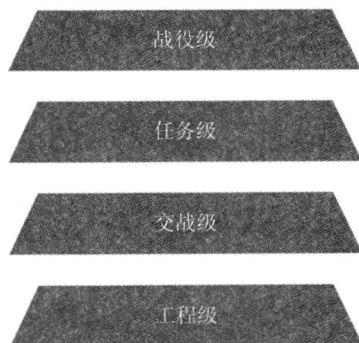

图 10-1　建模与仿真的层次

源需求等研究，也可用于作战人员开展部队编成、装备编配、资源投入与战役效果的关联关系等研究。

2. 任务级

任务级建模与仿真功能定位于面向装备体系作战运用、体系贡献率评估等体系研究问题，支撑开展作战任务层面的作战筹划、任务规划、装备效能、使用保障等论证评估工作。

任务级建模与仿真主要针对的是联合作战试验建模与仿真，是体系级别的作战建模与仿真，涉及装备，但还是以体系层、任务层为主。

3. 交战级

交战级建模与仿真功能定位于在体系背景下，面向装备系统一对一/多对多交战过程中作战效能、作战适用性等研究性问题，支撑开展武器系统作战能力需求分析、关键战技指标分析、作战适用性分析、作战测试与评估、战术战法研究等论证评估工作。

交战级建模与仿真主要用于支撑武器装备型号的立项论证、研制总要求及试验鉴定总案论证。对装备，对任务都有很强的要求和约束。

4. 工程级

工程级建模与仿真功能定位于面向装备部件/分系统设计、成本、制造成熟度、结构完整性、使用可靠性等研究问题，研究不同配置和使用条件下系统/分系统性能指标、关键参数分析研究能力，为交战级/任务级论证评估提供基础数据支持。

工程级建模与仿真主要是一些专业性的仿真，如动力仿真、飞行仿真、毁伤仿真、通信仿真、电磁仿真、控制仿真等。

10.3　装备建模与仿真的基本流程

尽管建模与仿真(M&S)在装备采办过程中得到了广泛的应用，但是目前针对装备建模与仿真的具体流程还没有具体的规范和标准。本书结合系统工程的思想，给出建模与仿真的基本流程，如图10-2所示。

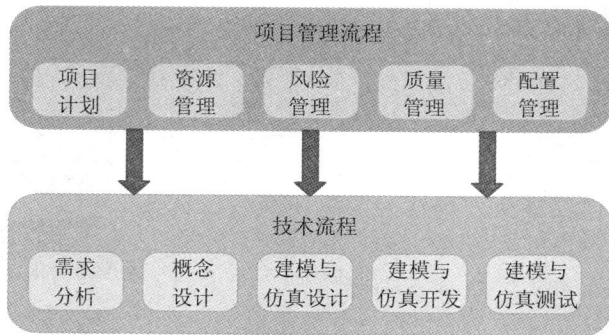

图10-2　建模与仿真的基本流程

建模与仿真的流程包括项目管理流程与技术流程，其中项目管理流程贯穿于技术流程的全过程。技术流程包括5个步骤：需求分析、概念设计、建模与仿真设计、建模与仿真开发、建模与仿真测试。

10.3.1　项目管理流程

项目管理流程主要是指管理活动，它覆盖了产品开发的每一个方面。虽然项目经理通常负责开展这些活动，但是建模与仿真开发人员则是确保这些活动被有效融入建模与仿真开发过程的直接参与者。

1. 项目计划

项目计划制定并实施评估和控制项目进展所需的规划资源。这包括在任务层面制定适当的工作分解结构（WBSs），也包括进度/预算信息和所需人员。

2. 项目控制/资源管理

项目控制/资源管理涉及项目计划的实施，项目经理通过实施资源管理可以不断比较和评估项目目标的进展。这也涉及确保可用的财政资源的使用是在规定的支出曲线之内。项目控制/资源管理包括管理和解决未预料到的问题/事项，以及在有必要偏离项目计划时确定/实施必要的纠正措施。

3. 风险管理

风险管理涉及如何在整个建模与仿真开发过程中识别和减少各种形式的风险（技术、进度、成本和计划）。风险缓解涉及减少不希望发生的后果和减少这种事件发生的概率。一个有效的风险管理计划将包括识别、分析和处理所选开发战略中可能存在的任何风险的方法与技术。这主要包括进行工程整合审查。

4. 质量管理

质量管理涉及对任何内部质量保证（QA）政策和程序的管理，以确保最终产品符合规定的质量标准。这通常包括定期进行审查，以评估质量保证程序的有效性、优势和弱点，还包括正在进行项目的适用性和应用。技术流程中描述的核查和验证活动是更广泛的质量保证工作的一个重要方面。质量管理内容包括：

（1）将用户专家代表和其他开发者纳入同行评审。

（2）在整个开发生命周期中使用专家经验。

（3）使用系统工程分析和文件。

5. 配置管理

配置管理涉及管理建模与仿真应用不断变化的配置，包括需求、文件、数据和其他工件。这通常涉及为建模与仿真应用的每个元素或组件分配唯一的标识符，并建立控制，使组件的变化产生应用的一致版本，并记录/跟踪所有的产品变化以保持全面的可追溯性。配置管理内容包括：

（1）使用一个标准化的"包装"方法来开发模型组件。

（2）文件模型抽象化。

（3）保持数据更新。

（4）建立一个配置管理系统。

（5）用元数据记录模型和仿真数据。

10.3.2 技术流程

1. 需求分析

需求分析的目的是为建模与仿真的设计开发提供输入，同时为建模与仿真的设计开发提供基本的依据和原则。这些包括所有类别的需求，以及所有为确保整个产品生命周期内需求的完整性和一致性而需要的活动。尽管需求可能在开发过程的任何阶段被完善，但所有与需求开发、分析或验证的任何方面有关的建模与仿真需求生成都将在这一环节完成。

1）分析用户需求

分析用户需求的目的是将高层次的用户的需求、要求、预期用途和期望转化为对建模与仿真应用的初步要求。在这种情况下，"用户"一词可以指任何有可能影响建模与仿真性质、用途的人，包括赞助商、最终用户和管理机构。这项活动包括定义产品使用的环境和约束(用户空间)。这项活动捕捉高层次的要求，并在相互竞争的利益之间进行裁决，以确定M&S产品必须支持哪些能力，以及哪些能力只是理想的能力。

（1）确定建模的用途。

当准备开发一个模型时，开发者应该通过以下问题确定模型的预期用途：

① 该系统在整个体系中的作用是什么？

② 模型在系统中的具体功能是什么，例如，是用户界面、接口设计还是统计分析。

③ 模型的关注点是什么？比如在训练中用户的角度或者是大型系统中，产品功能本身的角度。

④ 自身对问题的认识和相关的解决方案了解多少。

⑤ 这个模型的重要关键技术是什么？

⑥ 用户最终期望它完成什么？

⑦ 如何满足不同的用户需求和数据类型？

⑧ 当确定模型的适用范围时，应该简化哪部分？模型的细节和分辨率是多少？

⑨ 模型如何与环境进行交互？

⑩ 用户如何与模型交互？

⑪ 用户如何衡量模型是否正常工作？

（2）成立需求分析小组。

需求分析小组由跨领域的专家组成，可有效解决仿真时所涉及的新技术和专业领域中的问题。

2）分析系统需求

分析系统需求的目的是获得必要的专业领域知识，并将面向设计的用户需求转化为更详细的系统需求，作为建模与仿真设计的基础。这些需求是可以量化的，可以依据系统需求衡量开发工作是否成功。对需求进行适当的分析，以确保在对用户的某些限制条件下(如资金、设施和人员)，建模与仿真工作是可行的，并且所有确定的需求都是必要和充分的。

3）验证需求

验证需求的目的是增加用户的信心，使他们相信满足所提出的要求将产生一个完全满足他们需求的建模与设计应用。这主要需要验证设计和系统需求之间的可追溯性，包括验证用户所有的条件约束都被适当考虑。

验证需求的关键是如何构建用于验证的标准对象，可通过对相关专业领域专家问卷调查的形式开展，通过问卷调查的结果最终验证需求是否满足用户和系统的要求。

2. 概念设计

概念设计的目的是针对需要建模与仿真的现实世界的系统或任务，构建其可独立执行的概念描述，这一活动产生的产品通常被称为概念模型。这个概念模型可以作为许多设计和开发活动的基础，并且在合适用户的验证下，可以用于在M&S应用开发的早期纠正可能发生的错误。

1）设计概念模型

开发一个概念模型，以确定那些在建模与仿真领域内需要的相关实体，而且这些实体应该在设计中得到体现，以满足验证的需求。概念模型确定了每个实体的属性、每个实体的行为/性能、以及实体之间的静态和动态关系。在可行的情况下，并应该指定算法。

（1）通过仔细选择模型的行为和数据，建立重点模型。

当设计概念模型时，架构师应该关注以下问题：

① 如何建模以及如何选择系统需要重点关注的方向？

② 如何设计系统行为和环境的分模型？

③ 系统重要部分的作用是什么？

④ 模型需要多大的灵活性和采用何种组合型？

⑤ 相关的数据和模型的来源有哪些？

（2）使用一种正式的语言将需求与概念模型联系起来。

UML/SysML 图可用于需求分析和概念模型的创建。UML/SysML 图包括需求图、用例图、参数图等，其中需求图和用例图可以用来表述目标、活动、序列、状态机，参数图可用于建立可追溯的动态模型。

（3）使用一个标准的过程来创建一个概念模型。

概念模型的构建包括以下过程：

① 定义用例；

② 定义流程和数据流模型；

③ 将主要概念定义为类；

④ 定义类之间的静态关系（聚合、组合、继承等）；

⑤ 定义类的关键属性；

⑥ 定义连接类的方法；

⑦ 定义类之间的动态关系；

⑧ 定义典型的应用场景；

⑨ 用属性和方法完成类图；

⑩ 如有必要开发更多的类。

（4）选择具有领域专长的计算机科学家加入概念建模团队。

好的概念建模团队应由具备专家经验的计算机专家组成，具有计算机技术和领域专家经验，两者缺一不可，否则很难建立起真实世界和仿真环境的关系。

（5）用语义来增强逻辑数据模型。

使用逻辑数据模型来规范模型的输入，同时数据的通用性是在语法层面实现的互操作性的基础（数据是以标准格式进行交换的），对于更高层次的互操作性，不仅是数据，而且其背景也需要标准化。

（6）创建一个数据字典。

创建数据字典的目的是用标准性的元素来表示模型，并确保模型术语的一致性。数据字典包括：分类、属性、操作、值、元数据、单位等。数据字典可以在不同的建模仿真系统中复用，每个建模仿真项目可以根据需要来扩展数据字典。

（7）在仿真系统的概念模型中包括完整的仿真规范和背景。

仿真概念模型中要包括以下信息：

① 仿真描述性信息：模型识别信息(版本、日期等)、更改历史信息等。

② 仿真背景：目的、预期使用说明、预期用途、约束、规则、假设等条件。

③ 仿真概念：任务空间表示(仿真元素、仿真开发描述)、仿真空间功能。

④ 仿真要素：实体定义(实体描述、状态、行为、事件、因素等)、过程定义(过程描述、参数、算法、数据需求、假设、约束条件等)、自然环境描述。

⑤ 验证历史：建模仿真目标的校验和验证、验证报告和概念模型评估报告等。

⑥ 总结：现有概念模型的局限性、现有概念模型的能力清单、概念模型的设计计划等。

⑦ 使用用户都可以使用的标准符号对概念模型进行格式化。

⑧ 将概念建模与知识获取/知识工程相结合。

概念模型的设计是一个不断迭代反复的过程，它决定需要获取哪些知识并工程化，并且在整个的建模过程中需要进行修改，模型设计既包括概念模型设计，也包括代码设计。

2）验证概念模型

验证概念模型的目的是验证概念模型在所关注的问题空间方面是准确和完整的。通过审查，以确保定义的模型具备可操作性，并且总体上概念模型完全满足用户的要求。由于建模与仿真过程存在密切关系，概念模型的验证经常与需求验证同时进行。

（1）记录实际输出的可测量标准。

对于实际的输入和输出数据，需要建立一个可量化的模型，同时需要借用相关的科学理论、函数关系和数据。

（2）使用一个标准化的概念模型来减轻仿真设计中用户的主观性。

建模与仿真的质量在很大程度上取决于其设计开发者，而不同的设计开发者对特定领域的建模仿真可能有自己的主观理解。为了减少这种主观理解，可以建立一个可追溯的概念模型。通常可以使用标准化的设计工具，如 UML 来实现这一过程。

（3）让决策者参与模型开发过程。

决策者是该模型的主要用户，决策者必须参与到模型的开发过程中，特别是在概念模型阶段。输出模型具有高分辨率和标准的可视化效果，并不意味着具有高有效性，但在一定程度上可以让用户感受到感知上的可信度。用户需要了解仿真是怎样运行的，以便对最终的仿真和输出产生信心。

3. 建模与仿真设计

建模与仿真设计的目的是设计建模与仿真应用系统。这通常是以迭代的方式进行的，有多个分析、综合和验证的循环。设计循环的数量主要是由建模与仿真应用系统的复杂程度决定的。

1）功能分析

功能分析的目的是将经过验证的系统需求和概念模型转化为一套完整的所需的建模与仿真功能架构，功能架构包括建模与仿真系统的功能或子功能特性的描述，如实体状态、触发条件和功能接口(如输入/输出)都应该在这个时候被描述。

2）综合设计

使用功能分析和概念模型就可综合设计产品的物理架构。架构包括系统元素的组织及这些元素的分解(根据需要)、内部和外部接口，以及设计约束。最终的设计方案应该提供支持建模与仿真应用开发所需的所有信息，包括：

（1）区分建模和仿真的区别和联系。

一个明确的可组合的模型与其环境和交互组件是有区别的，模型代表的是系统的功能，而仿真代表的是控制组件和接口。

（2）使用来自权威认证的模型和模型组件。

在开发建模与仿真系统的过程中，应尽可能使用已有的模型和组件，同时开发者需要关注已有模型的适用范围和相关的接口。

（3）根据完整的问题描述选择输入数据项。

在设计数据产品和检索系统时需要考虑以下因素：

① 背景信息，包括谁、哪里、何时等背景信息；

② 目标，即为什么选择这个背景；

③ 战略、规划和战术，即背景如何实施；

④ 场景中包括哪些实体资源；

⑤ 实体的属性和特征；

⑥ 环境信息；

⑦ 成本约束。

（4）定义不确定性模型。

描述模型的不确定度，包括置信度函数的置信因素、经验概率、不确定度、经验概率和模糊集等。

（5）在建模仿真中使用设计模式。

设计模式可有效地解决软件开发中的许多问题，在建模与仿真设计开发过程中应尽可能地使用设计模式。

（6）平衡建模需求和数据考虑。

当需要通过数据构建模型结构的时候，要考虑数据的来源和性质，以及管理和构建数据库可能存在的问题。另外在设计算法模型时必须考虑验证数据。

（7）设计数据存储和检索架构。

硬件和软件的数据架构提供对数据的快速、可靠访问，从而解决复杂的多任务、多程序活动。

（8）在设计建模与仿真系统时要考虑到数据源的可信性、可用性。

数据来源的可信性和可用性会影响建模与仿真设计，在使用数据时需要考虑以下数据来源：历史数据、训练数据、测试数据、专家数据以及其他模型的数据。

（9）将具有不同分辨率的模型的数据进行分组和分离。

如果建模与仿真需要更高或更低分辨率模型的数据，在使用前需要对模型数据的格式进行调整，并进行聚合或分解，从而满足建模与仿真的需求。

（10）将未知数据与不可知数据区分开来。

（11）使用智能分析方法来处理不可用或不可知的数据。

（12）在可能的情况下，采用普遍接受的图标、符号、形状和颜色来代表模拟实体。

（13）在（重新）使用一个模型作为组件之前，要评估它的适用范围。

（14）创建分析数据模型和记录数据模型，以方便获取和使用仿真输出数据。

（15）在需要的地方使用标准。

（16）将数据 I/O 接口与模型代码分开。

（17）为 I/O 数据使用标准化的逻辑数据模型和格式。

（18）根据仿真使用情况的完整视图选择输出数据项目。

（19）将模型设计成具有松散耦合的组件。

3）验证设计

验证设计的目的是验证系统是否完全满足所有规定的要求，是否与它的概念模型一致，包括它的功能和物理结构。这是设计过程中的一个连续过程，从需求到功能表示及物理表示的可追溯性是首要关注的。

4. 建模与仿真开发

建模与仿真开发的目的是依据建模与仿真的设计开发具体的建模与仿真应用。这主要涉及实施一个受控的软件开发过程来实现产品设计，即使是独立的建模与仿真应用也有可能有硬件在环。这个阶段通常需要与后续阶段定义的测试活动进行大量的反复。

1）建立软件开发环境

建立软件开发环境的目的是获取和安装（如有必要）一套综合的支持性软件与硬件产品，共同建立起软件开发人员所需的环境，以高效和有效地开发所需的建模与仿真应用。这包括诸如操作系统、主机、建模框架（如 MATLAB）、可重复使用的代码元素、调试辅助工具和可视化设备等产品设备。一个整合良好的开发环境可以大大减少实施建模与仿真设计所需的时间和精力，它应该包括：

（1）使用情景生成工具来提高连续性和效率。

（2）为建模与仿真应用的静态和动态设计选择正确的架构工具。

2）实施开发

实施开发的目的是通过实施开发来产生预期的建模与仿真应用。这包括创建与设计元素相对应的软件元素，并将这些软件元素组成一个统一的建模与仿真系统。具体的开发方法由开发团队根据用户的限制来决定，但应在建模中采用常见的随机数。

5. 建模与仿真测试

建模与仿真测试的目的是确保开发的建模与仿真系统满足所有的需求和用户的期望，这个过程的输出是最终的建模与仿真系统。

1）模型校验

检型校验的目的是确认需求被建模与仿真应用正确地实现。这包括单个建模与仿真组件的单元测试，以及系统级测试，以确保所有的接口都能正常工作。当发现故障/错误时，必须确定并实施适当的纠正措施，这可能涉及对早期设计/开发活动的回环。

2）模型验证

模型验证的目的是确保建模与仿真的应用在实际应用时，能满足用户需求中的所有功能需求。这可能包括功能演示或用户的其他功能检查要求，或者需要一个试用期，以及用户报告在正常使用过程中发现的任何故障/错误，并确定和采取纠正措施。用户的满意度是这项活动的主要依据。模型验证内容包括：

（1）收集仿真对象信息。

（2）将定性的专家经验分解为定量的指标。

（3）根据每个功能用途验证模型。

10.4 装备建模与仿真技术

10.4.1 装备建模与仿真方法

作战模型建模与仿真的方法有很多种，但从本质上来说都可归纳为两大类：面向过程的建模与仿真方法和面向实体的建模与仿真方法。

1. 面向过程的建模与仿真方法

面向过程的建模与仿真方法是作战仿真模型构建的经典方法，也是作战仿真模型构建的重要方法。"过程"是各个领域都被广泛应用的概念，作战仿真建模领域中的"过程"主要是指作战实体为完成作战任务而实施的作战活动序列。

构建作战仿真模型，需要对所研究作战问题领域中所涉及的各类、各个层次的作战过程、作战行为，特别是作战实体的行为规则、作战实体间的交联行为和对抗行为等，进行抽象描述和定义。对绝大多数作战仿真的设计者和参与者而言，通过过程来理解、观察和跟踪被研究的作战活动，可能比通过实体来观察更加直接，更加习惯和更加容易。因为面向过程构建的作战仿真模型呈现在人们面前的，首先是他们所关注的作战系统功能、作战编组能力和作战行动序列及其结果，在流程和逻辑上是总体一致的。

在面向过程的作战建模与仿真方法中，对作战行动的抽象和描述是首要步骤，其基本目的是把包含过程本质和特征的信息，以结构化、形式化的方式表示出来。除了行为、活动本身之外，当然也包括行为主体的状态、功能、行动及其交互关系。面向过程建模与仿真总是首先从分析作战过程入手，区分作战阶段、作战任务和作战行动，并描述它们之间的关系，然后分析各作战行动的主体、实体行动的规则、行动的效果、影响行动效果的因素，从而构建出一个个模拟作战行动的模型。其次是通过作战行动的逻辑关系形成模拟作战任务的模型，进而形成模拟整个作战过程的模型。

可以采用多种方法来完成上述过程，例如行为树方法。行为树是按照一定的原则，将作战任务、作战过程、作战行动直至一系列由某个实体可直接进行的活动，进行递推式分解而形成的。分解的原则，从横向上看总体要具有完备性、一致性和可逆性，从纵向上看总体要具有独立性、可描述性和原子性。在行为树的节点上，既可以反映出该位置上的行动过程，也可以描述与之相关的作战决策。行为树结构可以将各类过程、行动、活动之间的先后顺序、并行关系、转移关系、触发关系、交互关系、合并关系等，都清晰地表现出来。当然，分解的粒度并非一定是越细微越好，要在需要和复杂度之间权衡。另外一种方法是过程表示图，其内容也是描述各种作战过程、作战行动，包括层层分解后得到的活动集，涉及作战实体以及这些活动之间的各类关系等，除此之外还要说明活动发生所需的输入条件或者触发条件、参数，活动发生的背景状况、影响因素等。相应地，作为过程表示图的子图，活动表示图主要详细说明前者中所列出的各个活动的相关信息，图 10-3 所示是用统一建模语言（UML）构建的形式化活动表示图示例。

在图 10-3 中，用泳道表示执行动作的实体，放在某个泳道中的任务或步骤表示其动作的主体是该泳道表示的实体。实体动作之间存在着顺序执行、并发执行、重复执行、迭代

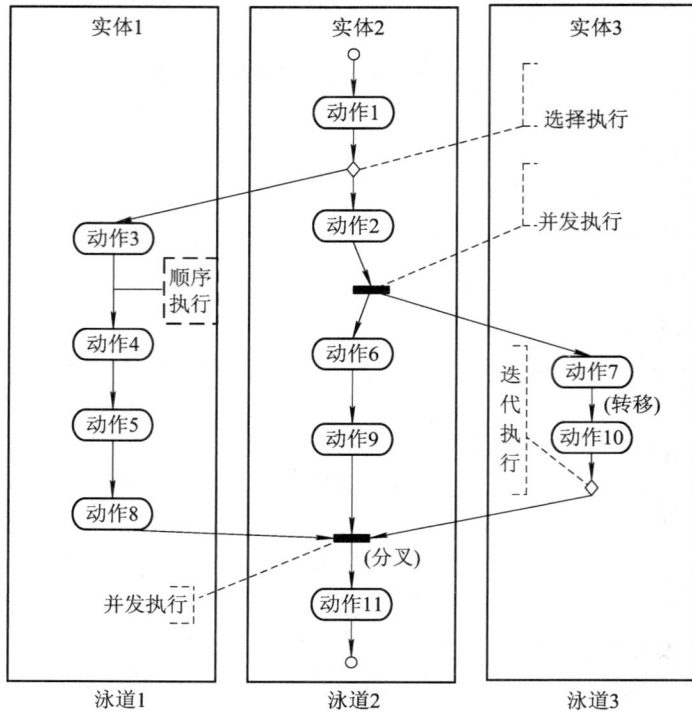

图 10-3   活动表示图示例

执行和选择执行等几种关系,它们反映了在一个任务执行过程中不同作战实体的行为控制流关系。顺序执行是指一个动作在另一个动作结束后进行,用 UML 转移描述。并发执行是指两个或两个以上的动作同时开始执行,用 UML 分叉表示。重复执行是指动作的反复执行,用一个菱形的判断标志描述,当条件满足时,迭代执行结束。选择执行是指从多个动作中选择一个动作执行,也用 UML 中一个菱形的判断标志描述,执行条件满足的动作。

除过程表示图和活动表示图之外,还有一种方法是状态图,与前面两种方法相似,只不过着重从过程状态以及状态间转移的角度来描述行动和活动的各个细节。此外,也可以采取分级的、规范化的叙述方式来对各个过程的众多关键方面,如所包含的活动、活动实体、活动输入与输出、活动间关系等,进行描述、表达和说明。

2. 面向实体的建模与仿真方法

面向实体的建模与仿真方法源于面向对象分析与设计方法。随着面向对象方法的兴起及其主导地位的日渐确立,面向实体的建模与仿真方法正逐步成为作战仿真模型构建的主流方法。其中深层次的原因主要在于军事背景条件特别是军事需求的内在变化,而不在于单纯的建模与仿真技术方面,包括信息化条件下作战仿真所关注和聚焦的层级越来越具体、细化,所要求的仿真分辨率更高,表现和分析的粒度更小。另一方面原因是,某些高、精、尖作战实体的作战表现所产生的影响和效果可能远远跨越了其所属的层级范围,作战任务的完成、作战行动的实施也常常表现出以实体的行为和属性状态改变为中心的特征。此外,基于装备实体的建模和仿真能力,以及在此基础上的组件式模型开发能力、分布交互式仿真小组成员开发能力,随着相关基础技术的日渐成熟和硬件条件的日渐充分,也为面向实体的作战仿真模型及其体系构建提供了重要的基础条件。

面向实体的建模与仿真方法是以实体的属性和行为为核心展开的,作战任务、作战行动、作战规则、作战关系等,也都最终体现在对作战实体各个方面的描述和定义中。在作战仿真实体建模中,"实体"主要是指作战体系中执行作战任务的作战单位和保障单位,是兵力、兵器结合的有机整体;此外,也包括与作战行动相关的基础设施,如机场、交通枢纽、电厂、电网、通信系统等。至于这些单位细分到什么层级,取决于建模与仿真的需求。有的情况下要求将单个武器装备作为实体来描述,有的情况下则可能将包含多种武器装备和相应作战兵力的某个作战编组作为实体。

面向实体的建模与仿真尽管最后要通过各个作战实体来表现和描述作战体系,但首先仍然是从作战过程和行动的分析中,提取出参与这些作战过程和行动的作战实体,研究分析作战实体所处的作战环境、基本属性、结构、任务和行动。因此也可以说,面向实体的建模与仿真在军事概念建模的初始阶段仍然是基于过程的。

作战环境的描述内容主要包括自然环境(地理、气象和水文等)、电磁环境(对抗电磁环境、人工电磁因素、自然电磁现象等)、人文环境(民族宗教、社会习俗及其相关环境等)。作战任务的描述内容主要包括作战等级、军兵种类型、作战地区、作战目的、作战样式、作战方法、作战阶段、作战时间等。作战行动的描述内容包括执行的实体(集)、开始条件、结束条件、行动目标、相关实体等。这些都是实体构建的基础信息。

在此基础上,以形式化、结构化的方式对作战实体进行分析、抽取和描述。首先是作战实体的区分。区分的标准按照作战仿真建模要求可以有多种,例如,可以按照作战编组的层次性结构将作战编组向下的二级至三级作战单位区分为实体,也可以将临时派出单独执行作战任务的作战单位(虽然级别较低)列为实体,还可以把一些大型的、重点的或杀伤力大的武器装备区分为实体等。最后通过实体区分得到实体列表,其中包含名称、类型、标识、上级实体、下属实体等最基本的信息。

实体属性列表、行为列表和结构关系列表是面向实体建模与仿真时非常重要的 3 个分析表。其中,属性列表的设置根据建模需要而定。实体的行为列表表示一个实体可以执行多种任务,每个任务通常由多个行动所组成。属性和行为是实体的两个重要方面,缺一不可。实体类就是由实体属性和实体行为所封装而成的。实体行为(包括任务和行动)可以逐层进行分解,并通过文本叙述、列表和流程图等方法,分析和描述实体行为的效果与结果、行为规则、行为间逻辑关系、空间关系、时间关系,以及影响实体行为的因素等。

实体结构关系表包括实体分类关系表和实体关联列表两种类型。其中实体分类关系表主要用于表述实体类之间的层次结构关系,高层类凝聚了低层类的共用属性和活动,而后者一方面要继承前者的特性,另一方面增加了特异性的细节延伸和扩展。构建分类结构表的基本原则包括:前面区分好的实体类都必须容纳在其中,一个实体类只能在表中出现一次等。实体关联列表主要用以表示作战实体间存在的复杂的相互关系,包括指挥、控制、信息交换、支援、保障、协同、对抗等,实体关联列表就是要将这些关系进行系统的分析和表示。进行分析和表示可以有两种思路:一是从关系出发,将每一种关系所涉及的作战实体、关系性质、关系行为等进行详细分析和表述,这种方法比较适合于实体较多,但关系总体比较简单的情况;二是从实体出发,将每一个实体所涉及的关系,包括关系对象实体、关系的性质、关系行为等进行详细分析和表述,这种方法比较适合于实体较少,但关系总体比较复杂的情况。对于实体较多、关系也比较复杂的情况,通常也按照后一种思路进行。

10.4.2　军事概念建模与仿真过程

军事概念建模与仿真过程是指导建立军事概念模型的过程,建模与仿真过程首先要明确建模与仿真的边界和约束、有关参与人员和建模与仿真的目标,并在此基础上确定军事概念模型的建模与仿真步骤、详细要求、工具和风格,以及这些步骤之间的相互关系,最后确定模型检查、反馈和管理的要求等,如图 10-4 所示。

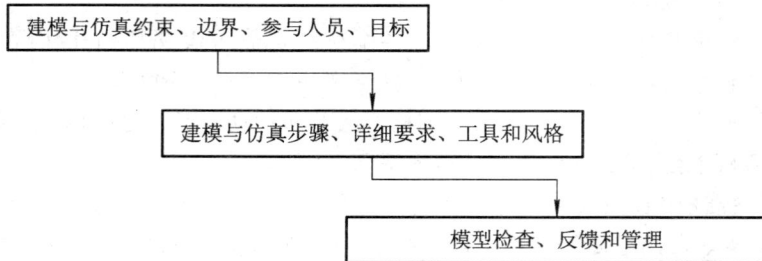

图 10-4　军事概念建模与仿真基本流程

通常,军事概念建模与仿真过程可以分为 3 个主要阶段,即军事知识获取、军事概念建模和仿真实现建模,如图 10-5 所示。

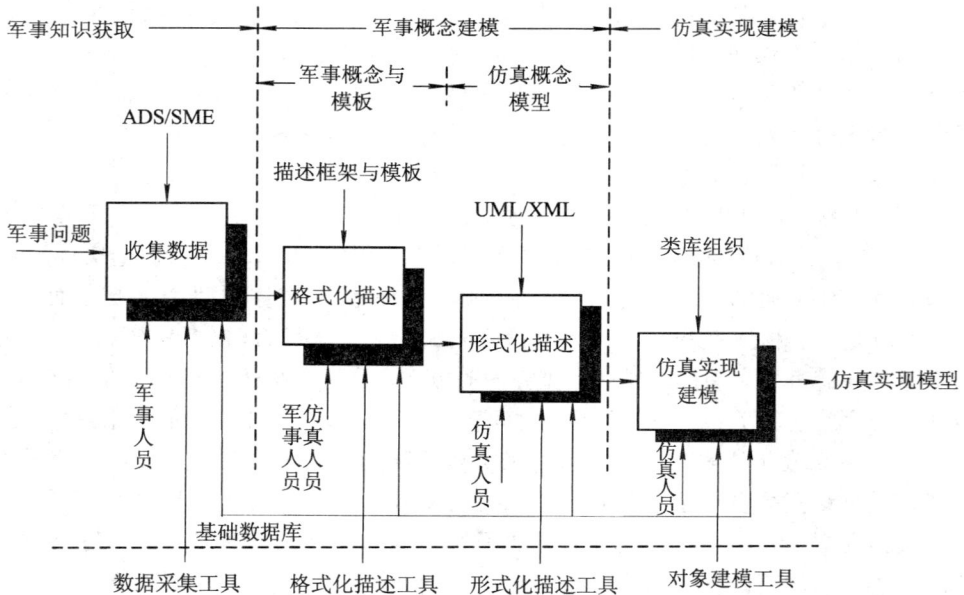

图 10-5　军事概念建模与仿真过程的 3 个主要阶段

(1)军事知识获取。军事知识获取主要是针对具体军事问题,利用数据采集工具从权威数据源 ADS 和军事领域的主题专家(SME)中获得,主要完成需求分析和数据收集。

(2)军事概念建模。军事概念建模分为军事使命格式化描述和军事使命形式化描述两个层次。其中,军事使命格式化描述是面向军事领域的概念建模,建立在军事知识获取的基础上；军事使命形式化描述是面向设计实现的概念建模，建立在军事任务格式化描述的基础之上。

军事领域知识的格式化描述通常采用面向实体的系统分析方法，即 EATI(Entity Action-Task-Interaction，实体-动作-任务-交互)方法描述军事活动。格式化描述一般由军事人员和仿真人员共同完成，主要采用自然语言进行分析和描述。为了便于对知识的提取，通常采用图、表格等形式对所抽象的构成要素进行格式化描述。

面向设计的形式化描述主要由仿真人员完成，在对构成要素进行结构化描述的基础上，采用 XML、UML、IDEF、SysML 等建模语言进行形式化描述，生成系统概念模型。将格式化描述中所定义的实体、过程和交互等信息，用形式化建模规范进行表述，并将之转化为对象类和对象类之间相互关系的描述，为仿真实现建模打下基础，对概念模型进行校验、验证，以建立概念模型要素库。

(3) 仿真实现建模。仿真实现建模是指由模型的形式化描述向计算机所能识别的仿真模型的转化。

10.4.3　装备建模仿真描述

1. 装备模型的描述方法

1) 自然语言描述

自然语言是人类日常使用的语言，也是人类最基本的交流思想、传递信息的工具。在概念模型初步分析、描述阶段，一般采用自然语言描述形式。为了易于理解所描述的内容，应尽量采用军事人员和仿真人员都很熟悉的描述语言、表达方式和表现形式。采用自然语言描述军事概念模型比较方便，表达能力强。自然语言不足之处主要体现在三个方面：一是自然语言存在二义性；二是自然语言结构变化较大；三是采用自然语言描述，相关内容分散在概念模型的描述中，难以准确获取概念模型中的语义。

2) 格式化描述

概念模型的格式化描述是指采用自然语言，结合图、表等形式对相关概念进行描述。格式化描述介于自然语言描述和形式化描述之间，又称为半结构化描述。采用格式化描述的概念模型，可以迅速获取相关知识，并可进行一定的推理和一致性检查。这种描述方式的不足之处，主要体现在缺乏统一的描述格式，所建立概念模型的规范性相对较差，生产效率较低。

3) 形式化描述

概念模型的形式化描述是指采用计算机技术和形式化描述语言，对概念分析、抽象后的信息和知识进行描述，并以一致化的结构形式存储在数据库中。因此，概念模型形式化描述是建立在对概念模型所需要的信息进行规范化表示的基础上，通过选用一定的形式化描述语言将格式化描述内容转化为规范的图形化语言的表达方式，更利于仿真人员的理解、交流和对仿真软件的分析设计。

2. 基于 EATI 的装备建模仿真描述

EATI(Entity-Action-Task-Interaction)是指从作战过程中抽取出作战双方的参战实体，实体执行的动作、任务，实体间发生的交互等，分别建立实体元模型、动作元模型、任务元模型、交互元模型，并通过对作战行动过程的控制规则和数据需求等要素进行规范化描述，主要包括元模型构建和行动规则描述。

1) 元模型构建

元模型构建主要包括实体、动作、任务和交互等元模型的构建。

(1) 实体元模型构建。

实体元模型主要用四元组表示：

EN::=＜N，TE，AT，AC＞

N——实体标识；

TE——实体执行任务；

AT——实体属性集合，用向量表示为 AT={AT1，AT2，…，ATn}，n 代表属性向量维数；

AC——实体动作集合，动作集合表示为 AC={AC1，AC2，…，ACn}，n 代表该实体动作维数。

(2) 动作元模型构建。

动作元模型用五元组表示：

AC::=＜N，EN，SC，IC，EC＞

N——动作标识；

EN——执行实体；

SC——开始条件，动作开始执行时必须满足的条件集逻辑表达式；

IC——中断条件，中断当前动作执行的条件集逻辑表达式；

EC——结束条件，动作结束的条件集逻辑表达式。

(3) 任务元模型构建。

任务元模型用六元组表示：

TS::=＜TN，EN，XN，AX，AR，EC ＞

TN——任务标识；

EN——执行任务实体；

XN——相关实体；

AX——任务所包含的动作集；

AR——动作执行顺序和调度规则；

EC——任务结束条件集的逻辑表达式。

(4) 交互元模型构建。

交互元模型用四元组表示：

IA::=＜IN，FN，JN，JR＞

IN——交互名称；

FN——发送实体；

JN——接收实体集；

JR——交互内容。

2) 行动规则描述

行动规则描述对描述对象给出详细的动作过程和处理规则，包括语言规则和逻辑流程图等。行动规则描述包括行动的执行条件、行动的控制规则、行动的执行结果和行动的逻辑流程图共 4 部分。

（1）行动的执行条件。

行动的执行条件包括行动触发条件、行动执行必要条件和行动结束条件。行动触发条件是触发行动执行的条件或命令，以计划命令、临机干预命令或行动执行实体状态或事件等形式描述；行动执行必要条件是为保证行动的执行必须满足的系统状态取值，以一个或一组条件描述；行动结束条件以导致行动正常结束或异常终止的一个或一组状态值或事件来描述。

（2）行动的控制规则。

行动的控制规则以各组成要素排序表、行动的内部机制、行动的逻辑流程、行动过程控制规则体系等形式描述。

（3）行动的执行结果。

行动的执行结果以图、文、表的形式描述。

（4）行动的逻辑流程图。

用行动的逻辑流程图对作战行动过程的时间顺序和逻辑关系进行描述。行动逻辑流程图常用的图元符号及含义见表 10－1。

表 10－1 行动的逻辑流程图常用的图元符号及含义

符 号	名 称	说 明
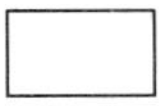 ▭	处理	表示各种处理功能，例如，执行一个或一组确定操作，从而使信息的值、形式或位置发生变化，或者确定几个流向中的某一个流向
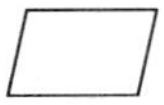 ▱	输入/输出	表示数据的输入或输出
 ◇	判断	此符号表示判断或开关类型功能。该符号只有一个入口，但可以有若干个可选择的出口，在对符号定义的条件进行求值后，有一个且仅有一个出口被激活
 →	数据流	用来连接其他符号，指明数据的流动方向
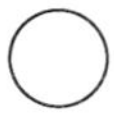 ○	连接符	此符号表示转向流程它处，或自流程图它处转入。它用来作为一条流线的断点，使该流线在别处继续下去。对应的连接符应有同一标记
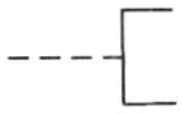 ⌐- - -	注解符	此符号用来标识注解内容。注解符的虚线要连接在相关的符号或框住一组符号。注解的正文应该靠近边线
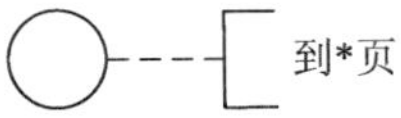 ○- - -⌐ 到*页	出口连接符	此符号表示换页时的出口
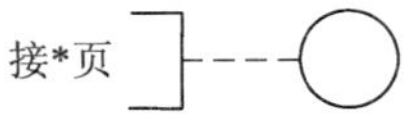 接*页 ⌐- - -○	入口连接符	此符号表示换页时的入口

行动的逻辑流程图的一般描述形式如图 10－6 所示。

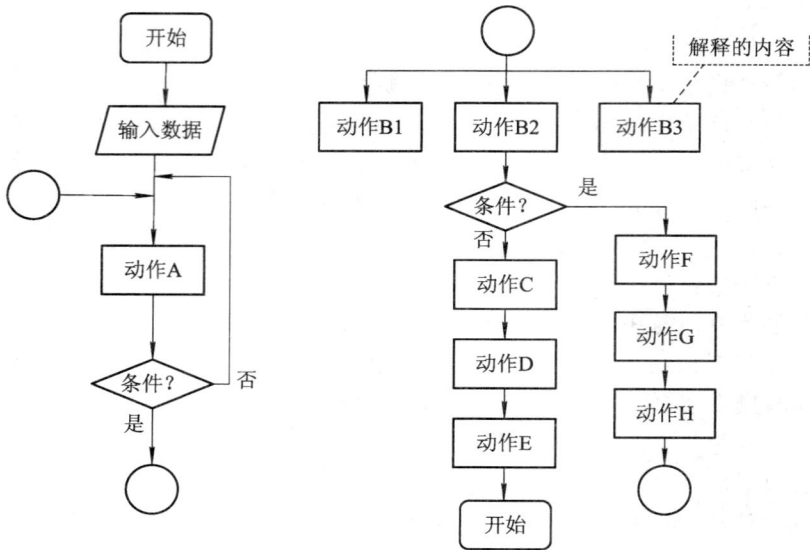

图 10-6　行动的逻辑流程图的一般描述方法

3. 基于 EATI 的航空兵超视距空战模型

空战是指战斗双方航空兵的单机、编队或机群在空中进行的火力对抗行动。超视距空战是指在飞行员目视能见距离以外使用拦射导弹进行攻击的空战。空战时,通常使用机载探测设备搜索发现空中目标,用中距拦射导弹实施攻击。

实施超视距空战的主体是具有超视距空战能力的单架歼击机,也称作攻击机。攻击对象可能是敌歼击机或轰炸机,也可能是其他飞机,如侦察机、空中加油机、电子战飞机等,被称作目标机。

超视距空战攻击过程一般包括搜索发现、敌我识别、截获、跟踪瞄准、发射导弹、照射制导、退出攻击等环节。搜索发现是指在地面或空中指挥所的引导下,使用机载雷达对空中目标进行探测;敌我识别是指在机载雷达发现目标后,使用机载敌我识别系统判明目标属性;截获是指发现目标并判明性质后,对目标进行锁定,雷达截获目标可以使用手动截获,也可以使用自动截获;跟踪瞄准是指截获目标后,获取目标运动信息,为导弹发射提供数据;发射导弹是指在满足导弹发射条件时,飞行员按下导弹发射按钮;照射制导是指在导弹发射后,根据导弹制导方式的不同,对导弹进行不同程度的引导;退出攻击是指完成攻击后,攻击机根据命令或实际情况,及时退出战斗。

下面介绍采用 EATI 方法建立的航空兵超视距空战模型。

1) 实体元模型的构建

航空兵超视距空战主要涉及攻击机、目标机和指挥所,其中指挥所可能是地面指挥引导机构,也可能是空中预警指挥机构。

(1) 攻击机描述。

EN∷=<N, TE, AT, AC>

N(实体名称)——攻击机;

TE(实体执行的任务)——中距攻击;

AT(实体属性的集合)——AT::={编号型号、位置、飞行高度、飞行速度、飞行姿态、机载火控系统状态、武器挂载、油量、活动空域}；

AC(实体的动作集合)——CT::={空中待命、向目标机动、搜索、识别、截获、攻击、返航}。

(2)目标机描述。

EN::=<N，TE，AT，AC>

N(实体名称)——目标机；

TE(实体执行的任务)——空战、突击、侦察、运输；

AT(实体属性的集合)——AT::={编号、型号、位置、飞行高度、飞行速度。飞行姿态、机载火控系统状态、武器挂载、油量、活动空域}；

AC(实体的动作集合)——CT::={空中待命 突防突击、搜索、识别、截获、攻击、机动脱离、返航}。

(3)地面(空中)指挥所描述。

EN::=<N，TE，AT，AC>

N(实体名称)——xx 指挥所；

TE(实体执行的任务)——对攻击机实施指挥；

AT(实体属性的集合)——AT::={编号、位置、指挥方式、通信方式}；

AC(实体的动作集合)——CT::={实施指挥}。

2)动作元模型的构建

动作元模型的构建是指按照 AC::<AN，EN，SC，IC，EC>的描述规范，主要给出攻击机动作描述，见表 10-2。

表 10-2　攻击机动作描述

序号	动作名称	执行实体	开始条件	中断条件	结束条件
1	向目标区域机动	攻击机	上级命令	上级命令 设备故障 任务冲突	到达目标区域
2	搜索	攻击机	上级命令	上级命令 设备故障	发现目标
3	识别	攻击机	发现目标	上级命令 设备故障	判明敌我
4	跟踪	攻击机	判明目标为敌机	上级命令 目标摆脱 设备故障	建立截获条件
5	截获	攻击机	目标进入 截获距离	上级命令 目标摆脱 设备故障	建立发射条件

续表

序号	动作名称	执行实体	开始条件	中断条件	结束条件
6	发射导弹	攻击机	满足发射条件	上级命令 目标摆脱 设备故障	导弹发射
7	照射制导	攻击机	导弹进入 中制导阶段	目标摆脱 设备故障	导弹截获目标
8	脱离	攻击机	完成导弹制导	上级命令	空战结束

3）任务元模型的构建

任务元模型的构建是指按照任务元模型 TS::<TN，EN，XN，AX，AR，EC>的描述规范，主要给出攻击机动作描述，见表10-3。

表 10-3　任 务 描 述

序号	任务名称	执行任务的实体	相关实体
1	向目标区域机动	攻击机	指挥所
2	实施中距攻击	攻击机	指挥所、目标机
3	指挥引导	指挥所	攻击机、目标机

4）交互元模型的构建

超视距空战交互主要包括指挥所对攻击机指挥引导的交互、攻击机与目标机的交互。交互元模型的构建是指按照交互元模型 IA::=<IN，FN，JN，JR>的描述规范，主要给出交互元模型描述，见表10-4。

表 10-4　交互元模型描述

序号	交互名称	发送实体	接收实体	交互内容
1	指挥引导	指挥所	攻击机	目标编号 目标位置 目标数量 目标飞行诸元 引导指令 攻击与退出命令
2	敌我识别与交战	攻击机	目标机	识别应答 火力交互

5）行动的执行条件

（1）单位代字。按此代字可获取攻击机批号、型号，携带导弹种类，导弹数量，装备雷达型号，当前位置，当前任务（巡逻、护航等），当前油量，当前飞行状态等信息。

（2）目标级别。单机、编队。

（3）目标种类。大型机、小型机。

（4）目标位置、状态。当前高度、经度、纬度，以及速度、航向、飞行姿态等。

（5）开始时间。根据指挥所指令，以人工或取默认值方式输入。当为人工输入时，输入形式为 4 位阿拉伯数字；当取默认值时，取系统当前时间。

6）行动的控制规则

当指挥所发出截击指令后，模型系统自动获取歼击机批号、型号、携带武器种类与数量、当前位置与飞行状态、当前任务信息、当前雷达工作状态，以及目标位置及飞行状态、目标级别与种类。

首先判断指挥所下达的指令与当前歼击机遂行的任务是否冲突，如果冲突，则歼击机无法执行截击命令，并给出相应报告。

如果指挥所指令与歼击机当前任务没有冲突，则进一步判断歼击机是否有能力执行超视距空战任务。判断歼击机携带导弹的种类与数量，如果无法满足超视距空战要求，则停止截击，并给出相应报告；计算歼击机与目标之间的距离，判断歼击机的剩余油量，如果油量不足，则停止截击，给出相应报告。

如果歼击机有能力遂行截击任务，则开始截击，并给出相应报告，同时根据通报的目标方位、航向，确定歼击机的截击航向、速度，高度。在接近目标过程中，判断歼击机雷达工作状态，如果雷达没有开机，则根据相对距离，下达开机指令。

在搜索目标过程中，随时判断歼击机是否受到电子干扰，并根据干扰种类，采取相应反干扰措施。如果无法排除干扰，则请示指挥所，放弃截击任务，并给出相应报告。

发现目标后，首先判断目标敌我属性，如果是己方目标，则停止截击，给出相应报告。如果目标属性不明，报告指挥所，决定是否继续截击。如果停止，则给出相应报告；如果继续截击，则需要缩小距离，进行目视识别，空战将转入近距空战，超视距空战结束，给出相应报告。接着判明目标数量、机型，确定跟踪、攻击目标，如果目标编队中有轰炸机，则选定轰炸机为攻击目标。

雷达截获目标后，获取目标运动信息，飞行员选定导弹，雷达自动为导弹装定发射参数。此时飞行员要随时判断空情，如果被目标或外来威胁跟踪，则采取相应机动和电子干扰措施。

根据双方运动状态，计算导弹发射包线，目标进入导弹攻击范围后，计算最佳发射距离，飞行员根据有关提示（音响、屏显符号等），按下发射按钮，导弹发射。

发射导弹后，根据导弹性能，确定载机脱离时机，如果发射的是半主动制导导弹，则必须进行全程制导。

发射导弹后，实时计算对目标的摧毁概率，并根据摧毁概率大小，给出相应报告，同时标绘军标变化。

根据指挥所指令或实际空情，决定是否退出空战。如果退出空战，则整个过程结束，给出相应报告。

7）行动的执行结果

超视距空战结束后，输出的内容包括摧毁目标概率统计、攻击机位置及飞行状态、剩余油量、剩余导弹型号及数量、目标空间位置（若没有被击落）。

行动的执行结果表现形式有 3 种：

（1）文字报告。

（2）图形：飞机的空间位置，目标毁伤标志。

（3）飞机的状态数据表。

8）行动的逻辑过程

行动的逻辑过程如图 10-7 所示。

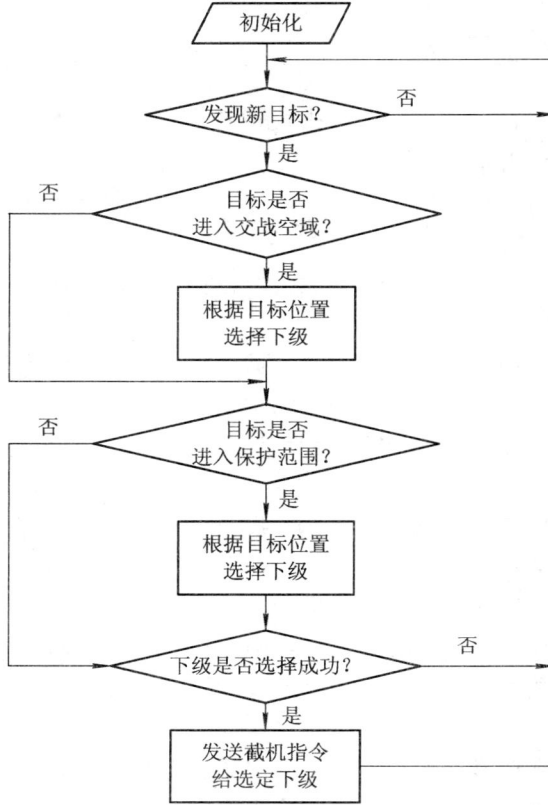

图 10-7 行动的逻辑过程

第 11 章　飞机机动战术与建模

11.1　灵活机动的空战战术

基本的飞机机动是飞机战术的组成部分，它可以分为初级机动和相关机动。初级机动是在没有对手的情况下单独完成的机动，如加速、爬高、盘旋等。相关机动是在与另一架飞机相关的情况下描述或完成的机动。

11.1.1　单机与多机进行空战优劣势分析

在一些依赖相互支援的多机战术原则中，数量优势所具备的某些优点是很明显的。但是当这些优点不可兼得时，如何权衡利弊呢？

例如，无论从视觉发现的角度还是从电子传感器发现的角度来说，隐蔽多架飞机都要比隐蔽单机困难得多。这是一个关键因素，因为无论进攻还是防御，能否达成行动的突然性关系到空战成功的 90%。战术协调时会迫使飞行员分散注意力，他需要花费相当多的时间与僚机保持接触并保持编队队形。此时飞行员无暇顾及交战空域的情况、察看雷达信息、分析战术情况、制订计划等。如果将注意力分散到这些工作上，就会提前出现超负荷工作状态，从而无法把握有关战场态势。

另外，编队战术通常会限制单机发挥飞机性能。编队飞行时，长机不能运用最大速度、推力，也不能做大动作量机动，这是因为僚机可能无法保持队形。即使是同一机型，单机航行诸元的微小变化也会导致僚机无法保持队形。因为僚机追随长机实施机动，在长机航行诸元发生变化后，僚机需要时间来做出正常的反应。为了保持队形，僚机通常需要做额外的机动动作，这会降低僚机的飞行速度，增加油耗，并且由于"机翼闪烁"和不能有效利用飞机的外形，僚机容易被敌机目视发现。多机编队中各成员的协同还需要增大通信量，这样就加重了飞行员的任务负担，编队遭遇敌电子侦察的可能性也随之增大。

由于一个 4 机或 5 机编队与单机相比很难依靠地面、云层或阳光做掩护，因此也就很难实施突袭（而突袭恰恰是成功遂行攻击的精髓所在）。为了保持编队队形，编队成员不得不等待掉队的和没有足够经验保持编队队形的飞机。当飞机从俯冲转弯或大追击曲线转入攻击时，飞行员就必须控制引擎减速，以保证他的侧翼飞机有足够的速度保持横队队形。这意味着编队进攻将比单机平飞、俯冲攻击花费更多的时间。而花费时间越多，达成的突然性就越小。飞机的编队越大，就越容易引人注意。例如，运用单机战术时可将敌机群当成一个庞大而又笨拙、醒目的疏开队形机群。此时己方单机可以自由进出实施攻击，而敌机因为忙于左顾右盼照顾队形而无暇顾及面临的空中打击。

基于上述因素，以及编队各成员间的相互支援，对于可以进行自主攻击的单机来讲，达到这样的空战效果并不困难。这种空战很显然都是在夜间或能见度差，即不能保持良好的编队队形或相互间难以提供有效的相互支援的情况下采用的。而这种空战方式只适用于那些能够做高空飞行且武器性能可靠的飞机，因而也就不易推广。所以这类战术不在本书论述的范围之内。

降低飞机间相互支援的重要性并促使单机自主作战变得更加实用的另一因素是高效、可靠的内外部监控系统。该系统得益于飞机内部安装的最先进的电子设备，如雷达、红外传感器和(或)雷达告警接收器，它们能实时预报来自任何方向的攻击。此类内部系统可由外部传感器和控制网络(如地面控制侦听站或机载侦听控制设备)补充和替代。这些传感器和控制网络在辅助单机飞行员完成对敌机的定位及不明飞机的敌我识别任务时，还能向其提供防御警报。僚机飞行员相互间的视觉支援功能可被电子设备所具有的功能所代替。这里要考虑的因素包括在预期的作战环境和电子战条件下这些系统的可靠性与工作效率、敌人可能运用的对抗战术，以及敌我双方监视和控制系统的能力强弱对比。

机载武器的性能也对单机空战起到至关重要的作用。当己方装备有全向攻击武器，而敌机缺少这种武器时，己方单机作战取得成功的可能性就更大。因为全向攻击导弹对发射参数的要求低，载机在发射前不需要做太多的机动动作，这就减少了载机暴露和遭遇攻击的概率。相反，敌机由于缺少全向攻击导弹，对己方单机实施突袭的难度增大，己方单机对敌方实施攻击和退出空战的机会也随之增加。特别是当双方都装备有全向攻击导弹时，导弹的最大射程和导弹导引头的类型就成了关键因素。如果己方单机能在敌机导弹射程之外先敌开火，很显然单机的生存能力将大大提高。主动或被动制导导弹能够使单机"发射后不管"，或者在发射后还有能力抵御敌机载武器的攻击，但其远距攻击能力却不及有其他限制因素的半主动制导导弹。运用光学或电子手段远距离识别敌方目标，是达成先敌开火的另一种有效的方法。当飞行员面对敌方全向攻击武器的威胁时，远距离目标识别就显得至关重要；否则就需要一种较为自由的交战规则(ROE)，允许飞机超视距(BVR)攻击目标。这种交战规则较适用于在交战空域己方只有一架飞机的情况，当己方数架飞机同时出现在同一空域时，就不宜采取超视距攻击。

如果单机在性能上优于敌机，单机就可以自主选择交战的方式。具备绝对的速度优势并具备适时发挥这种速度优势的能力，是单机最有价值的性能。速度优势能够缩短攻击时间，极大地降低背后受敌的可能性，同时还可以减小敌机在后半球实施导弹发射的攻击包线，便于己机在不利条件下退出战斗。单机飞行员依赖绝对的速度优势先行确定一个安全距离，然后在这个距离上根据自己的意愿，或进行攻击或退出战斗，而不必担心受到后半球攻击。显然，敌方从后半球实施攻击的武器的射程越大，占据速度优势的己机先行确定的安全距离就越大。在对付高速单机时，敌方的全向攻击导弹、离轴发射能力和高机动能力也可以抵消掉单机的速度优势。

高度优势对单机也是一个有价值的因素。尤其在打击只装备有航炮或近距空空导弹的敌机时，借助高度优势的保护，单机飞行员能从容地选择进攻时机，运用具有下视下射能力的远距导弹攻击敌机，或者进行突然的高速俯冲攻击，然后急速爬升到安全高度。这时相对于敌机的正高度差给单机提供了适宜的防御空间，并能使飞行员将精力集中在要攻击的目标上。这里有几个重要的因素需要思考：武器系统的性能(能否从高空探明并攻击目标?)、战场环境(攻击行动能否被高空云层或飞行凝结尾流所突出从而被敌机发现?)，以及来自敌机以外的可能的威胁(例如地空导弹)。

还有一些设计因素会对提高单机生存能力有所帮助,它们包括减小飞机的尺寸、降低飞机的可探测性、增加机组人员以扩大飞行员的视野。单机在机动性能和(或)武器性能上的优势也具有一定的价值,因为这些因素能提高单机的防御能力,减少机动占位所需的时间。

当敌机装备有极其致命的武器(这种武器一旦在有效射程内开火,己方飞机将难以逃脱)时,己方单机也要便于实施单机空战。防御这种武器的方法主要是指要避开其火力范围,这样做胜于敌机开火后才实施机动规避的方法。单机自主空战所固有的被发现的概率降低、较快的飞行速度以及机动需求的减少,有助于己方单机避开敌机的火力攻击包线。而在多机空战中,单凭提高僚机对长机在视觉范围内的相互支援可能无法有效地克服多机空战本身的诸多不利因素。

在通信受到严重干扰的条件下,长机、僚机间相互支援的优势也会大打折扣。因为无法自由通话,飞行员必须付出更多的精力才能保持编队队形,这样一来飞行员相互之间提供的支援就减少了。由于相互支援中断,多机空战会在无意中演变成单机空战,这种局势较先前计划的单机自主空战更危险。

每当出现上面列举的单机空战优势大于多机空战的相互支援优势时,人们就渴望实施先前计划的单机空战。但是,敌机数量对单机空战的结果会产生影响。敌机数量太大,单机就会处于不利地位。如果只有一架飞机可以用来执行关键的作战任务,那么即使战场条件对单机来讲不是最有利的,也别无选择。然而,一旦有其他选择,就应该在作战任务的优先权、成功遂行任务的概率与单机生存的可能性之间做出权衡。如果作战任务的优先权和成功遂行任务的概率不利于单机生存,此时等待增援比出动单机明智得多。在出动多机执行任务的准备过程中,应考虑到万一僚机被击落,飞机编队被拆散,彼此间无法进行相互支援,不得已转入单机空战时要采取的必要措施。在飞机起飞前比起飞后更容易判断单机承担的特殊任务和当前的条件是否适宜单机出动,如果不适宜,就应该在起飞前将计划取消。

11.1.2　单机对多机进攻

一旦决定在一对多条件下交战,单机飞行员就必须仔细制定空战战术,以便充分利用好每一个可以利用的优势。为了成功地实施进攻,单机飞行员必须避免陷入防御态势。因此,飞行员应首先做好防御。为了利用速度优势,单机在敌空域作战时通常应保持接近最大速度状态。采用超低空飞行通常会收到很好的效果,因为这样会"收缩"敌方导弹的射击包线。当面对仅装备航炮或近程空空导弹的敌机时,单机所处的空域高度越大,它所提供的速度优势就越大。尤其是当己方超声速单机对抗敌方亚音速飞机时,情况更是如此。与亚音速飞机相比,超声速飞机飞行高度越大,所获得的马赫数就越大,因此速度优势也就越明显。尽管高度增加会导致敌方导弹威胁增大,但高度增加的同时带来的更大的速度优势却可以抵消增大了的敌方导弹威胁。飞机的续航能力是在选择交战空域的高度时需要考虑的另一个因素。低空高速飞行会极大地影响飞机的续航能力,尤其是对喷气式飞机来说,高油耗可能会影响到作战任务的完成。在较高空域进行空战则可以使飞机接近最大飞行速度,从而增大飞机的航程和续航力。其他需要考虑的因素包括敌方地面火力的威胁程度、己方机载武器系统是否具有低空下视下射能力、敌机武器和探测设备是否具有上视和下视能力，以及单机在进行上视和下视探测时是否更不易被敌机发现。其中最后一个因素随云层条件、太阳的位置和飞机涂层的颜色而发生变化。高度变化对敌我双方地面控制侦听站可能产生的影响是需要考虑的另一个因素。低空飞行能使单机避开敌方的侦察，但同时也致使飞行员无法获得己方空战控制员为其提供的有价值的进攻和防御支援。

当飞行员选择飞行高度时，他经常会面临一些相互矛盾的选择。最常见的是机载雷达和其他类似前面提到的地面控制侦听站方面遇到的问题。比如：选择高空空战可以利用阳光、速度/高度优势或者飞机下面的云层，但同时雷达的下视能力被削弱了；而选择低空空战时，可以使雷达达到最佳工作状态，增强单机的攻击潜能，但这样一来将使单机更易被发现并遭到攻击。对于飞行员来说，做出这些选择并不是一件容易的事，需要仔细分析。需要分析的问题有：雷达的下视能力可能会降低多少？地面控制侦听站能否弥补机载雷达的不足？单机在低空被发现的可能性有多少？如果单机在低空遭到攻击，考虑到敌机的数量、相关飞机和武器系统的性能等因素，成功摆脱攻击的概率有多少？类似这些问题都必须得到尽可能准确的回答，以便权衡任务成功的概率和飞机生存的概率。除非那些只许成功、不许失败的非常关键的任务，否则，在一对多的空战中较明智的做法是选择最安全的空战方式。

选择发挥单机的最佳攻击潜能还是发挥其最佳防御潜能，这要看单机在遭到攻击后可能产生的后果。如果飞行员确信他能发现并摆脱敌方的攻击，并在遭到敌机围攻之前或能迅速脱离交战、或能迅速击败敌机，那么此时合理的选择也许是尽可能地发挥单机的攻击潜力。反之，采取防御方式不失为审慎之举。

当已知空战是单机对双机时，己方单机凭借自身尚未暴露，可以偷偷地接近敌机，占据最有利的攻击位置对敌机实施攻击。而在己方单机不了解敌机数量的情况下，就很难取得这样的效果。在单机对多机的空战中，单机留空时间相对较长，且不得不将注意力集中在预定打击目标上，此时容易遭受其他敌机的攻击。因此，单机作战必须以防御为主，只在出现绝好的攻击机会时才能集中时间和精力对敌机实施攻击。

在这种情况下，实施前半球航炮和导弹攻击是最理想的，因为飞机接近目标的速度很快，减少了完成攻击所需的时间，所以也就缩短了投入攻击的时间。此类攻击也减少了攻击者所需的机动动作，同时降低了未发现敌机从后面攻击的概率。在防御机动方面，单机在转弯时如果有拖延现象，常常最容易受到攻击。这作为一项常规，飞行员应事先计划好他的攻击动作。因此，如果飞机没有机会做横滚反转和反方向空中情况的检查，就不需要做大于90°的转弯。根据这条常规，应尽可能放弃那些不易受到打击的目标，转而寻找更容易打击的目标。这个决心下得越快越好，因为在最后时刻才放弃进攻通常更容易被发觉。从敌机后半球位置放弃交战时，可做小动作量的反向转弯，这样在敌机转弯后，己机距敌机距离最远。

飞机机载雷达和地面控制侦听/机载控制侦听设备应被用来远距离识别敌机，帮助己方飞机尽早占据有利位置，以便取得最佳的攻击效果。在进攻的初期通常要做一些防御性的程序(比如速度和选择最佳的防御高度等)。如果有必要，通常直到最后攻击时刻飞机才转入进攻状态。雷达的搜索模式通常用于攻击前的定位，以确定敌机编队队形和空域中其他敌机的情况。一旦飞机的雷达锁定某个目标(这对最后的攻击机动、目视发现目标或武器制导都是必需的)，攻击者可能会一叶障目，丢失对整个空域环境(诸如敌机编队的变化等)

的跟踪，同时也容易被敌方雷达告警设备发现。通常雷达锁定目标之际也就是飞机从防御转入攻击之时。同样地，如有可能，应尽量推迟这一转换时刻。通常在己机距敌机编队大约一分钟的距离时再转入攻击状态。如果武器系统性能和机动要求允许，最好再推迟几秒钟。能同时搜索多个目标并记录其飞行轨迹的机载雷达非常适用于这种空战环境。

在单机对双机和单机对数量不明敌机的空战中，攻击程序上的另一个区别在于目标的选择和攻击后的情况处置方法。在前一种情况下，攻击飞机从一架敌机到另一架敌机进行连续攻击，一旦击落第一架敌机，在攻击第二架敌机时就可能形成单机对单机的空战。在敌方空域作战时，实施连续攻击通常十分危险，而且如果有可能，一定要防止出现紧贴一架敌机的机动。另外，虽然这里提到的是单机对敌双机的情况，但这些处理方式同样适用于单机对不同规模的敌方编队。在这种情况下推荐的处理方法是：选择一个不会使攻击飞机进入敌方编队的敌机作为攻击目标，位于己机后半球远处的敌机通常符合这一要求。还应提及的一点是，单机被敌方发现的概率会由于发射导弹而增大，因此，单机在实施攻击时应占据有利的位置，以便及时退出战斗。

截击飞机时，有必要在每次截击时摧毁尽可能多的目标。在这种情况下，正确的做法是采用连续攻击法。然而，应当考虑到对敌方飞机编队中每一架敌机的攻击效果。这样的攻击，即使不成功，攻击的一方同样可以借助于打乱敌方飞机编队队形的方式达成一定的作战目的，如迫使敌机飞行员投掉弹药或取消作战任务等。在攻击敌方飞机时，单机飞行员一般应努力控制贪欲，每次只确定一个攻击目标，留一些敌机给同伴。

对于在前半球较近距离上发现的目标，如果目标没有注意到己机的存在，而且攻击后己机也不必做大于 90°的连续转弯，这时就可以对其实施打击。进攻的同时单机飞行员必须继续计划和评估攻击期间是否有机会脱离，一旦出现脱离机会或者目标实施了有效的防御机动，就要立即中止进攻。另外，应避免拖延进攻时间。

只有运用全向攻击导弹和航炮速射才可以对付那些正在对己方单机实施进攻或防御机动的敌机。单机飞行员必须向攻击方向急剧转弯，以最大程度地减小迎头攻击航路的间隔距离，以压制对前半球的任何威胁。根据敌机的速度、武器和转弯速率，单机可以径直向前飞行摆脱威胁。如果需要，也可以在敌我飞机交叉飞过之后向敌机飞行的方向转弯，在敌机装备有空空导弹的情况下，一般要向下俯冲进入低空，以减小敌机导弹的最大攻击距离。在拉大同敌机的距离时，应该密切注视那些速度较大的敌机，观察他们的反应。当单机遭到速度较快敌机的追击时，飞行员必须考虑自身的防御。

油料状况对单机行动是至关重要的。无论飞机在什么高度，要确保飞机以最大速度撤退到己方空域都必须有足够的油料储备。飞行员还必须考虑到，在撤退的过程中为抵御敌机、敌地空导弹的袭击而需额外消耗油料。由于喷气式飞机在低空运用加力飞行时会消耗大量的燃油，所以应谨慎地限制低空突防。事实上，在许多战斗条件下，单机飞行员起飞时的油料储备，不夸张地讲，只能保障其仓促退出战斗。一旦撤退，飞行员必须重新采取防御行动。如果可能，应避免交战，除非有敌机守候在撤退航线上。即便如此，也应首先确信交战不会威胁到撤退。

在大多数情况下，单机飞行员不应该考虑在撤退以后再重新回到作战空域。然而，如果他距离己方空域很近，减少了许多不确定的油料需求，此时他也许会发现有足够的剩余油料攻击附近的一架已发现的敌机。在这种情况下必须谨慎行事，以确保不因攻击而远离己方空域或被迫转入防御状态。

另一种需要飞行员重新返回交战的情况是,附近的另一名己方飞行员正处于危险的防御状态需要支援。此时如果油料够用,即使是高速穿越交战空域或对敌机的一次偶然射击(如果可能的话),通常都足以缓解己方另一名飞行员的巨大压力,使其得以退出交战。毫无疑问,这样的帮助是值得感激的。

11.1.3 单机对多机防御

在敌方空域环境下作战,只要单机飞行员在攻击敌机时不是主动地与敌机交战,就应考虑到自身的防御问题。这通常意味着单机飞行员在大多数时间里要保持防御姿态,尽管不是(也希望不是)积极的防御。从概念上讲,在单机对多机空战的情况下,飞行员不可能同时定位或跟踪所有敌机,所以必须假定在任何时候在任何方向上都会有敌机出现。这种不确定因素的存在通常使谨慎的单机飞行员无法在持续的空战中确定交战目标。当然这并不意味着单机无法实施进攻行动,如果单机有很大的生存概率的话,则这种进攻通常应该是如前所述的突然袭击那样,即打了就跑。对于大多数飞机飞行员来说,生存是第一位的。

在这种条件下单机飞行员绝大部分时间将专注于巡航、巡逻或穿越敌方空域,包括交战前的占位和退出交战(或脱离)。在这种情况下,飞行员的任务是从一个位置到达另一个位置,而又不被敌击中。很显然,此时根据油料情况保持最大速度将缩短单机的空战时间。高速飞行的另一个好处是增大了敌机在后半球射击的难度。这样的攻击通常是最致命的,同时也是最难被发现的。单机的速度优势使敌机基本上不可能实施后半球截击。在任何情况下,单机较高的飞行速度会迫使敌机从航线的一侧位置做好截击准备,使攻击飞机比防御飞机处于更靠前的位置,使攻击行动更容易被发现。对于速度较大的目标,后半球攻击需要的时间也较长,攻击也更容易被发现。此外,正如前面已经强调过的,较高的飞行速度减小了来自后半球导弹攻击的包线。综合这些因素,保持速度优势可能成为单机飞行员在未知环境中最重要的防御手段。

高度的选择也不容忽视。单机的巡逻高度可能超出敌机的最大升限,从而带来明显的高度优势。然而,如果敌机装备有空空导弹,已机更高的高度反倒增大了敌空空导弹的攻击距离,此时高度优势就另当别论了。在任何可能遭受到敌空空导弹或地空导弹袭击的时候,单机都不应上升至很高的空域,因为这样会限制飞机防御机动的转弯速率。另外,如果单机飞行员不想被敌方飞行员目视发现,他必须避开凝结尾迹高度层。因为,飞机在凝结尾迹高度层上方巡航有利于发现来自下方的攻击,而处在凝结尾迹层的稍下方又有助于发现来自上方的攻击。

超低空飞行也有其有利的一面。这当中最重要的一点是大大减小了敌方导弹的攻击距离,还常常降低了敌机载雷达和地面雷达的探测能力。但必须记住,敌机俯冲攻击也能够对正在超低空巡航、速度较快的单机造成损失。一般来说,依据不同的空战环境,无论高空飞行,还是低空飞行,都比中空好。如果不考虑其他因素的影响,选择极限高度(高空或超低空)可以将可能的威胁方向减少一半。高空作战的有利因素包括:增大了已方雷达的有效探测范围,控制、导航和通信距离增大;可充分利用太阳光线做掩护;中低云层或浅颜色的地面背景有助于目视发现其他飞机;有较大的空战回旋余地;免受敌方强大的地空防御兵器(如防空高炮和地空导弹)的攻击;可发挥机载武器可靠的下视和下射能力。

上述因素中的大部分反过来就将成为低空飞行的有利因素。另外，当敌方雷达的覆盖能力大于己方地面控制侦听系统的覆盖能力，当敌方装备有远程地空导弹，当敌机不具备下视、下射能力，以及当中高空有云层覆盖时，都比较适宜低空作战。高动压的限制优势（大于表速）能够在低空得到更好的利用，但是马赫数的限制优势通常在高空更有效。由高空向低空目标进行俯冲攻击通常更安全，因为接近目标的速度以及攻击后脱离的速度都比平时快。再有就是许多飞机的机载雷达在探测超低空目标时性能都会有所降低。以上这些因素经常会相互冲突，飞行员必须权衡每一个因素对其生存和完成任务究竟会产生多么重要的作用。

在特定条件下，为了最大限度地提高单机飞行员的生存能力，一旦选定了空战的速度和高度，剩下来就是选择从一个空域到另一个空域机动的方法，即在直航线和迂回航线之间做出选择。当单机飞行员有幸获得合适的速度和安全高度，并基本上可以避免遭受敌机尾后攻击时，通常适宜选择直航线。这样可以确保单机以最大速度飞行，同时缩短飞行时间，增大作战半径，使速度较慢的敌机难以从尾后实施攻击。当飞机在高空飞行，担心遭到低空飞机的攻击时，飞行员可交替向左右两个方向做滚转机动，但应尽可能减小动作量，以便检查机身下方的视觉盲区。然而，这种方法有可能增加翼尖闪光的次数，引起敌机的警惕。

然而，在大多数情况下，即使飞机在直航线上以较高的速度飞行，还是可能会遭到敌方后半球攻击。在这种情况下，通常较好的做法是设法提高发现这类攻击的能力，即使冒险增加敌方攻击的可能性也在所不惜。蛇形机动正好可以做到这一点。但这样一来，从不利的方面讲，己机可能更容易被敌方发现和捕获；从有利的方面讲，增加了成功防御敌机攻击的概率。

蛇形机动的目的主要是使单机能够更容易警戒飞机后方空域。通常接近尾部的致命盲区，尤其是 6 点钟方向，可以通过向两个方向带坡度转弯的方式进行间歇目视检查。在任何方向上，在飞机的后部和（或）下面都会有一个锥形的盲区。对大多数飞机来说，需要做 60°～90°的转弯才能看清楚这一空域。新的航向会产生新的盲区，而通过相反方向上的同样角度的转弯又能够扫除 6 点钟方向盲区，以下依此类推。小于 60°～90°的转弯通常达不到对正后方空域警戒的目的，而在某一方向上大于 90°的转弯又使飞行员长时间暴露在敌机面前，使正在做射击占位的未知敌机占了便宜。如果需要做大于 90°的转弯，那么应该将这个动作分解为几个小于 90°的转弯，在两个转弯之间穿插反向滚转，同时检查转弯反方向空域的情况。

蛇形机动飞行过程中选择转弯时机至关重要，因为做蛇形机动的目的是检查单机的视觉盲区，以便在敌机和空空导弹到达致命位置之前能尽早地发现它们。在飞机仅装备有航炮的情况下，必须要在正常的能见度条件下飞行时的最大视觉发现距离和航炮有效射击距离之间发现正实施打击的敌机。根据敌机可能的接近速度就可以推算出飞过这一距离所需的时间，因此要在这段时间内对危险空域保持警戒。

这里不妨以二战时期的一场典型空战为例。假定那一天的能见度是半英里（2640 ft（英尺），804.7 米），敌机从后半球向己机逼近，预计敌机将在大约 1200 ft 的地方开火。这样己方防御飞机还有 1800 ft 的距离可以用来发现敌机。现在假设敌机在俯冲攻击时可以占有小的速度优势，并借助这一优势，预计将以 60 节（100 ft/s）的速度接近己机。这样防御的一方飞机大约有 18 s 的时间发现敌机。所以,需要每隔 18 s 做一次蛇形机动,以便对危险空域保持警戒。如果每隔 18 s 做一个 60°~90°的转弯,飞行的转弯速率将是(3°~5°)/s。以典型的飞行速度计算,这是一个小于 2g 的较为柔和的转弯机动。

下面看一个更现代的关于超声速喷气式飞机和空空导弹空战的例子。由于导弹的射程较远,在导弹发射前,似乎不容易发现来自后半球的攻击。而在导弹发射的一瞬间,导弹的尾烟可能会使防御者警觉。所以飞机此后的任务就是从导弹发射到撞击目标之前的这段时间内发现来袭导弹。假设导弹的典型发射距离是 6000 ft,考虑到飞机的速度、高度以及导弹的接近速度(平均每秒大约 800 ft),防御一方可获得的反应时间(假定导弹在发射时即被发现)将是 7 s(因为飞机需要 2 s 来做出有效的防御机动,所以发现导弹的有效时间还可能更短,这样一来情况就更糟)。在此期间,飞机为了完成 60°~90°的转弯,转弯速率需要达到(9°~13°)/s,同时当飞机以超声速飞行时,还需要(6~7)g 的过载。这样的机动会降低防御飞机的速度,大大地提高敌机从尾部攻击的概率,对飞行员的体力也构成极大的考验,致使其进攻和防御效率都大打折扣。因此,连续做这种剧烈的机动飞行很可能会适得其反。

显然,在这种情况下需要做一些修改。如果单机能够获得相当大的速度优势,它就可以依靠这一优势消除来自飞机尾后的威胁。此时只有那些占据有利位置和极佳航向的敌机才有机会发射导弹。为了彻底避免发生这种情况,飞行员可以每隔几秒钟做一次往复的小转弯,或在各个方向上轮流做滚转。其中的每一项战术技术动作都可以大大地提高视觉发现后半球攻击的距离,同时又不必大幅降低飞行速度。

有一项折中方案可以对付那些速度较快或装备有远程导弹、更适宜实施前半球攻击的敌机,就是将急剧转弯和滚转警戒结合起来。飞行员首先做一个 60°~90°的急剧转弯(接近最大载荷),然后紧接着向反方向滚转,检查另一侧空域是否存在威胁。接下来做直线飞行,时间大约相当于做一个急剧转弯,然后在相同或相反的方向重复刚才的急剧转弯、滚转检查一套动作。飞行员在每个阶段所选择的转弯方向,应既要保证自己对准目标前进,又要避免让敌机预测到自己前进的方向。这种方案有两个优点:其一,急剧转弯即使对未发现的导弹也能实施有效的防御;其二,当准备进攻的一方看到目标做急剧转弯时,他也许会认为目标已经发现自己要实施攻击,进而放弃攻击,不再冒险与一个正在实施积极防御的对手卷入一场持久的空战。

无论什么时候只要发现敌机处在威胁的位置,单机飞行员就必须迅速估计潜在的威胁,并确定最佳的机动路线。如果发现后半球速度较慢的敌机处于接近其武器最大射程的距离上,应加速把敌机向后甩,使其处于己机后方最大视线距离的位置(大于敌机的最大射击距离)。对待速度较快,或那些占据了前半球有利位置并率先转弯的敌机,通常需要单机做急剧转弯,在拉大间隔距离并脱离交战以前,以最小的航线间隔距离尽可能迎头飞行。如果在这一过程中武器能够完成瞄准准备,则应该向敌机开火。即使击中敌机的概率微乎其微,因为此时动用武器仍可以使目标陷入防御状态,并可帮助单机飞行员顺利脱身。记住,在单机对多机的条件下,之所以实施机动是为了达成防御和进攻目的,而不是用来拖延进攻时间。

假如单机飞行员被迫转入防御性机动,他就会像一只困兽一样调集体内所有的凶猛和侵略本性做出强烈反应。此时他能否死里逃生就取决于他能否快速击败对手或摆脱敌机退出交战。此时时间是至关重要的,因为每秒钟都可能有更多的敌机前来增援。数量上占优势的一方的飞行员通常认为单机很容易对付,所以他们会逐渐疏忽起来。此时飞行技术娴熟同时又下定决心要死里逃生的防御飞机飞行员就可以利用敌人缺乏攻击性这一点而很快变被动为主动。不过即使双方交战正酣,单机飞行员也应寻找撤退的契机。一旦出现机会就应当抓住,不能久拖不决。现代空中格斗正趋向于将飞机、子弹、导弹施放的尾烟、照明弹和爆炸声等快速地融合在一起。当在敌方空域没有己方单机的活动空间时,只要一有机会,就应尽量远离这一空域。除非出现单机对单机或单机对双机条件,此时己方单机飞行员应对敌机实施主动攻击。在这个过程中,一方面,飞行员必须与已发现的敌机交战,另一方面,还必须对可能出现的敌机保持警惕。

无论何时,只要单机飞行员陷入防御状态,都应当向可能在附近活动的其他己方飞机求救。在指挥己方飞机实施增援方面,地面控制侦听系统/机载控制侦听系统起着无法估量的作用。

过去飞机仅装备有航炮,当遇到这种情况时,防御的一方常采用俯冲加速的方法拉大与敌机的距离。无控飞行对这种情况同样有用,防御的一方在高空进入螺旋飞行状态,在快要触地的低空改出。攻击的一方也许认为对方已被击中,并且即将坠毁,就放松了警惕,从而给孤注一掷的单机提供了一个逃脱的机会。在对付航炮攻击方面,螺旋飞行是非常有效的防御机动方式,但是对于空空导弹,由于进入螺旋飞行的飞机过载小、速度低,所以很难奏效。

对单独实施防御的飞行员来讲,云层也能救命。迅速进入云层是防御航炮和红外寻的导弹打击的一种有效的方法。然而,在有雷达制导导弹攻击的情况下,不管是空空导弹还是地空导弹,长时间在云中飞行是极其危险的。虽雷达电磁波能透过云层发现目标(除非云层中可能夹带大量的雨水),但飞行员看不见敌人的导弹,因而无法对其实施防御。如果单机飞行员对敌方运用雷达制导武器预先有准备,他仍然可以进入云层做大约 90°的转弯,然后出云层观察空中情况。只要雷达制导导弹的威胁依然存在,防御的一方就不应在云层中长期逗留。同样,如果雷达制导导弹在云层上方,此时接近云层飞行(无论时间长短)也是不明智的,因为敌导弹一旦从云层中飞出,防御的一方将没有足够的反应时间。

超低空飞行可以对攻击方的航炮或导弹射击造成困难。这可使被攻击的一方将对手引向己方飞机或己方空域,甚至会不顾一切地把对手引向敌方地面防空区域,因为对手不可能冒着密集的防空高射炮火或地空导弹继续攻击,即使这些火力来自己方。而另一方面,防御单机宁愿抵御敌方地面火力的袭击,也不愿面对敌机的威胁。

11.1.4　多机对多机进攻

多机对多机的进攻是指在作战空域内敌我双方飞机数量大体相等。这些飞机可能是在执行协同任务或者偶然出现在同一空域。因为大机群作战很难控制,所以他们通常以双机小队或小分队为单位行动,以便相互协调配合,实现既定的任务目标。因此每架飞机的行动就像在少数对多数空战的条件下行动一样。平时所有飞行员都应当接受同样的训练,以便一旦在战斗激烈时与自己的僚机脱离,加入己方其他分队的活动中,同时又不降低飞行效率。而且所有飞行员都应将电台频率调到相同的波段上,但同时必须绝对严格地遵守无线电通话纪律。

尽管在大多数多机对多机的情况下攻击—会合—攻击仍然是最可取的方法,但由于交战空域内有较多的己方飞机存在,多少会降低交战的冒险性。此外,与前面讨论过的情况相比,敌机的攻击可能会少一些侵略性,也不那么渴望延长时间。双机疏开或疏开队形机群战术仍然是最有效的。己方的其他飞机应避免加入一场敌我双方势均力敌的激战中,应在敌交战空域的外围巡航,并保持防御姿态,警惕敌机退出交战和其他敌机的增援。这是一种更有效的战术。

11.2 航空战术数学建模方法

本节主要内容为建立空战的数学模型,包括飞机的数学模型、目标信息获取模型、作战武器模型和空战结果的计算模型等,为后面的垂直散开战术建模打下基础。

11.2.1 航空战术基本建模方法

1. 飞机的数学模型建模方法

1)基本假设

在建立飞机的数学模型时,需要作出以下假设:

(1)飞机的运动视为质点运动;

(2)在步长时间内,飞机的控制量保持不变;

(3)飞行高度范围为 $0 \sim 20$ km;

(4)飞行速度范围为 $0.5 \sim 1.5$ Ma;

(5)空战过程中飞机的重量保持不变;

(6)采用标准大气数据,用近似公式计算有关参数。

2)飞机的运动模型

建立飞机的运动模型的基本条件是:飞机在水平面内运动,每一时刻的位置以平面直角坐标表示,飞机的航向角度以 x 轴正方向为 $0°$,沿逆时针方向旋转为正,如图 11-1 所示。

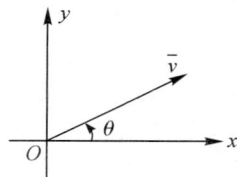

图 11-1 描述飞机运动的坐标

设飞机在 $i-1$ 个步长时刻位于 $A(x_{i-1}, y_{i-1})$ 点,经过一个时间步长 Δt 后到达 $B(x_i, y_i)$ 点,步长内飞机的法向控制过载为 n_y,纵向控制过载为 n_x。并设飞机在 A 点的速度大小为 v_{i-1},航向角为 θ_{i-1},而在 B 点的速度大小和航向角分别为 v_i、θ_i。

当飞机法向控制过载 $n_y = 0$,即飞机做直线运动时,则 B 点的坐标可用下式求得,即

$$\begin{cases} x_i = x_{i-1} + \dfrac{1}{2}(v_{i-1} + v_i)\Delta t \cos\theta_{i-1} \\ y_i = y_{i-1} + \dfrac{1}{2}(v_{i-1} + v_i)\Delta t \sin\theta_{i-1} \end{cases} \tag{11-1}$$

此时,飞机在 B 点的速度大小和航向角应为

$$\begin{cases} v_i = v_{i-1} + n_x g \Delta t \\ \theta_i = \theta_{i-1} \end{cases} \tag{11-2}$$

当飞机法向控制过载 $n_y \neq 0$,即飞机做水平盘旋运动时,此时认为飞机做圆周运动,从

A 点至 B 点，对应于式(11-1)和式(11-2)有

$$\begin{cases} x_i = x_{i-1} - \bar{R}_i(\sin\theta_{i-1} - \sin\theta_i) \\ y_i = y_{i-1} + \bar{R}_i(\cos\theta_{i-1} - \cos\theta_i) \end{cases} \qquad (11-3)$$

$$\begin{cases} v_i = v_{i-1} + n_x g \Delta t \\ \theta_i = \theta_{i-1} + \dfrac{1}{2}(v_{i-1} + v_i)\dfrac{\Delta t}{\bar{R}_i} \end{cases} \qquad (11-4)$$

这里，法向控制过载 n_y 可以取正值或者负值，并规定在飞机左盘旋时取正值；g 为重力加速度；$\bar{R}_i$ 为平均转弯半径。其中 $\bar{R}_i$ 计算如下：

$$\bar{R}_i = \frac{1}{2}(R_{i-1} + R_i) = \frac{1}{2}\left(\frac{v_{i-1}^2}{gn_y} + \frac{v_i^2}{gn_y}\right)$$

3）飞机的控制模型

在描述飞机运动轨迹时，采取的飞机控制量为纵向和法向过载，它们与控制力的关系为

$$\begin{cases} n_x = \dfrac{P - X}{G} \\ n_y = \dfrac{Y\sin\gamma}{G} = \tan\gamma \end{cases} \qquad (11-5)$$

其中，P、X、Y、G 分别为飞机的推力、阻力、升力和重力，γ 为滚转角。

因为 P、γ 受到式(11-6)的约束，而阻力 X 可以采取式(11-7)进行计算，因此根据公式(11-5)可以获得飞机纵向和法向过载的极限值。

$$\begin{cases} |\gamma| \leqslant \gamma_{\max}(H, M) \\ P \leqslant P_{\max}(H, M) \\ P \geqslant P_{\min}(H, M) \end{cases} \qquad (11-6)$$

$$X = \frac{1}{2}\rho v^2 S \cdot C_x = \frac{1}{2}\rho v^2 S(C_{x0} + AC_y^2) = X_0 + \frac{AY^2}{\frac{1}{2}\rho v^2 S} \qquad (11-7)$$

式(11-6)和(11-7)中：H 为飞行高度；M 为飞行马赫数；ρ 为空气密度；S 为机翼面积；C_x、C_y、C_{x0} 和 A 均为气动参数。

空战过程中，飞机运动所需纵向和法向控制过载的大小与飞机自身的运动状态、目标的运动状态以及二者之间的相对运动密切相关，其一般形式可以写为

$$\boldsymbol{n} = f(\boldsymbol{D}, \boldsymbol{V}, \boldsymbol{V}_T, \boldsymbol{n}_T) \qquad (11-8)$$

其中：$\boldsymbol{n}$ 为包含纵向和法向控制过载在内的飞机过载矢量；$\boldsymbol{D}$ 为距离矢量，由载机指向目标；$\boldsymbol{V}$、$\boldsymbol{V}_T$ 分别为载机和目标的速度矢量；$\boldsymbol{n}_T$ 为目标的过载矢量，其一般不可测量。

对于公式(11-8)的具体表达形式，是与飞机的战术意图和其所运用的战术导引方法有关的，本书将在后面的章节中详细讨论。但有一点是明确的，当控制量所需的值超出其极限范围时，极限值就是选择执行的值。

由此，在一定的导引方法下，联立求解式(11-8)与式(11-1)、式(11-2)或者式(11-3)、式(11-4)，即可求得飞机的运动轨迹及其运动参数的变化。

2. 目标信息获取模型建模方法

用计算机模拟空战容易与实战情况脱节的一个问题是空中信息的透明度问题。实战条件下，每个飞行员如何决定自己飞机的下一步动作与他是否了解敌我双方飞机的位置、姿态等有很大关系，而且飞行员是很难"看"到空战所有区域内目标的所有情况的，所以他的作战判断所依据的目标信息是有限的。而在计算机模拟空战过程中，每架飞机的位置和姿态都已"记录在案"，作战双方都可以利用这套信息进行决策，也就是说作战信息条件是完全态势信息。

为了用计算模拟空战尽可能地与实战情况相吻合，需要对飞机所拥有的信息量加以限制，即让飞机在限制信息条件下作战。飞机依靠其自身设备对目标信息的获取方式，主要有机载雷达测量、飞行员目视或者机载全向告警器预警等方式。此外，若有预警机或地面指挥雷达站的支持，飞机将能够获得在其自身看不见的范围内目标的粗略信息。

1) 依靠自身设备的信息获取模型

空中目标的信息主要来自机载雷达。对于机载雷达，这里只讨论其作用范围，并假设进入其作用范围的目标均可被截获和跟踪，至于雷达对载机的要求和抗干扰能力则不予考虑。机载雷达的作用范围通常包括作用距离和扫描角度。考虑目标与飞机在同一水平面内运动的情况，此时设在一定截获概率下，飞机雷达波束的最大偏转角为 φ_{max}，雷达的最大作用距离为 R_R，则雷达的作用区域描述为

$$S = \{(D, \varphi) \mid D \leqslant R_R, \ |\varphi| \leqslant \varphi_{max}\}$$

当目标处于机载雷达作用范围之外时，飞行员还可以通过目视或者全向告警器获取目标信息。在能够目视发现的区域内，飞行员将无条件获得目标的所有态势信息，包括位置、姿态、运动方向等。机载全向告警器起作用的条件是目标飞机用无线电雷达照射己方飞机，即己方飞机处于敌方的机载无线电雷达作用范围。这种条件下，飞机将获得目标的方位信息。

设目视发现的最大距离为 R_V，全向告警器的作用距离为 R_W，则一般有 $R_V < R_R < R_W$。据此可以画出作战时飞机的信息源作用区域图，如图 11-2 所示。图中将以飞机为中心的区域分成三部分，分别为雷达作用区域(Ⅰ)、目视作用区域(Ⅱ)和全向告警器作用区域(Ⅲ)。在区域Ⅰ和区域Ⅱ，飞机能获得目标的完全信息，而在区域Ⅲ，飞机只能获得目标的方位信息。

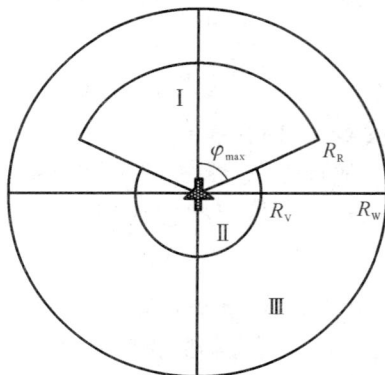

图 11-2 飞机的信息源作用区域图

2) 依靠机外设备的信息获取模型

飞机可以通过预警机或地面指挥雷达站来获取有关目标的信息，但这些信息的精度是不能和机载雷达测得的信息精度相比的。为了应用这些信息到计算机模拟空战系统中，人们需要在记录在计算机中的目标的准确信息基础上人工添加一些误差。一般假设这些误差服从均值为零的正态分布。

3. 作战武器模型建模方法

1) 武器的类型

用于空对空作战的机载武器类型主要有中距拦射空空导弹、近距格斗空空导弹及航炮等，其中中距拦射空空导弹往往又可分为发射后要管和发射后不管两类。为简单起见，本模型中将作战武器唯一设定为某型自动寻的空空导弹，这样在引导飞机飞行过程中可以不考虑对武器的制导问题。

2) 武器开火的判据

由于武器被设定为自动寻的空空导弹，因此这里只讨论该类型空空导弹的开火判据。

自动寻的空空导弹的发射至少要满足下面 3 个条件：

(1) 载机处于导弹的允许发射区内；

(2) 发射时刻目标处在导弹的最大视角范围内；

(3) 目标视线角速度小于其最大允许值。

当上述 3 个条件同时得到满足并保持一段时间以后，即可认为导弹被发射。

3) 杀伤效果

在空战过程中，一般采用累积杀伤概率来评定导弹的杀伤效果。所谓导弹的累积杀伤概率，是指导弹对目标的杀伤概率以导弹的单发杀伤概率与发射时刻载机的生存概率的乘积来计算。本模型中导弹的单发杀伤概率将被认为是一定值，即假设飞机生存概率为 1 时，导弹发射经预估的飞行时间后目标以确定的概率被杀伤。

4. 空战结果的计算模型建模方法

下面以研究 1 对 1 空战结果的计算模型建模为例。假设参战飞机为红机和蓝机，如果红方飞行员在 1 对 1 空战中击落了对手，而且自己保存完好，则取得本次空战胜利的为红方；反之，取胜一方为蓝方。如果双方都没有被击落，或双方均被击落，那么这场空战则为平局。在实际空战中，空战结果（红方胜、蓝方胜或平局）是偶然的，由飞行员的水平以及载机的信息、武器及飞控系统技战术性能决定。

在模拟空战时，空战结果一般是用概率来表述的，其指标可取为空战结果矢量或取胜矢量。空战结果矢量 $\boldsymbol{P}_{jg} = (p_{11}, p_{10}, p_{01}, p_{00})$，其中 p_{11} 为空战无结果的概率（双方都完好），p_{10} 为红方飞机取胜的概率（红方飞机完好，蓝方飞机被击落），p_{01} 为蓝方飞机取胜的概率（蓝方飞机完好，红方飞机被击落），p_{00} 为作战双方均被击中的概率。取胜矢量 $\boldsymbol{P}_{qs} = (p_1, p_2)$，其中 p_1 为红方飞机击落蓝方飞机的概率，p_2 为蓝方飞机击落红方飞机的概率。取胜矢量的分量 p_1 和 p_2 与空战结果矢量的分量 p_{11}、p_{10}、p_{01}、p_{00} 的关系为

$$\begin{cases} p_1 = p_{10} + p_{11} = 1 - p_{01} - p_{00} \\ p_2 = p_{01} + p_{11} = 1 - p_{10} - p_{00} \end{cases} \tag{11-9}$$

或者为

$$\begin{cases} p_{11} = (1 - p_1)(1 - p_2) \\ p_{00} = p_1 p_2 \\ p_{10} = p_1(1 - p_2) \\ p_{01} = (1 - p_1)p_2 \end{cases} \tag{11-10}$$

1) 取胜矢量的计算

用取胜矢量表示的空战结果，实质上是作战双方的相互累计杀伤概率。在这种方法中，作战双方的飞机都不可能被"击毁"，它们总是以一定的概率"生存"着，它们的武器对对方的杀伤概率同武器发射时刻己方的生存概率有关系。

设红方飞机发射武器及武器命中目标的时刻分别为 t_k^1、τ_k^1，武器的单发命中概率为 w_{1P}，则该发武器对目标的累积杀伤概率为

$$w_k^1(\tau_k^1) = (1 - p_2(t_k^1)) \cdot w_{1P} \qquad (11-11)$$

其中，k 为射击的序列号，$w_k^1(\tau_k^1)$ 则表明对目标的毁伤是在 τ_k^1 时刻起作用的，在其他时刻，该发武器对目标的毁伤概率为零。

对蓝机做同样的假设，即假设其发射第 k 枚武器的时刻为 t_k^2，武器命中的时刻为 τ_k^2，武器的单发命中概率为 w_{2P}，于是可以得到

$$w_k^2(\tau_k^2) = (1 - p_1(t_k^2)) \cdot w_{2P} \qquad (11-12)$$

最终，取胜矢量可以按照下式迭代计算，即

$$\begin{cases} p_1(t_i) = 1 - (1 - p_1(t_{i-1}))\left(1 - \sum_k w_k^1(\tau_i)\right), & p_1(t_0) = 0 \\ p_2(t_i) = 1 - (1 - p_2(t_{i-1}))\left(1 - \sum_k w_k^2(\tau_i)\right), & p_2(t_0) = 0 \end{cases} \qquad (11-13)$$

2) 空战结果的其他指标

为了突出对比作战双方的战果，空战结果还可以表述成其他指标的形式，其中最为常用的是空战损失比和空战交换比。

空战损失比(Loss Ratio)定义为红方飞机和蓝方飞机损失的架数之比，可以根据 1 对 1 空战的取胜矢量来进行计算，即

$$P_{LR} = p_2 : p_1 \qquad (11-14)$$

其中，P_{LR} 为红机对蓝机的空战损失比。此时蓝机对红机的空战损失比为 $1/P_{LR}$。

空战交换比(Exchange Ratio)和空战损失比从本质上讲是对一个问题的两种不同的描述方法。红方飞机对蓝方飞机的空战交换比的含义是：一架红机能与多少架蓝机相抗衡，或者说一架红机的战斗力相当于多少架蓝机的战斗力。红机对蓝机的空战交换比可以按下式计算，即

$$P_{ER} = (1 - p_2) : (1 - p_1) \qquad (11-15)$$

上述在计算空战损失比和空战交换比时，运用的都是空战结果矢量的分量，因此，当计算出取胜矢量以后，它们是很容易得到的。

11.2.2　典型参数解算方法

1. 发射区计算方法

空空导弹发射区是指以目标为参考点，在满足一定的攻击条件下，攻击机发射导弹可获得一定的命中概率的载机初始位置的集合。导弹的发射区主要是由导弹性能所确定的，此外也和目标的运动状态和飞机的运动状态有关。

发射区的计算一般采用以下几种方法：

(1) 六自由度动力学方程；

(2) 三自由度动力学方程；

(3) 数学拟合法；

(4) 快速模拟法。

上面几种方法中，六自由度动力学方程计算或三自由度动力学方程计算是根据动力学模型、目标和飞机飞行特性以及导弹比例导航关系来进行的，其运算过程非常复杂，一般只能离线进行。由于不可能快速完成实时运算，因此这两种计算的结果形式都是一整套在目标和攻击机不同条件下的发射区图，而且两种计算结果均可作为火力控制计算设计的依据。

数学拟合法是根据动力学方程计算的结果或实际打靶数据，对攻击机运用包线范围内的发射区按参数进行拟合，由此得到表示最大、最小发射距离的一组多项式。数学拟合法目前已经比较成熟，对此已有大量的文章进行了研究。该种方法最主要的缺点是，为了保证拟合的精度，要求计算机要有很大的存储容量。

快速模拟法主要通过适当简化导弹动力学方程，采用一些有力措施提高运算速度，以达到实时计算发射区的目的。用快速模拟法计算发射区具有较高的精度，同时它对任务计算机的存储容量没什么要求。从今后的发展来看，随着数字计算机的发展，快速模拟法将会得到更多的重视。

2. 数学模型

快速模拟法计算发射区的关键问题是提高运算的速度，使得这种算法能够完全在机载任务计算机内实时进行。为此，需要对导弹的动力学方程进行一定的简化。

导弹数学模型是在以下假设的前提下建立的：

(1) 导弹视为质点运动，满足瞬时平衡假设；

(2) 在步长时间内，导弹各参数保持不变；

(3) 目标的运动规律是已知的，为匀速转弯运动；

(4) 采用标准大气数据。

1) 导弹运动学方程

导弹运动学方程为

$$\begin{cases} \dfrac{\mathrm{d}x_m}{\mathrm{d}t} = v_m \cos\theta_m \cos\varphi_m \\[2mm] \dfrac{\mathrm{d}y_m}{\mathrm{d}t} = v_m \sin\theta_m \\[2mm] \dfrac{\mathrm{d}z_m}{\mathrm{d}t} = -v_m \cos\theta_m \sin\varphi_m \end{cases} \qquad (11-16)$$

式中，x_m、y_m、z_m 为导弹在惯性坐标系的三个坐标，v_m、θ_m、φ_m 分别为导弹的速度、航迹俯仰角和航迹偏转角，如图 11-3 所示。

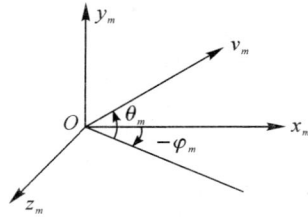

图 11 - 3   描述导弹运动的坐标及参数

2) 导弹动力学方程

导弹动力学方程为

$$\begin{cases} \dfrac{\mathrm{d}v_m}{\mathrm{d}t} = \dfrac{(P_m - Q_m)g}{G_m} \\[2mm] \dfrac{\mathrm{d}\theta_m}{\mathrm{d}t} = \dfrac{n_{my}g}{v_m} \\[2mm] \dfrac{\mathrm{d}\varphi_m}{\mathrm{d}t} = \dfrac{n_{mz}g}{v_m\cos\theta_m} \end{cases} \qquad (11-17)$$

其中，P_m、Q_m 为导弹的推力和空气阻力，G_m 为导弹的重量，n_{my}、n_{mz} 为导弹在俯仰方向和偏航方向的转弯控制过载。

P_m、Q_m 和 G_m 的变化规律如下：

$$P_m = \begin{cases} P, \ t \leqslant t_0 \\ 0, \ t > t_0 \end{cases}, \ Q_m = \frac{1}{2}\rho v_m^2 S_m C_{xm}, \ G_m = \begin{cases} G_0 - G_{\sec} \cdot t, \ t \leqslant t_0 \\ G_0 - G_{\sec} \cdot t_0, \ t > t_0 \end{cases} \qquad (11-18)$$

其中，t_0 为发动机工作时间，$G_{\sec}$ 为燃料秒流量，G_0 为导弹发射重量，C_{xm} 为导弹阻力系数，ρ 为大气密度。

3) 导引控制方程

导弹在空间运动情况下如何实现导引是需要研究的。自动寻的导弹导引误差信号形成和控制实现都是在参考坐标系的两个平面内进行的，一般有两种方案：一是在两个互相垂直的控制面内，实行相同的或不同的导引法控制；二是利用一个控制通道将导弹控制在瞬时导引平面内，在导引平面内进行导引法控制。

下面假设导弹运用比例导引法导引，并采用第一种实施方案。

如图 11 - 4 所示，以导弹所在位置 O 点为原点，引入视线坐标系 $Ox_sy_sz_s$，它和惯性坐标系 $Ox_my_mz_m$ 的关系由 β_m 和 ε_m 确定，则

$$\begin{bmatrix} x_s \\ y_s \\ z_s \end{bmatrix} = \begin{bmatrix} \cos\varepsilon_m\cos\beta_m & \sin\varepsilon_m & -\cos\varepsilon_m\sin\beta_m \\ -\sin\varepsilon_m\cos\beta_m & \cos\varepsilon_m & \sin\varepsilon_m\sin\beta_m \\ \sin\beta_m & 0 & \cos\beta_m \end{bmatrix} \begin{bmatrix} x_m \\ y_m \\ z_m \end{bmatrix} \qquad (11-19)$$

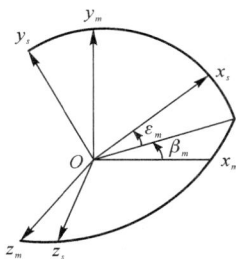

图 11 - 4　导弹运用比例导引法坐标系

比例导引法要求导弹速度矢量旋转角速度与视线转动角速度成比例，比值 K 为比例导航系数。下面分别求取视线与导弹速度向量的旋转角速度，结果表示为它们在视线坐标系里的投影。

视线 $\overrightarrow{Om}$ 的旋转角速度为

$$\boldsymbol{\omega}_s = \begin{bmatrix} \omega_{sx} \\ \omega_{sy} \\ \omega_{sz} \end{bmatrix} = \begin{bmatrix} \cos\varepsilon_m & \sin\varepsilon_m & 0 \\ -\sin\varepsilon_m & \cos\varepsilon_m & 0 \\ 0 & 0 & 1 \end{bmatrix} \begin{bmatrix} 0 \\ \dot{\beta}_m \\ 0 \end{bmatrix} + \begin{bmatrix} 0 \\ 0 \\ \dot{\varepsilon}_m \end{bmatrix} = \begin{bmatrix} \dot{\beta}_m \sin\varepsilon_m \\ \dot{\beta}_m \cos\varepsilon_m \\ \dot{\varepsilon}_m \end{bmatrix} \qquad (11-20)$$

速度矢量 $\boldsymbol{v}_m$ 的旋转角速度为

$$\boldsymbol{\omega}_v = \begin{bmatrix} \omega_{vx} \\ \omega_{vy} \\ \omega_{vz} \end{bmatrix} = \begin{bmatrix} \dot{\theta}_m \sin(\varphi_m - \beta_m)\cos\varepsilon_m + \dot{\varphi}_m \sin\varepsilon_m \\ -\dot{\theta}_m \sin(\varphi_m - \beta_m)\sin\varepsilon_m + \dot{\varphi}_m \cos\varepsilon_m \\ \dot{\theta}_m \cos(\varphi_m - \beta_m) \end{bmatrix} \qquad (11-21)$$

由于 ω_{vx} 为绕视线转动的角速度，可通过滚转控制使其为 0，因此可以不考虑。于是在两个控制通道内，按照比例导引法有

$$\begin{cases} \dot{\theta}_m = K\sec(\varphi_m - \beta_m)\dot{\varepsilon}_m \\ \dot{\varphi}_m = K\dot{\beta}_m + K\tan\varepsilon_m\tan(\varphi_m - \beta_m)\dot{\varepsilon}_m \end{cases} \qquad (11-22)$$

在近似的情况下，可取

$$\begin{cases} \dot{\theta}_m = K\dot{\varepsilon}_m \\ \dot{\varphi}_m = K\dot{\beta}_m \end{cases} \qquad (11-23)$$

考虑式(11-22)，即可得控制过载表达式为

$$\begin{cases} n_{my} = K\dot{\varepsilon}_m \cdot \dfrac{v_m}{g} \\ n_{mz} = K\dot{\beta}_m \cdot \dfrac{v_m\cos\theta_m}{g} \end{cases} \qquad (11-24)$$

4）目标运动方程

目标运动方程为

$$\begin{cases} \dot{x}_t = v_t\cos\theta_t\cos\varphi_t \\ \dot{y}_t = v_t\sin\theta_t \\ \dot{z}_t = -v_t\cos\theta_t\sin\varphi_t \end{cases} \qquad (11-25)$$

$$\begin{cases} \dot{v}_t = n_{tx}g \\ \dot{\theta}_t = \dfrac{n_{ty}g}{v_t} \\ \dot{\varphi}_t = \dfrac{n_{tz}g}{v_t\cos\theta_t} \end{cases} \qquad (11-26)$$

式中，x_t、y_t、z_t 是目标在惯性坐标系的位置，v_t、θ_t、φ_t 为目标的速度及航迹俯仰角和航迹偏转角，n_{tx} 为目标的纵向控制过载，n_{ty}、n_{tz} 为目标偏航和俯仰方向的转弯控制过载。

5）相对运动参数方程

用快速模拟法求解导弹攻击区时，目标运动是假想的，对其相对导弹的运动参数必须解析求解。设目标相对导弹的位置矢量为 r，它在惯性坐标系上可以用 (r_x, r_y, r_z) 或 $(r, \beta_m, \varepsilon_m)$ 表示，于是有

$$\begin{cases} r_x = x_t - x_m \\ r_y = y_t - y_m \\ r_z = z_t - z_m \end{cases} \qquad (11-27)$$

$$\begin{cases} r = \sqrt{r_x^2 + r_y^2 + r_z^2} \\ \beta_m = -\arctan\left(\dfrac{r_z}{r_x}\right) \\ \varepsilon_m = \arcsin\left(\dfrac{r_y}{y}\right) \end{cases} \qquad (11-28)$$

它们对时间的导数为

$$\begin{cases} \dot{r}_x = \dot{x}_t - \dot{x}_m \\ \dot{r}_y = \dot{y}_t - \dot{y}_m \\ \dot{r}_z = \dot{z}_t - \dot{z}_m \end{cases} \qquad (11-29)$$

$$\begin{cases} \dot{r} = \dfrac{r_x\dot{r}_x + r_y\dot{r}_y + r_z\dot{r}_z}{r} \\ \dot{\beta}_m = \dfrac{\dot{r}_x r_z - r_x\dot{r}_z}{r_x^2 + r_z^2} \\ \dot{\varepsilon}_m = \dfrac{r\dot{r}_y - \dot{r}r_y}{r\ \sqrt{r_x^2 + r_z^2}} \end{cases} \qquad (11-30)$$

3. 发射区计算

求解发射区实际上是求发射区的边界。在空间中，导弹的发射区是两个空间曲面围成的三维区域。为了实际计算和分析的方便，可将此空间的三维区域按照一定的高度差（以目标高度为基准）进行切割，得到的是一个个由内外发射包线界定的平面区域，这就是通常概念中的以目标为中心的平面攻击区。

求发射区边界的步骤是：首先输入一个目标进入角 q 值，预估计一初始射击距离 R_0，然后进行数值积分，并根据脱靶量等由导弹特性规定的命中限制条件判断导弹是否命中目标，如没命中，则对 R_0 进行修正，重新循环计算，直至求出满足约束条件的边界为止。

1）目标运动的假设

导弹发射后，目标一般要做一定机动来规避之。人们通常所说的导弹发射区都是针对一定的目标机动而言的，即在目标以确定的方式机动情况下，在其发射区内发射的导弹会以不低于一定的概率杀伤目标，至于目标不按假设的机动方式运动时导弹能否杀伤目标则不予以考虑。

假设目标以定常过载机动，且不考虑有切线加速度的情况。此时，较为一般的情形是，目标在倾斜平面内做等速圆周运动。然而考虑到实施导弹攻击时，攻击机与目标的高度差不会太大，而且这个高度差的数值比起双方的相对距离来说是很小的，目标一般选择在倾斜度很小的倾斜面内机动，因此可以近似认为目标在水平面内机动。

2）初始射击距离的确定

设目标以 n_{tz} 在水平面内做等速圆周运动，发射时刻导弹与目标分别位于 M、T 处，命中点为 K，导弹弹道近似为直线 MK，如图 $11-5$ 所示。

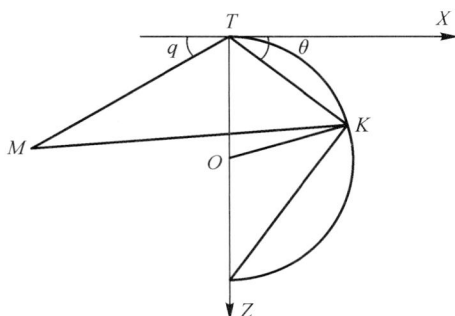

图 $11-5$ 弹道近似几何关系

设命中时间为 t_K，导弹的飞行平均速度为 v_{CP}，则

$$|MK| = v_{CP} t_K$$
$$|TK| = 2R_t \left| \sin\left(\frac{\theta}{2}\right) \right| \tag{11-31}$$
$$|MT| = R_0$$

其中，

$$R_t = \frac{v_t^2}{|n_{tz}| \cdot g} \tag{11-32}$$

$$\theta = \frac{v_t \cdot t_K}{R_t} \mathrm{sgn}(n_{tz}) \tag{11-33}$$

对 $\triangle MTK$ 应用余弦定理，有

$$(v_{CP} t_K)^2 = R_0^2 + 4R_0 R_t \left| \sin\left(\frac{\theta}{2}\right) \right| \cos\left(q + \frac{\theta}{2}\right) + 4R_t^2 \sin^2\left(\frac{\theta}{2}\right) \tag{11-34}$$

由此解出

$$R_0 = \frac{-B + \sqrt{B^2 - 4C}}{2} \tag{11-35}$$

其中，

$$B = 4R_t \left| \sin\left(\frac{\theta}{2}\right) \right| \cos\left(q + \frac{\theta}{2}\right) \tag{11-36}$$

$$C = 4R_t^2 \sin^2\left(\frac{\theta}{2}\right) - (v_{CP} t_K)^2 \tag{11-37}$$

这里需要给出 v_{CP} 与 t_K 的预估值。作为经验，v_{CP} 可取为发射时刻载机速度加上一常值，而 t_K 可取为导弹控制飞行时间的 75%。

3) 命中限制条件

导弹发射出去后，沿着弹道飞行，能否命中目标要受到各种因素的限制。在弹道积分过程中，可对导弹稳定飞行时间、导弹最大可用过载等因素进行限制。在这种情况下，若发生下列任何一种情况，即认为导弹不能命中目标。

(1) 导弹飞行时间大于导弹的最大控制飞行时间；

(2) 导弹飞行时间小于安全飞行时间；

(3) 导弹速度小于最小可控速度且没有推力；

(4) 导弹导引头跟踪角超出最大跟踪角；

(5) 导引头跟踪角速度超出最大跟踪角速度；

(6) 导弹与目标接近速度小于引信起控速度。

在上述各限制条件中，其限制的参数均为常数，且随不同型号的导弹而不同。在被限制的参量中，导弹飞行时间、导弹速度以及导弹与目标接近速度本身就是计算变量，导弹跟踪角即为导弹速度矢量与视线的夹角，而导引头跟踪角速度即为目标线旋转的角速度。

4) 算法的快速性设计

如何提高运算的速度，是快速模拟法计算导弹发射区的关键问题。主要采取以下一些措施：

(1) 对导弹气动参数进行简化处理。为了提高运算速度，在编程时对气动参数的计算进行了一定的简化。由于 $C_{xm} = C_{x0} + A C_{ym}^2$，而诱导阻力系数 A 很小，而且 $A C_{ym}^2$ 变化的基本趋势与 C_{x0} 相同，故 C_{xm} 近似用 $K_C C_{x0}$ 来代替。另外，C_{x0} 和 ρ 采用分段线性插值求取而不是二次插值求取。

(2) 采用变步长法积分导弹运动方程。在计算发射区过程中，积分运动方程是一项非常耗时的工作。在计算过程中如将步长取得过大，则计算结果的误差将增加，就有可能导致错误判断，使可以命中的目标变为不命中，从而使计算的结果也不正确；反之，如果步长取得过小，则将影响到计算的速度。因此，采用变步长的方法，是提高运算速度、保证计算完成的一个非常重要的措施。考虑到精度的因素，应在计算开始时选用较大的步长，而当导弹接近目标时取较小的步长。

(3) 采用黄金分割法对距离进行寻优。求发射区的边界实际上是对发射距离进行一维搜索。黄金分割法方法简单，效率高，用它可以较快地搜索某一范围，找出最优点。其思路是：① 确定一个搜索范围，计算搜索范围内的黄金分割点；② 根据计算结果确定新的搜索范围，在新范围内再计算黄金分割点；③ 如此循环，直至搜索范围小于一个发射边界的误差范围。

(4) 预估初始射击距离，在预估的初值范围内寻优。由于对发射区的外边界采用了较为精确的预估技术，初值已非常逼近它的寻优结果，因而按照预估的寻优初值计算后，需要先在预估值左右一个小范围内进行寻优。这个小范围约为寻优初值的 80%～120%，它能保证大多数情况下包含最优点。由于寻优范围大大减小，寻优次数也就大大减小，计算发射包线的速度也就快了许多。在少数情况下，最优点可能会跳出这个初值范围，这时需要扩大搜索的范围。

5）计算流程图

对于确定的攻击条件，即给定目标高度和速度、目标机动过载、目标进入角、飞机高度和速度、导弹初始离轴角，发射区边界的计算流程图如图 11-6 所示。如果要计算目标周围 360°发射区的边界，只需在此基础上改变目标进入角 q 值，然后循环计算即可。

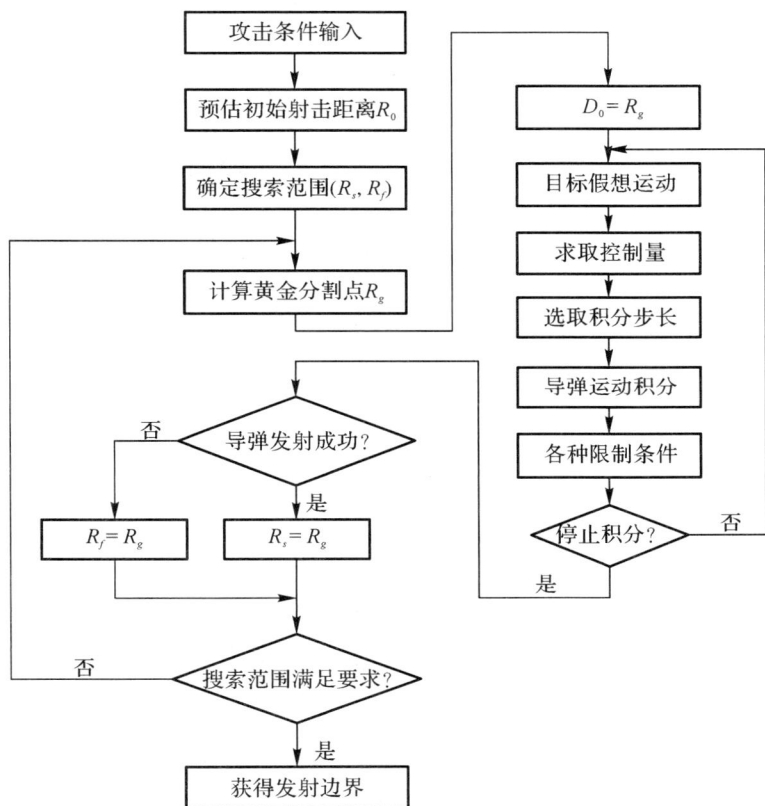

D_0——开始弹道积分时，目标与导弹之间的距离；

R_s——能够发射成功的初始距离；

R_f——发射不能成功的初始距离；

R_g——发射成功与失败两个初始距离之间的黄金分割点，$R_g = R_s + 0.618(R_f - R_s)$。

图 11-6　导弹发射区边界计算流程图

4. 不可逃逸区的计算

所谓不可逃逸区，是指在目标周围的一个空间区域。载机在这个区域内发射导弹，无论目标按何种机动方式机动，发射出的导弹都能够准确命中目标。不可逃逸区包含于发射区之内。由前面的讨论可知，发射区是针对某种目标运动状态而言的，因此从理论上讲，不可逃逸区应是目标做各种可能的机动时所对应的各种攻击区重合的部分。然而在攻击时，目标的运动状态是随时可变的，导弹的运动时间又较长，所以目标运动的状态可能性是穷举不完的。因而真正理论上的不可逃逸区是难以求出的，不可逃逸区的含义也需加以近似理解。

下面就所求出的发射区来讨论导弹的不可逃逸区的计算。在前面计算导弹发射区的时候，是假设目标在水平面内做等速圆周运动的，此时目标运动速度和机动过载都是常值。在此基础上计算目标最大过载右机动、最大过载左机动和不机动三种情况的导弹发射区，并把三者的公共部分作为导弹的不可逃逸区。所以导弹不可逃逸区的最大、最小允许发射距离可定义如下：对应于确定的攻击条件，$R_{max}^{不可逃逸}$、$R_{min}^{不可逃逸}$ 分别为最大过载右机动、最大过载左机动、不机动时的最大允许发射距离中的最小值和最小允许发射距离中的最大值，可用公式表示为

$$R_{max}^{不可逃逸} = \min\{R_{max}(n), R_{max}(-n), R_{max}(0)\} \tag{11-38}$$

$$R_{min}^{不可逃逸} = \max\{R_{min}(n), R_{min}(-n), R_{min}(0)\} \tag{11-39}$$

其中：R_{max} 为最大允许发射距离可发射区取值；R_{min} 为最小允许发射距离可发射区取值；n 为机动过载，正值表示向右机动，负值表示向左机动。

不可逃逸区的计算原理是很简单的。首先根据给定的目标和攻击机运动状态，分别求解在目标最大过载右机动、最大过载左机动和不机动假设下的最大与最小允许发射距离，并由式(11-38)和式(11-39)确定不可逃逸区的最大、最小允许发射距离；然后改变目标进入角 q 值，循环计算，得出两组分别表征导弹不可逃逸区内外边界的点的数值；最后在此基础上，采用一定的拟合方法对这些点进行拟合，并将结果描绘在以目标为中心的极坐标图上，于是就可得到导弹不可逃逸区的形状。

不可逃逸区的最大允许发射距离与可发射区的最大允许发射距离差别明显，而不可逃逸区的最小允许发射距离与可攻击区的最小允许发射距离相差不大，描绘在图形上往往是密不可分的。

11.3　垂直散开战术建模

本节对垂直散开战术进行建模。

11.3.1　垂直散开战术

垂直散开战术主要应用于中高空小编队与敌机的空战。其基本思想是己方编队在一定的条件下于垂直平面内散开，长机爬升到系统设定的高度，利用高度优势形成对目标的先敌发射优势，并增大导弹攻击距离，而僚机下降到 500 m 左右低空，隐蔽接近敌机，并监视敌机和支援长机的行动。编队和目标之间的相互关系如图 11-7 所示。

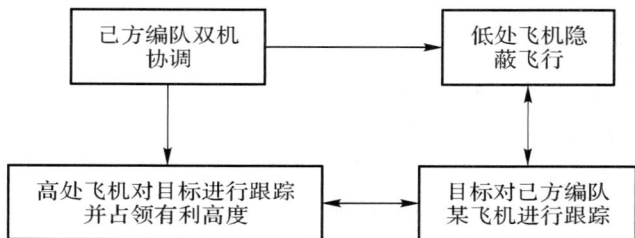

图 11-7　编队与目标的相互关系

1. 垂直散开战术的实施过程

投入空战后，起初己方双机编队保持密集队形，到达垂直散开战术散开点后，分别朝垂直平面上下两个方向机动，上升或下降到各自规定的高度。长机到达规定高度后，为了获得最优的攻击条件和效果，需要进行一定的姿态调整，而此时僚机则负责干扰、监视等任务。之后己方长机和僚机之间相互协调相互配合，针对敌机和环境的态势情况实时作出调整，保证长机对目标的高度优势或僚机的攻击优势。如果己机导弹攻击条件满足，则发射导弹攻击目标。其基本战术过程示意图如图 11 - 8 所示。

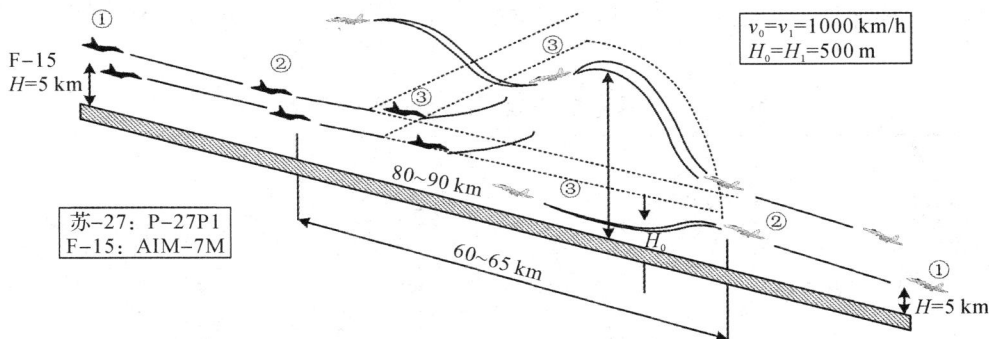

图 11 - 8　垂直散开战术过程示意图

从图 11 - 8 不难看出，整个垂直散开战术过程可以分为 3 个阶段：

（1）开始散开。己机编队如果以密集队形投入空战，则双机编队在敌方机载雷达的荧光屏上显示为一个亮点而使敌方不能正确判断己机的数量。当编队满足垂直散开战术条件时，由于编队中双机距离等参数的增大，敌方机载雷达荧光屏上的目标由一个点变成了两个点。这样敌机需要重新判断形势，重新协调区分目标，重新跟踪截获目标，这些过程可能需要耗费几十秒的时间。而己机编队则可以充分利用这段时间，完成战术机动占位，形成有利的攻击条件。

（2）机动占位。两机垂直散开后，一般长机往高处机动，僚机往低处机动。长机迅速爬升到系统给定的高度，形成对目标攻击的优势；僚机则下降到低空（500 m 左右），利用地形杂波作为掩护，隐蔽接近目标，并在长机或指挥系统的指导下，监视目标的行动，例如在目标发射导弹后及时通知长机等，同时根据长机的要求，在适当的时机释放干扰压制目标，以支援长机的攻击任务。

（3）攻击目标。长机到达预定高度后，判断是否满足攻击条件，满足条件即发射导弹攻击目标；僚机在隐蔽接敌过程中，如果满足攻击条件，也发射导弹攻击目标。

2. 垂直散开战术的基本分析

飞机编队通过机动和配合，以达到以下战术意图：

（1）占据有利的攻击位置；

（2）使敌方的空中态势复杂化；

（3）隐蔽和掩护编队对敌发起攻击；

（4）缩小敌攻击范围，破坏敌首先发起导弹攻击的可能性；

（5）降低敌导弹攻击的杀伤概率。

上述意图均能够在垂直散开战术中得以实现,但飞机编队实施垂直散开战术要受到多种因素的影响,即各种因素的变化会影响垂直散开战术实施的效果。

另外,某些影响因素的变化还决定了实施垂直散开战术的目的。一般来说,实施垂直散开战术的目的有两种:一种是通过战术机动使己方飞机编队的高空飞机满足先敌发射导弹条件,这种情况往往是由于己方飞机导弹最大攻击距离小于敌方;另一种是当敌机已经对己方飞机编队发射了导弹,己方飞机编队通过战术机动来破坏敌方导弹的制导条件。所以敌我双方武器性能的对比能够决定实施垂直散开战术的目的。

表 11-1 描述了己方飞机编队实施垂直散开战术的主要影响因素及对应的主要可能情况。

表 11-1　垂直散开战术的主要影响因素分析

影响因素	主要可能情况	
高度优势	敌机具有高度优势	己机具有高度优势
目标机动方向	目标转向低空飞机	目标转向高空飞机
武器性能对比	己方导弹最大发射距离优于敌机	敌方导弹最大发射距离优于或等于己机
跟踪方式	基于数据链信息的跟踪	基于作战飞机雷达的跟踪
战术目的	形成攻击优势	破坏敌导弹制导

如表 11-1 所示,高度优势决定了己方飞机编队实施垂直散开战术的时机和可能性。在初始散开时刻,如果己方飞机编队占有一定的高度优势,则实施垂直散开战术的时间区间较长,己方飞机编队能够从容地实施垂直散开战术;如果敌机占有高度优势,则己方飞机编队能够顺利实施垂直散开战术的时间区间较短,敌机高度优势达到一定值时,即使己方飞机编队垂直散开,也无法获得攻击优势。

己方飞机编队开始散开后,目标在判明态势的情况下,会采取一定的机动对策。如果目标转向己方高空飞机,则己方高空飞机想利用高度优势获得攻击优势的意图难度会增加,但此时己方低空飞机可以起主导攻击作用;如果目标转向己方低空飞机,则己方高空飞机可以缩小占领空间高度的时间,更有利于实施垂直散开战术,此时己方低空飞机主要起佯攻和支援的作用。故目标的机动方向决定着己方飞机编队的协调行动方案,如双机同时攻击目标、长机攻击/僚机保障或者僚机攻击/长机保障。

传统模式下,飞机只能利用机载雷达等设备实现对目标的跟踪,飞机编队实施垂直散开战术必须保证目标始终处于雷达视场内。而在航空数据链支持下,作战飞机能够利用数据链信息实现对目标的跟踪,这种跟踪方式下同样能够实施垂直散开战术,且战术机动过程中不受机载雷达视场的限制。

3. 垂直散开战术的时机条件

实施垂直散开战术的时机主要与双方导弹性能有关。以苏-27 对抗 F-15 为例,假定 F-15 飞机(敌方)携带"麻雀"中距导弹,苏-27 飞机(己方)运用 P-27 导弹。由于敌方导弹最大发射距离优于己方,则双机编队散开时机的条件为:己机对目标转入截获状态且敌机机载雷达也转入自动跟踪状态。当己方运用 P-27 增程导弹时,由于己方导弹最大发射距离优于敌方,故在一般情况下己方飞机会先发射导弹。如果己机发射导弹后不能立即脱离,仍需照射目标，随着时间的推移己机有可能进入敌方导弹发射区，这种情况下己方双机编队散开的时机条件为：在敌机发射导弹后立即进行散开。

双机编队散开时机的条件只是双机编队实施垂直散开战术的必要条件，而非充分条件，满足条件的时刻表示为双机编队的最大散开时机。

不同的散开时机决定了己机的爬高高度，而己机高度以及与目标的高度差对己方导弹最大攻击距离影响很大，高度差越大，攻击优势越明显。如图 11-9 所示，图中的阴影部分表示己机优先发射导弹区域。

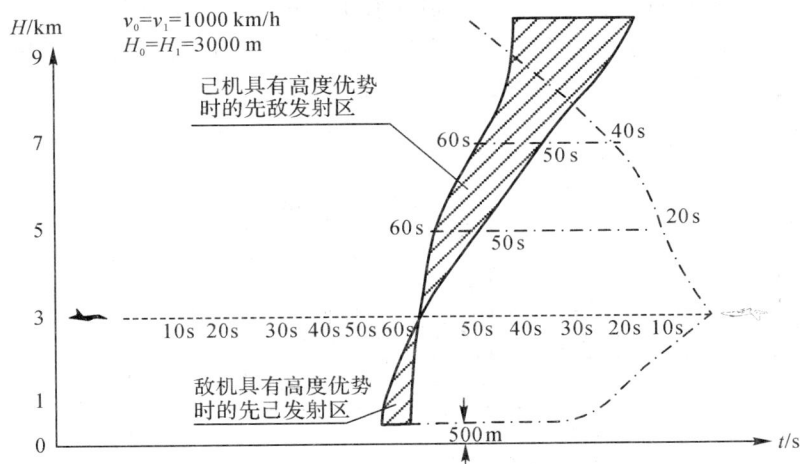

图 11-9　导弹先敌发射区域示意图

4. 垂直散开战术的实现方式

垂直散开战术的实现方式有两种：一种是在不需要数据链支持的基于雷达跟踪状态下实现；另一种是在有数据链支持的基于虚拟跟踪状态下实现。

基于雷达跟踪状态是指：在散开过程中，己机飞行员对本机实施适当的操纵，使目标始终处于本机雷达的跟踪视场内，雷达对目标的跟踪不中断。

基于虚拟跟踪状态是指：在散开的过程中，利用航空数据链的支持，己机飞行员对飞机的操纵按照使过程时间最短的轨迹，占据有利的空间位置，这时由预警机测得双方飞机的相对位置传给己机，己机计算出双方飞机之间的相关参数，以此作为己机雷达的探测区中心位置，并显示计算出的目标距离。这时，己机飞行员始终按压截获按钮，当敌机出现在己机雷达视场内且满足截获距离条件时，己机雷达将很快进入跟踪状态。

虚拟跟踪状态下对垂直散开战术的研究是建立在雷达跟踪状态下垂直散开战术实现过程的基础上，且两种不同状态对应着不同的散开时机、不同的理想轨迹、不同的机动限制条件等。下面首先介绍基于雷达跟踪状态下的垂直散开战术原理，然后在此基础上，研究基于虚拟跟踪状态下的垂直散开战术原理。

11.3.2　基于雷达跟踪实现垂直散开战术的研究

实施垂直散开战术时，必须保证目标始终处于己方飞机雷达的视场内，使己方飞机到达预定高度后不需要重新搜索和截获，否则会使己方飞机由于高度带来的攻击优势消弭殆尽。

1. 双机散开运动轨迹的理想模型

受雷达跟踪状态限制条件的约束,飞行员实施垂直散开战术的过程是一个比较主观的复杂过程。对于编队中的长机,一般情况下,飞行员先向上急跃升,如果目标快要脱离本机雷达视场角范围时,则飞行员需要调整飞机姿态,减小目标俯仰角,经过一段时间后飞行员再往上转弯机动,按照上述步骤,飞行员反复操纵飞机机动,直到飞机到达预定空间位置。而对于僚机,飞行员只需要操纵飞机急速下降至低空。

由于双机散开操纵过程与飞行员的主观性有很大的关系,这不利于问题的描述。为了便于问题的研究,这里假定己方飞机在散开转弯段以匀角速度进行机动,则基于雷达跟踪状态下的垂直散开战术过程可以用图 11-10 来描述。

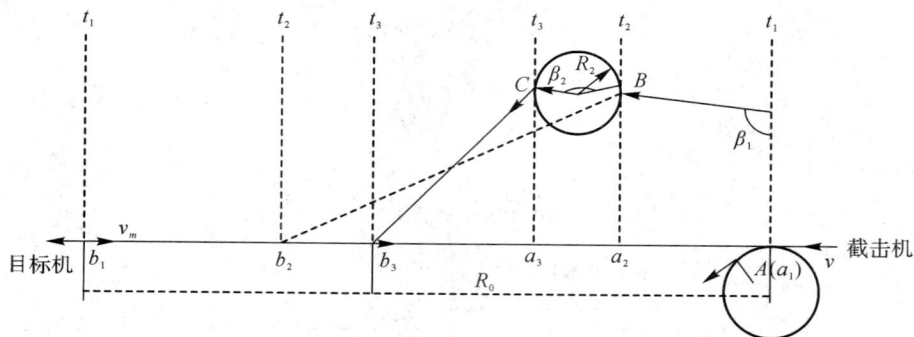

图 11-10　基于雷达跟踪状态下的垂直散开战术过程

由图 11-10 可知,长机基于雷达跟踪状态下的垂直散开战术过程可以分为两个阶段:散开转弯段(AB)和姿态调整段(BC)。

低空僚机在垂直散开战术中主要起辅助作用,而高空长机能够形成对敌优势攻击,这是垂直散开战术最基本的目的。故下面以对高空飞机散开过程的研究为主。

2. 垂直散开时间

图 11-10 中将垂直散开战术过程分为了两个阶段,故实施垂直散开战术的时间为这两个阶段所耗费的时间之和。假定在初始条件下,系统给定己方高空飞机需爬升的高度为 H,并假定己机最大雷达跟踪视场角为 $\alpha_{\max}$。

1) 散开转弯时间

如图 11-10 所示,假定初始时刻 A 点本机雷达轴线正向于目标,如果本机以匀转弯角速度 ω 机动,则任意时刻飞机速度可以表示为

$$
\begin{aligned}
v_x(t) &= v\cos(\omega t) \\
v_y(t) &= v\sin(\omega t)
\end{aligned}
\tag{11-40}
$$

其中 v 表示己机速度。如果以目标为参照物,则本机速度可以描述为

$$
\begin{aligned}
v'_{x(t)} &= v\cos(\omega t) + v_m \\
v'_{y(t)} &= v\sin(\omega t)
\end{aligned}
\tag{11-41}
$$

其中 v_m 表示目标速度。如果以目标为参照物时,则本机转弯角速度可以描述为

$$
\omega'(t) = \arctan \frac{v'_y}{v'_x} = \arctan \frac{v\sin(\omega t)}{v\cos(\omega t) + v_m}
\tag{11-42}
$$

假定散开转弯阶段末目标相对于己机方位角为 μ，则散开转弯段所耗费的时间可以从下式推出，即有

$$\mu = \int_0^{t_1} \omega'(t)\,\mathrm{d}t = \int_0^{t_1} \arctan \frac{v\sin(\omega t)}{v\cos(\omega t) + v_m}\,\mathrm{d}t \tag{11-43}$$

式中，t_1 为散开转弯段时间。

同时，系统要求载机在 t_1 时刻能够到达高度 H，故有

$$H = \int_0^{t_1} v\sin(\omega t)\,\mathrm{d}t \tag{11-44}$$

转换后，有

$$t_1 = \frac{1}{\omega}\arccos\left(1 - \frac{H\omega}{v}\right) \tag{11-45}$$

值得注意的是，基于雷达跟踪状态，在散开转弯阶段末，目标相对于本机雷达的雷达跟踪视场角必须小于飞机最大雷达跟踪视场角 $\alpha_{\max}$，也即有下面的约束条件成立，即

$$\begin{aligned} & \mu + \omega t_1 < \alpha_{\max} \\ \Rightarrow & \int_0^{\frac{1}{\omega}\arccos\left(1-\frac{H\omega}{v}\right)} \arctan \frac{v\sin(\omega t)}{v\cos(\omega t) + v_m}\,\mathrm{d}t + \arccos\left(1 - \frac{H\omega}{v}\right) < \alpha_{\max} \end{aligned} \tag{11-46}$$

在上式相等的情况下获得的 ω 值即为散开转弯段的最大角速度 ω^*。

2）姿态调整时间

在姿态调整 BC 段，假定飞机以最大过载 $\omega_{\max}$ 进行机动，则飞机机动到 C 点时其雷达天线应该对准目标。现假定在 C 点位置，己机形成对目标的优势攻击条件，即己机机头方向对准目标，则有

$$\alpha_1 = \arcsin \frac{H + \int_0^{t_2} v\sin(\omega t_1 - \omega_{\max} t)\,\mathrm{d}t}{r_1} \tag{11-47}$$

并有

$$\alpha_1 + \omega t_1 = \omega_{\max} t_2 \tag{11-48}$$

将式（11-47）代入式（11-48）后，有

$$t_2 = \frac{\omega t_1 - \arcsin \dfrac{H + \int_0^{t_2} v\sin(\omega t_1 - \omega_{\max} t)\,\mathrm{d}t}{r_1}}{\omega_{\max}} \tag{11-49}$$

式中 t_2 表示飞机姿态调整时间，且其表达式中只有一个输入控制量 ω。

3）基于雷达跟踪状态下的垂直散开时间

因总的垂直散开时间由散开转弯段时间和姿态调整段时间组成，故飞机基于雷达跟踪状态下的垂直散开战术过程时间可以描述为

$$\begin{aligned} T &= t_1 + t_2 \\ &= \frac{1}{\omega}\arccos\left(1 - \frac{H\omega}{v}\right) + g(\omega, H, \omega_{\max}, v, v_m) \end{aligned} \tag{11-50}$$

其中，$g(\omega, H, \omega_{\max}, v, v_m)$ 表示时间 t_2 变化后的函数。

3. 基于非线性规划的垂直散开时间优化模型

前面讨论了在垂直散开过程中，目标不能脱离本机雷达的跟踪，另外飞机在垂直散开过程中还受到其他一些条件的限制。在这些条件制约下，飞机在垂直散开过程中耗费的时

间越小越好。通过式(11-50),不难看出散开时间 T 只受到一个输入变量 ω 的影响,故可以采用非线性规划模型对式(11-50)进行优化处理。

结合式(11-50)和基于雷达跟踪状态下垂直散开战术过程限制条件,其散开时间优化模型可以表示为

$$\begin{cases} \min T = \min(t_1 + t_2) \\ \text{s. t.} \\ \mu_t \leqslant \mu_f,\, t \in T \\ H_m(t) \leqslant H,\, t \in T \\ \alpha_t \leqslant \alpha_{\max},\, t \in T \\ n_t \leqslant n_{\max},\, t \in T \end{cases} \tag{11-51}$$

模型中:μ_f 表示在载机期限推力下,飞机能够保持 $0.9\,Ma$ 速度飞行时的期限俯仰角;$H_m(t) \leqslant H$ 保证了飞机机动高度限制;$\alpha_t \leqslant \alpha_{\max}$ 保证了目标始终处于本机雷达跟踪状态;$n_t \leqslant n_{\max}$ 保证了本机在机动过程中,转弯角速度不超过期限转弯角速度。

将式(11-50)代入式(11-51),采用最大似然算法,令 $\dfrac{\partial T}{\partial \omega} = 0$,则有

$$\frac{\partial T}{\partial \omega} = \frac{\partial t_1}{\partial \omega} + \frac{\partial t_2}{\partial \omega} = \frac{\partial \left[\dfrac{1}{\omega} \arccos\left(1 - \dfrac{H\omega}{v}\right) \right]}{\partial \omega} + \frac{\partial g(\omega,\, H,\, \omega_{\max},\, v,\, v_m)}{\partial \omega} = 0$$

$$\tag{11-52}$$

展开上式,并联合式(11-51)的约束条件,可以解得

$$\omega_{\text{you}} = f(H,\, v,\, \omega_{\max},\, v_m)$$

其中,ω_{you} 表示飞机基于雷达跟踪状态下实施垂直散开战术的最优转弯角速度。

将 ω_{you} 代入式(11-50)中进行计算,可以获得飞机实施垂直散开战术的最小时间 $t_{\min}$。飞行员在实际操纵过程中,将 ω_{you} 和 H 作为控制量,显示在飞机平视显示器上,其中参数 ω_{you} 提示飞行员按照该值进行机动飞行就能够保证飞机以最优路线完成垂直散开战术。

4. 先敌发射时间函数

己方高空飞机实现垂直散开战术的目的是获得一定的先敌发射导弹优势。从导弹模型可以发现,导弹最大攻击距离 $R_{\max}$ 与双方高度差 ΔH 成正比。也就是说,ΔH 越大,己方飞机所携带的导弹最大攻击距离就越大,对应到己方形成的攻击优势就越大;反之则小。

假定己机对目标形成高度差为 ΔH,依据导弹攻击模型,结合某时刻敌机状态条件和己机状态条件,可以计算得到敌方导弹的最大发射距离和己方导弹的最大发射距离,分别表示为 R_1 和 R_m。依据图 11-9,可以看出不同高度差使己机获得的优先发射时间是不相同的,它们之间的关系可以用图 11-11 表示。

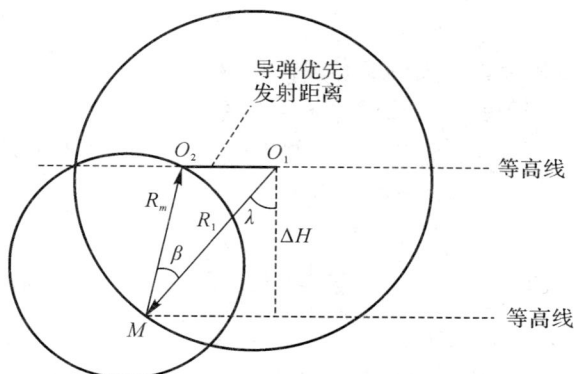

图 11-11　先敌发射时间函数描述图

不难看出，图 11-11 是以目标为参照物进行描述的。假定 O_1 点到 O_2 点的距离为 r，利用三角函数关系，可以得到：

$$\frac{R_1}{\sin(180° - \beta - 90 + \lambda)} = \frac{R_m}{\sin(90 - \lambda)} = \frac{r}{\sin\beta} \qquad (11-53)$$

己方高空飞机达到预定高度后，为了保持攻击优势，一般是沿着等高线 H 近似水平机动的，同时本书在前面已经假设目标做匀速水平运动，则 O_1O_2 段双方相对速度为两者速度之和，故己方高空飞机优先发射时间可以描述为

$$t_{xian} = \frac{r}{v_1 + v_m} \qquad (11-54)$$

另外，从图 11-11 中不难得到

$$\lambda = \arccos\left(\frac{\Delta H}{R_1}\right) \qquad (11-55)$$

同时，依据导弹模型可以获得

$$R_1 = f_1(\Delta H); \ R_m = f_2(\Delta H) \qquad (11-56)$$

将式(11-55)和式(11-56)代入式(11-54)，有

$$t_{xian} = \frac{\sqrt{f_1^2(\Delta H) - \Delta H^2} - \sqrt{f_2^2(\Delta H) - \Delta H^2}}{v_1 + v_m} \qquad (11-57)$$

式(11-57)即为己方高空飞机在一定高度优势下获得的先敌攻击时间函数。可以看出，该函数主要与双方高度差 ΔH 密切相关。同时，在式(11-56)中，导弹攻击距离还与许多双方飞机的状态条件相关，比如本机高度等参数，也即 t_{xian} 与这些参数也是相关的。因这里主要是讨论高度差 ΔH 对 t_{xian} 的影响，故其他参数没有列出。

5. 预定爬升高度函数

前面讨论了双方高度差 ΔH 与先敌攻击时间 t_{xian} 之间的相互关系。从图 11-11 和式(11-57)可以看出，ΔH 越大，己机能够先敌发射导弹的时间越长，但己机需要的爬升时间也就越长。若爬升时间过长，除了不利于二次攻击以外，而且由于目标距离的不断减小，目标能够作出判断的时间就越长，对于本次攻击也是不利的。实际作战中，往往希望能在最短的时间内攻击目标。

长机需要爬升的预定高度 H_{yu} 是系统根据双方目前的态势和满足先敌攻击的条件所预先指定的。预定高度 H_{yu} 能够保证在目前双方态势情况下，飞机在散开时间 T 后，能够有充分的时间完成导弹攻击并安全退出，以便进行第二次攻击。

假设 t_b 为己机发射导弹后脱离敌方攻击区域的最小机动时间，参照图 11-11，有

$$\Delta H = \sqrt{R_1^2 - \left(\frac{R_1^2 - R_m^2 + t_b^2(v_m + v)^2}{2t_b(v_m + v)}\right)^2}$$

将式(11-56)中导弹最大攻击距离 R_1 和 R_m 与双方高度差 ΔH 之间的函数关系代入上式后，上式变为

$$\Delta H = \sqrt{R_1^2(\Delta H) - \left(\frac{R_1^2(\Delta H) - R_m^2(\Delta H) + t_b^2(v_m + v)^2}{2t_b(v_m + v)}\right)^2} \qquad (11-58)$$

将上式与导弹攻击模型相结合，并假定散开初始时刻己机高度为 H_0，则系统设定给己机的预定爬升高度 H 为

$$H = H_1 + \Delta H = H_1 + f_h(v, v_m, t_b, k_1, k_m) \qquad (11-59)$$

式中,函数 f_h 表示式(11-58)的解函数表达式,其中参数 k_1 表示己方导弹属性,参数 k_m 表示敌方导弹属性。

从实战中发现,对己机最有利的高度优势为 4000 km 左右,该优势高度能为己机提供大约 10 s 左右的先敌发射时间,该时间段能够充分保障己机完成导弹发射后安全脱离。

6. 垂直散开时机的研究

前面介绍了己机实施垂直散开战术的初始散开时机条件为:己机对目标转入截获状态且敌机机载雷达也转入自动跟踪状态。己机实施垂直散开战术的时机必须要满足该条件,但并非一旦满足该条件就实施垂直散开战术,也即该状态条件是实施垂直散开战术的必要条件但非充分条件。

从本机的飞行过程来看,假定己机满足初始散开时机条件时刻为 t_0,t_0 时刻对应的目标相对距离表示为 r'_0,同时根据先敌发射时间函数式(11-57),假定己机能够实施垂直散开战术并有一定攻击优势的最小散开时刻表示为 t_1,对应的目标相对距离表示为 r''_0,则在时间段 $[t_0,t_1]$ 内(或对应的距离段 $[r'_0,r''_0]$ 内)己机均可以实施垂直散开战术,但其中只有一点为最优散开时刻,表示为 t^*,该点对应的目标相对距离表示为 r_0^*。

己机必须要在优势区域段内发射导弹,否则目标将先己发射导弹。取己机优势区域段的左边界点为临界点 1,临界点 1 表示敌方与己方导弹最大发射距离相等;取己机优势区域段的右边界点为临界点 2,临界点 2 表示己机最优发射点。通过临界点 1 和临界点 2 将垂直散开过程进行反推,对应的初始散开时间分别对应为实施垂直散开战术的最小散开点 t_1 和最优散开点时间 t^*。

1) 最小目标相对距离 r'_0

假定垂直散开过程时间为 T,发射前导弹准备时间为 t_a,并假定己机在 t_a 时间内匀速等高度飞行,则垂直散开战术时间 $t = T + t_a$。时间 t 内,己机前进距离和目标前进距离分别表示为

$$\begin{cases} r_1 = r_{11} + r_{12} + vt_a \\ r_m = v_m(T + t_a) \end{cases} \tag{11-60}$$

其中,r_{11} 表示散开转弯段的前进距离,r_{12} 表示姿态调整段的前进距离,可描述为

$$\begin{cases} r_{11} = \int_0^{t_1} v\cos(\omega t)\,dt \\ r_{12} = \int_0^{t_2} v\cos(\omega t_1 - \omega_{max}t)\,dt \end{cases} \tag{11-61}$$

在临界点 1 的位置,目标和己机的相互关系描述图如图 11-12 所示。

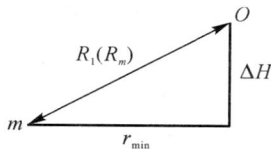

图 11-12 目标和己机的相互关系描述图

利用图 11-12 所示的三角关系,可以得到

$$r_{min} = \sqrt{R_m^2 - \Delta H^2} \tag{11-62}$$

则己机能够实施垂直散开战术的最小目标距离可以描述为

$$r_0' = r_1 + r_m + r_{\min} \tag{11-63}$$

将式(11-60)、式(11-61)和式(11-62)代入式(11-63)后,可以得到:

$$r_0' = \int_0^{t_1} v\cos(\omega t)\mathrm{d}t + \int_0^{t_2} v\cos(\omega t_1 - \omega_{\max}t)\mathrm{d}t + vt_a + v_m(T + t_a) + \sqrt{R_m^2 - \Delta H^2}$$

$$\tag{11-64}$$

2）最优目标相对距离 r_0''

如果己机在临界点 2 发射导弹,则反推得到的初始点相对目标距离就认为是最优目标相对距离。按照上面的计算过程,可以得到 r_0'' 的表达式为

$$r_0'' = \int_0^{t_1} v\cos(\omega t)\mathrm{d}t + \int_0^{t_2} v\cos(\omega t_1 - \omega_{\max}t)\mathrm{d}t + vt_a + v_m(T + t_a) + \sqrt{R_1^2 - \Delta H^2}$$

$$\tag{11-65}$$

式(11-64)和式(11-65)的目标相对距离对应到时间上,就分别表示为初始散开时间的最小值 t_1 和最优值 t^*。则己机能够实施垂直散开战术的距离区间描述为 $\begin{bmatrix} r_0' & r_0'' & r_0 \end{bmatrix}$,中间数表示最优值;该区间对应的初始散开时间区间描述为 $\begin{bmatrix} t_1 & t^* & t_0 \end{bmatrix}$。

将初始散开时间或初始散开目标相对距离反馈到 11.2.2 节中各散开阶段时间计算公式中,就可以得到垂直散开战术各阶段所对应的散开时刻,也即能够提供给飞行员在各战术导航点的机动时刻。

在某飞行时刻,对于己机编队,如果有 $r_0 < r_0'$,则己机不能基于雷达跟踪状态下实施垂直散开战术。如果有 $r_0 < r_0''$,则己机采用垂直散开战术能够实现先敌攻击目标的概率较小,且可能发射完导弹后被目标攻击的概率较大,故该种情况下不建议飞行员采用垂直散开战术攻击目标。如果有 $r_0 \geqslant r_0''$,则己机可以有充裕的时间对目标实行垂直散开战术攻击,能够在最有利的条件下完成导弹发射并能够保证机动逃离目标导弹攻击区。

7. 垂直散开战术导航点的设置

为了保证飞行员能够顺利实施垂直散开战术,人们将垂直散开战术分为几个阶段,各阶段的起始点对应为垂直散开战术导航点,如图 11-13 所示。

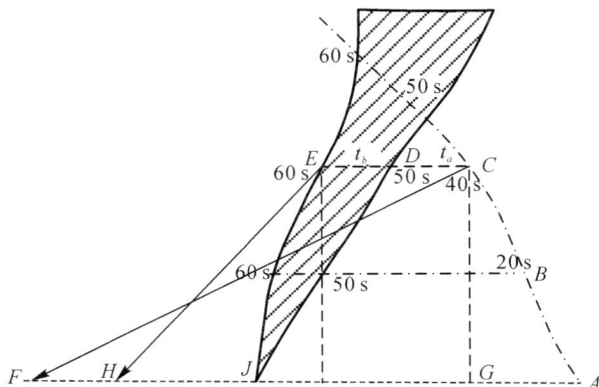

图 11-13　垂直散开战术导航点描述图

不难看出,基于雷达跟踪状态下垂直散开战术导航点由 A 点、B 点、C 点和 D 点组成。

下面以最优垂直散开时机条件为例,以目标位置为参考坐标系,介绍垂直散开战术导航点的计算。

1) 导航点 A

A 点表示初始散开导航点,在最优垂直散开条件下,以目标点为参考坐标系,则初始散开导航点 A 可以表示为

$$\begin{cases} X_A = r'' \\ Y_A = 0 \end{cases} \tag{11-66}$$

2) 导航点 B

B 点表示散开转弯导航点,AB 对应己机进行散开转弯的过程。依据前面的论述,散开转弯导航点 B 的位置可以描述为

$$\begin{cases} X_B = r'' - \displaystyle\int_0^{t_1} v\cos(\omega t)\,\mathrm{d}t - v_m t_1 \\ Y_B = H \end{cases} \tag{11-67}$$

3) 导航点 C

C 点表示姿态调整导航点,BC 对应己机进行姿态调整的过程,该点的位置可以描述为

$$\begin{cases} X_C = r'' - \displaystyle\int_0^{t_1} v\cos(\omega t)\,\mathrm{d}t - \int_0^{t_2} v\cos(\omega t_1 - \omega_{\max} t)\,\mathrm{d}t - v_m(t_1 + t_2) \\ Y_C = H + \displaystyle\int_0^{t_2} v\sin(\omega t_1 - \omega_{\max} t)\,\mathrm{d}t \end{cases} \tag{11-68}$$

4) 导航点 D

D 点表示发射点,CD 表示准备阶段,如果假定该阶段时间为 t_a,则该点位置为

$$\begin{cases} X_D = r'' - \displaystyle\int_0^{t_1} v\cos(\omega t)\,\mathrm{d}t - \int_0^{t_2} v\cos(\omega t_1 - \omega_{\max} t)\,\mathrm{d}t - v_m(t_1 + t_2 + t_a) - v t_a \\ Y_D = H \end{cases} \tag{11-69}$$

不难看出,上述各导航点均以目标点为参考坐标系。

11.3.3 基于虚拟跟踪实现垂直散开战术的研究

在雷达跟踪状态下,受雷达视场角的限制,飞机机动能力受到一定的制约,在实施垂直散开战术过程中就必然受到一定的影响。

基于数据链信息环境下,数据链能够实时给飞机提供精度足够高的目标参数信息。也就是说,即使本机雷达不开机,利用数据链采集的外部信息依然能够对目标进行实时的测量,通过这些实时测量值,同样可以实现对目标的跟踪。虚拟跟踪状态摆脱了传统的雷达跟踪状态对载机的机动限制,载机可以根据系统的需求充分发挥其飞行性能,提供系统最大的作战效能。

1. 虚拟跟踪状态下的垂直散开战术过程

虚拟跟踪状态下长机垂直散开战术过程可以被分为散开转弯段、直线飞行段和姿态调整段,其过程如图 11-14 所示。

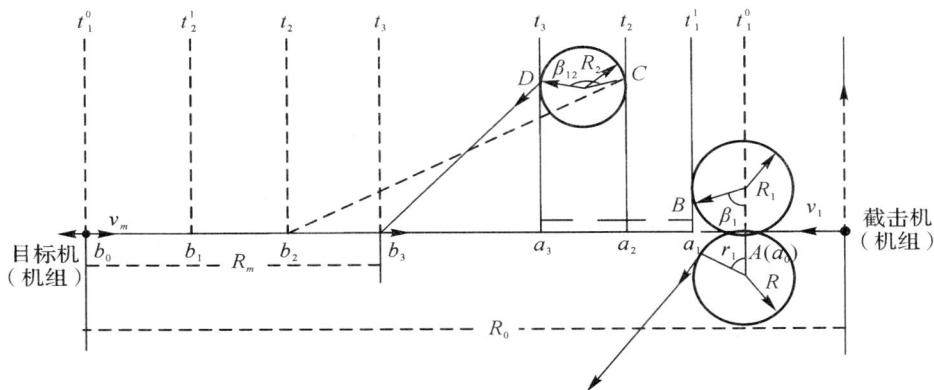

图 11 - 14　基于虚拟跟踪状态下垂直散开战术过程

虚拟跟踪状态下编队飞机在系统指定高度下，依据垂直散开战术的基本思想，以散开时间最优为条件，并以散开转弯角速度为控制参数，指导飞机按照最优的战术路线机动飞行，到达预定的有利空中位置。

从图 11 - 14 中可以看出，AB 段表示飞机的散开转弯过程，BC 段表示飞机的直线飞行过程，CD 段表示飞机的姿态调整过程。

僚机主要任务是为对目标进行干扰、支援长机和对目标攻击，这几个任务都需要僚机保持对目标的跟踪，而基于虚拟跟踪状态下垂直散开战术的僚机能够保证在散开过程中不丢失目标。

编队中僚机急速下降至低空(500 m 左右)过程中僚机非常容易丢失目标，如果采用机载雷达重新搜索和截获，则需要耗费大量的时间。通过航空数据链，僚机能够在预警机的支持下实现虚拟跟踪，能够保证僚机在急速下降过程中保持对目标位置等参数的准确测量，并以此作为僚机雷达的探测区中心位置，同时飞行员始终按压截获按钮，僚机到达低空预定高度后，调整飞机姿态，当敌机出现在雷达视场角内且满足截获距离条件时，僚机能很快进入雷达跟踪状态。

2. 虚拟跟踪状态下的散开时间

假定散开过程中飞机保持恒定的 $0.9\ Ma$ 速度飞行(该速度使飞机具有最大机动性)，同时假定飞机以匀角加速度机动，系统设定的飞机爬升高度为 H，初始时刻目标相对本机距离为 R_0，并假定目标匀速直线飞行。

1) 散开转弯段时间

相对于绝对坐标系，任意时刻飞机的俯仰角为

$$\mu_t = \mu_0 + \omega_m t$$

式中：μ_0 表示初始时刻飞机的俯仰角；ω_m 表示飞机转弯角速度；t 表示飞行时间。

假定散开转弯段所耗费的时间为 τ，飞机从 A 点开始转弯机动到 B 点，则 AB 段时间内对应的飞机前进距离 $r_1(\tau)$ 和飞机爬高 $H_1(\tau)$ 分别为

$$r_1(\tau) = \int_0^\tau v_x(t)\,\mathrm{d}t \tag{11-70}$$

$$H_1(\tau) = \int_0^\tau v_y(t)\,\mathrm{d}t \tag{11-71}$$

其中，$v_x(t)$ 和 $v_y(t)$ 为飞机的两个速度分量，分别表示为

$$v_x(t) = v\cos\mu_t = v\cos(\mu_0 + \omega_m t)$$

$$v_y(t) = v\sin\mu_t = v\sin(\mu_0 + \omega_m t)$$

式中，v 表示飞机的速度(0.9 Ma)。在散开阶段末 B 点，飞机的速度分量表示为 $v_x(\tau)$ 和 $v_y(\tau)$。

基于虚拟跟踪状态下，飞机能够以最大过载对应的转弯角速度飞行，则在时间 τ 内，飞机俯仰角度改变为

$$\mu_2 = \mu_0 + \omega_{\max}\tau \tag{11-72}$$

式中，$\omega_{\max}$ 表示飞机最大纵向过载对应的角速度。

2) 直线段飞行时间

散开转弯段终点 B 对应为直线飞行段的起点，直线段末点 C 对应为载机达到预定高度 H 的时刻，则载机垂直散开直线段飞行耗费的时间为

$$t_2 = \frac{H - H_1(\tau)}{v_y(\tau)} \tag{11-73}$$

该直线段飞机对应的前进距离表示为

$$r_2 = v_x(\tau)t_2 \tag{11-74}$$

3) 姿态调整段时间

对于姿态调整段 CD，假定目标以最大转弯角速度机动到 D 点位置，并假设 D 点飞机俯仰角为 μ_3，则有

$$t_3 = \frac{\mu_2 + \mu_3}{\omega_{\max}} \tag{11-75}$$

姿态调整段飞机前进距离可以表示为

$$r_3(t_3) = \int_0^{t_3} v\cos(\mu_2 - \omega_{\max}t)\,\mathrm{d}t \tag{11-76}$$

4) 总的散开时间

飞机总的散开时间 T 可以表示为

$$T = T_1^0 T_1^1 + T_1^1 T_2 + T_2 T_3 = \tau + t_2 + t_3 \tag{11-77}$$

从图 11-14 中分析可知，飞机在 D 点位置时，其雷达天线对准目标，且该点高度为 H，则飞机在该点位置的俯仰角 μ_3 可以表示为

$$\mu_3 = \arctan\frac{H}{R_0 - R_m - r_1 - r_2 - r_3} \tag{11-78}$$

式中，R_m 表示在散开时间内目标的前进距离，r_1、r_2 和 r_3 表示己机在散开各个阶段前进的距离。其中 R_m 可以描述为

$$R_m = b_0 b_1 + b_1 b_2 + b_2 b_3 = v_m(\tau + t_2 + t_3) \tag{11-79}$$

将式(11-79)代入式(11-78)，式(11-78)代入式(11-75)，式(11-75)和式(11-73)代入式(11-77)经计算后，散开时间 T 可以表示为

$$T = \tau + \frac{H - \int_0^\tau v\sin(\mu_0 + \omega_{\max}t)\,\mathrm{d}t}{v\sin(\mu_0 + \omega_{\max}\tau)} + \frac{(\mu_0 + \omega_{\max}\tau) + \arctan\dfrac{H}{R_0 - v_m(\tau + t_2 + t_3) - r_1 - r_2 - r_3}}{\omega_{\max}}$$

$$\tag{11-80}$$

3. 虚拟跟踪状态下非线性规划散开时间优化模型

以飞机散开时间为优化条件，则基于非线性规划的散开时间优化模型可以描述为

$$\begin{cases} \min T \\ \text{s. t.} \\ \mu_t \leqslant \mu_{\max}, t \in T \\ H_m(t) \leqslant H, t \in T \end{cases} \tag{11-81}$$

其中，$\mu_{\max}$ 表示载机保持 $0.9\,Ma$ 速度时的期限俯仰角。

将式(11-80)代入式(11-81)，以 τ 为自变量，以 T 为输出，可采用极大似然法进行求解。

依据极大似然法的求解思想，上面优化模型最多存在一个极点。对 τ 求偏导，并令

$$\frac{\partial T}{\partial \tau} = 0$$

将式(11-80)代入上式计算后，极点值 τ' 可以描述为

$$\tau' = g(\mu_0, \omega_{\max}, R_0, H, v_m, v) \tag{11-82}$$

将 τ' 代入式(11-81)，可以得到基于虚拟跟踪状态下的最优散开时间为

$$T_{\min} = f(\mu_0, \omega_{\max}, R_0, H, v_m, v) \tag{11-83}$$

并有

$$\begin{aligned} t_2 &= h_1(\tau, H, v, \mu_0, \omega_{\max}) \\ t_3 &= h_2(\tau, H, v_m, \mu_0, \omega_{\max}, R_0, v) \end{aligned} \tag{11-84}$$

若假定在 B 点位置飞机俯仰角 μ_2 正好等于 $\mu_{\max}$，则散开转弯段的时间可以表示为

$$\tau^* = \frac{\mu_{\max} - \mu_0}{\omega_{\max}}$$

将上式代入式(11-80)，可以获得期限情况下的散开时间 T^*。

4. 虚拟跟踪状态下战术导航点的设置

虚拟跟踪状态下垂直散开战术被分为 4 个阶段，分别表示为 AB、BC、CD 和 DE 段，如图 11-15 所示。

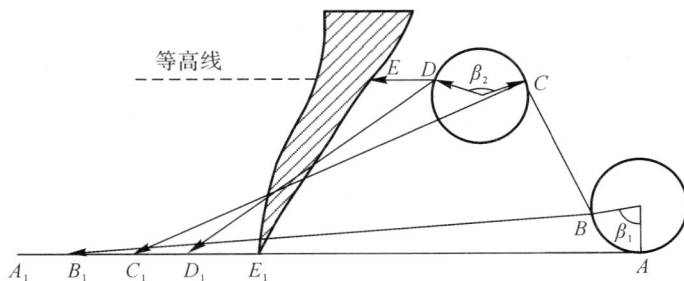

图 11-15　虚拟跟踪状态下垂直散开战术阶段划分

从图 11-15 不难看出，虚拟跟踪状态下垂直散开战术导航点可以由 A 点、B 点、C 点、D 点和 E 点组成。假定以目标点为参考坐标系，下面依次建立各战术导航点的位置。

1）导航点 E

E 点表示飞机发射导弹位置，同时假定 E 点为优势区域的右边界，DE 段表示导弹准备发射过程，依据图 11-12 的三角函数关系，E 点相对于该时刻目标点位置为

$$\begin{cases} X_E = \sqrt{R_1^2 - \Delta H^2} \\ Y_E = \Delta H \end{cases} \tag{11-85}$$

式中 R_1 表示飞机在 E 点位置时对应的最大导弹发射距离；ΔH 表示敌我双方高度差。

2）导航点 D

D 点表示飞机姿态调整导航点，CD 段表示飞机姿态调整过程，假定该段飞行时间为 t_a，可以得到 D 点相对于该时刻目标点位置为

$$\begin{cases} X_D = \sqrt{R_1^2 - \Delta H^2} + t_a(v_m + v) \\ Y_D = \Delta H \end{cases} \tag{11-86}$$

3）导航点 C

C 点表示飞机直线飞行导航点，BC 段表示飞机直线飞行过程，依据(11-76)式，可以得到 C 点相对于该时刻目标点的位置，表示为

$$\begin{cases} X_C = \sqrt{R_1^2 - \Delta H^2} + \int_0^{t_3} v\cos(\mu_2 - \omega_{\max}t)\,\mathrm{d}t + v_m(t_3 + t_a) + vt_a \\ Y_C = \Delta H - \int_0^{t_3} v\sin(\mu_2 - \omega_{\max}t)\,\mathrm{d}t \end{cases} \tag{11-87}$$

式中 t_3 表示飞机姿态调整段耗费的时间，用式(11-73)和式(11-75)计算得到。

4）导航点 B

B 点表示飞机散开转弯导航点，AB 段表示飞机散开转弯过程，依据式(11-70)和式(11-71)，可以得到 B 点相对于该时刻目标点的位置为

$$\begin{cases} X_B = \sqrt{R_1^2 - \Delta H^2} + \int_0^{t_3} v\cos(\mu_2 - \omega_{\max}t)\,\mathrm{d}t + v_m(t_3 + t_2 + t_a) + vt_a + v\cos(\mu_0 + \omega_{\max}\tau)t_2 \\ Y_B = \Delta H - \int_0^{t_3} v\sin(\mu_2 - \omega_{\max}t)\,\mathrm{d}t - v\sin(\mu_0 + \omega_{\max}\tau)t_2 \end{cases} \tag{11-88}$$

式中 t_2 表示直线飞行段耗费的时间，可以由式(11-73)获得。

5）导航点 A

A 点表示垂直散开战术的初始时刻点，在上述各点推理的基础上，A 点相对于初始时刻的目标位置可以描述为

$$\begin{cases} X_A = \sqrt{R_1^2 - \Delta H^2} + \int_0^{t_3} v\cos(\mu_2 - \omega_{\max}t)\,\mathrm{d}t + v_m(t_3 + t_2 + t_a + \tau) + vt_a + \\ \qquad v\cos(\mu_0 + \omega_{\max}\tau)t_2 + \int_o^{\tau} v\cos(\mu_0 + \omega_{\max}t)\,\mathrm{d}t \\ Y_A = 0 \end{cases} \tag{11-89}$$

5. 虚拟跟踪状态下的散开时机

虚拟跟踪状态与雷达跟踪状态对垂直散开战术的主要区别在于不同的散开过程，但先敌发射时间函数和系统设定的预定高度函数对两者而言是相同的。

因飞机实施垂直散开战术的时机与系统的散开过程和散开时间密切相关(本章前面已做了分析)，故基于虚拟跟踪状态下的散开时机与基于雷达跟踪状态下的散开时机应有所不同。与在雷达跟踪状态中描述一样，虚拟跟踪状态下的散开时机也可以采用初始散开时

间区间 $[t_1, t^*, t_0]$ 表示，从左到右分别对应为最小初始散开时间、最优初始散开时间和最大初始散开时间，对应到目标距离参数上，可以表示为 $[r_0', r_0'', r_0]$。为了方便描述，一般采用目标相对距离表示散开时机。

1）最大初始散开时机

己机实施垂直散开战术的条件为：己机对目标转入截获状态且敌机机载雷达也转入自动跟踪状态。基于数据链信息下，己机对目标进行截获并不是指传统概念上利用雷达等机载设备对目标进行跟踪截获，而是系统利用综合信息采用数据融合等技术在火控计算机内形成对目标连续并实时的测量过程，这个过程不依赖于机载雷达的工作。

在上述意义下，虚拟跟踪状态下的最大垂直散开初始散开时机为系统对目标形成虚拟跟踪的时刻 t_k，并有 $t_k = t_0$，且该时刻对应的目标相对距离为最大散开距离 r_0。

2）最优初始散开时机

参照图 11-15，假定在系统设定高度上，飞机经过导弹准备时间后，恰好能够在优势区域的右边界点发射导弹，于是可认为这种状态为飞机实施垂直散开战术的最优状态。依据导航点的设定参数，可以得到飞机的最优初始散开时刻的目标相对距离为

$$r'' = \sqrt{f_1^2(\Delta H) - \Delta H^2} + \int_0^{t_3} v\cos(\mu_2 - \omega_{\max}t)\mathrm{d}t +$$
$$v_m(t_3 + t_2 + t_a + \tau) + vt_a + v\cos(\mu_0 + \omega_{\max}\tau)t_2 +$$
$$\int_o^{\tau} v\cos(\mu_0 + \omega_{\max}t)\mathrm{d}t \qquad (11-90)$$

其中：ΔH 为系统设定的最有利的高度差；函数 $f_1(\Delta H)$ 表示己方导弹最大发射距离。r'' 对应的时刻即为飞机的最优初始散开时机。

3）最小初始散开时机

在系统给定高度上，如果飞机在优势区域的左边界点发射导弹，则该条件下对应的初始散开时机为飞机实现垂直散开战术的最小散开时机值，用目标相对距离可以表示为

$$r' = \sqrt{f_2^2(\Delta H) - \Delta H^2} + \int_0^{t_3} v\cos(\mu_2 - \omega_{\max}t)\mathrm{d}t +$$
$$v_m(t_3 + t_2 + t_a + \tau) + vt_a + v\cos(\mu_0 + \omega_{\max}\tau)t_2 +$$
$$\int_o^{\tau} v\cos(\mu_0 + \omega_{\max}t)\mathrm{d}t \qquad (11-91)$$

式(11-91)中函数 $f_2(\Delta H)$ 表示敌方导弹最大发射距离。

第 12 章 飞机作战效能评估

12.1 作战效能评估基本方法概述

装备作战试验方法是指通过有目的和有控制地影响作战现象、事件、过程及其环境条件来研究装备作战性能的方法。装备作战试验方法主要有建模与仿真方法、半实物仿真作战试验方法、实装动态作战试验方法以及一体化试验方法。

1. 建模与仿真方法

建模与仿真方法是指以现代建模与仿真技术为核心,综合运用多种先进技术,对接近真实装备在真实使用环境中的真实情况进行描述,建立解析模型与仿真模型,并在计算机系统上进行仿真分析,通过仿真结果来近似考核装备在实际作战运用中的作战效能和体系贡献度。相对于其他方法,建模与仿真方法具有安全性高、经济性强、易于重复、规模不限、评估方便等优势。因为建模与仿真方法完全使用系统的数学模型和计算机仿真模型来描述系统,模型的可信度是建立在人们对真实系统的掌握程度上的,所以对真实系统掌握得越全面、认识越深刻,建立的模型就越接近于真实系统。由于建立数学模型和仿真模型难度较大、模型真实性差、可信度低是建模与仿真方法的缺陷,因此该方法通常用于对武器装备的自身结构和运行模式比较清楚的情况。建模与仿真方法经常用于对装备的单项效能进行虚拟仿真试验。

2. 半实物仿真作战试验方法

半实物仿真作战试验方法是以现代建模与仿真技术为基础,将虚拟仿真手段和物理仿真手段有机结合,从而将真实装备或真实装备的物理效应设备与虚拟的计算机仿真模型融为一体,发挥其各自的优势,以求更加真实、准确地解释武器装备作战效能和作战使用性的一种试验方式。对于比较简单或规律比较清楚的系统,可以使用计算机仿真模型来试验,而对于比较复杂或规律尚不清楚的系统,则可采用实装或实装的物理效应设备来试验。

3. 实装动态作战试验方法

实装动态作战试验方法是指试验人员通过构设严酷逼真的野外作战环境条件,以预先拟定的作战想定为背景,依据装备使用需要和作战使用流程,以实装实兵对抗为手段,对武器装备样机进行作战试验,以此评估其作战效能的试验方法。该方法可分为试训结合试验方法、专题试验方法和实战检验法 3 种基本类型。

4. 一体化试验方法

一体化试验方法通常是指以靶场信息网络系统为基础,利用信息技术手段,合理规划靶场试验训练资源,构建分布交互式试验环境,将不同功能用途的试验训练靶场和设施融为一体的实时联动试验。其目的是协调一致地开展装备试验、部队训练与作战演练活动，达到多靶场试验资源共享、试验信息共享、试验能力共享、联合互操作的目的，满足高强度、大范围、多批次、多目标、多装备同时试验的试验要求。一体化试验是在传统装备试验过程中有机融入部队训练，并闭环作战体系，形成集科研试验、训练演练、战法研究检验、部队适用、技术保障支援于一体的战斗力生成模式，是武器装备快速形成作战能力的有效途径。

12.2　作战效能评估指标体系构建

作战效能评估指标体系的构建，是武器装备作战效能评估工作的基础，也是作战效能评估的基础工作与核心工作。该方法的优点是对复杂系统描述全面、细致，便于理解，便于操作；缺点是在建立指标体系的过程中易受个人主观倾向的影响，影响指标体系的客观性和科学性。本章首先对效能评估指标的概念进行界定，给出效能评估指标典型分类；然后对如何构建效能评估指标体系进行讨论，给出构建准则和一般过程；最后对如何实施作战效能评估指标体系的优化与量化进行阐述。

12.2.1　相关概念

1. 指标

指标是衡量事物价位的标准或评估系统的参量，是事物对主体有效性的标度。其属性值所提供的就是用数字或文字表达的主观意识或客观事实。例如，武器装备的平均速度、射程等。一般来说，任何一个指标都反映和刻画了事物的一个侧面，因此，它是对事物进行分析研究和判断的基本依据。指标有 3 个构成要素，即指标名称、计量单位和属性值。

从不同的角度指标可以有不同的分类。从指标的度量特性来看，可以分为定性指标和定量指标。定性指标是用语言作为指标描述值的，如，某型号武器装备的携行性指标针对的是此种武器携带的适用性，针对不同的使用者而言感受可能不一样，所以这类指标通常是难以量化的描述性指标；定量指标是用实际采集到的数据作为指标值，如导弹的射程、装甲运输车的油耗等。从指标值的变化对评估目标的影响来看，可以将指标分为极大型指标(是指指标值越大越好的指标)、极小型指标(是指指标值越小越好的指标)、居中型指标和区间型指标(两者均指其值取在某个区间内为最佳的指标)。极大型指标又称为效益型指标，极小型指标又称为成本型指标。

2. 效能指标

在作战效能评估的实际工作中，为了评价相应于某个新型装备的不同型号系统方案的优劣，必须采用某种定量尺度去度量各个型号系统方案的系统效能。这种定量尺度称为效能指标(准则)。例如，用单发毁伤概率去度量导弹的射击效能，则效能指标就是单发毁伤概率。由于作战情况的复杂性和作战任务要求的多重性，效能指标常常不可能是单个明确定义的效能指标，而是一组效能指标。这些效能指标分别表示装备系统功能的各个重要属性(如毁伤能力、机动性、生存能力等)或作战行动的多重目的(如对敌毁伤数、推进距离等)。

效能指标包括单项效能指标、系统效能指标和作战效能指标。对于效能指标的分类等如表12-1所示。

表 12-1   效能指标的类型

序号	指标类型	指 标 含 义
1	单项效能指标	构成装备作战效能要素的效能或装备分系统及部件在全系统作战使用时能达到的效能
2	系统效能指标	表达装备系统所具有的能力在系统作战时所能达到的效能
3	作战效能指标	表达装备在作战中"完成所赋予作战任务的概率",故它常常是一种主观判断或某种价值判断

3. 作战效能评估指标体系的构建思想及原则

作战效能评估指标的选取应借鉴一体化、工程化的设计思路,以军事需求为牵引,紧贴使命任务,遵循从高到低、从复杂到简单的层级关系,逐级构建作战效能评估指标体系。作战效能评估指标体系构建及后期评估的流程,可用系统工程"V"形图表示,如图12-1所示。

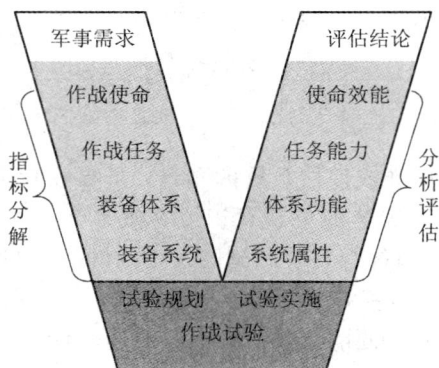

图 12-1   作战效能评估指标体系构建及评估流程

"V"字模型的左边为指标体系的影响要素分析分解构成,模型底部为试验执行过程,模型右边为作战效能分析评估过程。从该过程中可以看出,指标体系的构建是一个定性与定量相结合的过程,其中定性分析主要用于作战效能评估指标体系的初步确立,而定量的方法则是用于对作战效能评估指标体系的分析和完善。定性分析工作主要依赖专家的经验和对评估对象的认识,其中的经验主要体现在作战效能评估指标体系构建的原则上。这些原则可以为作战效能评估指标体系的筛选提供思路,但有些原则在定性分析时无法准确地实现。

作战效能评估指标体系构建的原则包括:

(1)目的性原则:指标体系应是对被试验装备的本体特征、结构及其构成要素的客观描述,并为作战试验的目的服务,为试验鉴定结论的判定提供依据;

(2)科学性原则:指标体系应围绕试验目的,科学反映被试验装备及其特征,指标概念正确、含义清晰,尽可能避免显而易见的包含关系,对隐含的相关关系在优化处理时尽量将之弱化消除;

(3)系统性原则:指标体系应能全面反映被评价对象的综合情况,抓住主要因素,既能反映直接结果，又要反映间接效果，保证综合评价的全面性和可信度；

（4）简明性原则：在基本满足评估要求所需信息的前提下，应尽量减少指标个数，突出主要指标，避免指标体系过于庞大，做到指标体系的选择既必要又充分；

（5）可测性原则：指标应能够通过数学公式、测试设备或试验统计等方法获得，指标的度量应明确，便于定量分析和使用，难于测量的指标尽量采用定性采集的方法获得；

（6）完备性原则：影响武器装备综合作战效能的所有关键性指标均应在指标集中，指标体系应尽量具备广泛性、综合性和通用性；

（7）独立性原则：指标之间应减少交叉，防止互相包含，应具有相对的独立性。

12.2.2　作战效能评估指标体系的分类

作战效能评估指标是系统完成给定任务所达到程度的度量。不同类型的效能指标之间构成一定的层次关系，显示出效能的层次结构特性。各层次系统功能之间的联系决定了各层次系统效能参数之间的联系。层次结构中每一层的效能参数依赖于其下属各层的参数。比较常见的指标体系分类方式包括单项效能、系统效能（又称为综合效能）和作战效能，这里只介绍前两种。

1. 单项效能指标

作战效能描述装备系统完成其设计任务的总体能力。因此，必须明确装备系统的任务轮廓。任务轮廓可以用作战任务的预先即作战想定来表示。

综合分析航空装备的作战效能指标体系，可得出 17 个关键的单项效能指标，分别是射击效能、毁伤效能、火力效能、突防效能、机动效能、生存效能、防护效能、指挥效能、通信效能、情报处理效能、搜索效能、侦察效能、预警效能、制导效能、干扰效能、反侦察效能、反干扰效能，如表 12-2 所示。

表 12-2　单项效能指标

序号	效能指标名称	效能指标释义	影响因素（测量指标）
1	射击效能	指对具有瞄准系统、发射系统的身管式武器的毁伤效果的度量	影响诸元主要包括：射速、射程、射高、精度、射弹散布误差和发现概率及威力
2	毁伤效能	指利用毁伤技术对目标造成一定模式的毁伤效果的评价指标	通常用毁伤概率（点目标）或毁伤百分比（面目标）及毁伤数（集群目标）作为定量评价指标
3	火力效能	指对配置有多种武器系统的大型装备或一定作战单位配系下的射击、毁伤效能的度量	影响诸元主要包括：发现、预警、跟踪、识别和定位概率，火力分配、反应时间，命中和毁伤概率等
4	突防效能	指作战飞机和常规导弹、巡航导弹的突防能力，用突防概率度量	影响诸元主要包括：射程、飞行速度及高度、雷达反射面积、反导反应时间、预警能力，以及敌方的雷达性能、导弹及防空拦截和毁伤概率等

序号	效能指标名称	效能指标释义	影响因素(测量指标)
5	机动效能	指装备为完成任务快速行进及转移部署的能力	影响指标主要有通过(越障)能力指标、速度性能指标、运输机动性指标等
6	生存效能	指装备不被命中、不易毁伤和人员不受伤害的能力	主要影响诸元包括:伪装能力、防护能力、三防性能、机动性、环境适应性、抗毁性、武器系统抗击效能等
7	防护效能	指对装备的具体防护能力的度量	评价指标可采用毁伤率下降比来度量
8	指挥效能	指挥系统在完成作战任务时将潜在作战能力转化为实际战斗力的影响程度	评价指标可采用系统响应时间、数据吞吐率、精确率等指标来度量
9	通信效能	指对通信装备和通信网络通信能力的度量	评估指标主要有吞吐量、误码率、时延、图像显示质量等
10	情报处理效能	指对获取情报到提供可使用信息能力的度量	评估指标主要有容量、时效、精度等
11	搜索效能	指对发现和获取目标的相关信息能力的度量	影响诸元主要包括:可达探测距离、传播路径、目标定位精度、全天候能力等
12	侦察效能	指对侦察系统发现、跟踪、定位和预测目标轨迹能力的度量	评价指标有侦察范围、发现概率、精度、时间、定位概率、跟踪概率等
13	预警效能	指对各种预警系统发现目标能力的度量	评价主要指标是发现概率,包括时效性、识别概率、伪判率、虚警率等
14	制导效能	指对各种制导方式的制导系统制导能力的度量	主要评价指标是制导精度
15	干扰效能	指对雷达或通信干扰装备干扰能力的度量	雷达干扰的影响诸元有:干扰的水平角、仰角、频率范围、天线增益等;通信干扰效能的主要评价指标是误信率
16	反侦察效能	指对采用多种伪装手段实现最小化防止敌探测能力的度量	评价指标可采用($1-P$),P 表示特定条件下的发现概率
17	反干扰效能	指对通信装备或通信网的抗干扰能力的度量	主要评价指标是误信率或误码率

下面对空战效能评估系体中重点关注的单项指标及度量方法进行介绍。

(1) 侦察效能。

侦察效能是指为获取有关情报,装备所应具备的侦察能力。侦察效能可从情报获取和目标侦察两个角度来进行度量与分析。侦察效能指标的分析及度量方法如表 12-3 所示。

表 12-3　侦察效能指标

效能指标	性能指标	内　涵	度量(计算)方法	量　纲
情报获取	种类覆盖率	对全部情报信息覆盖程度的度量	种类覆盖率＝能获取的信息种类数/需要获取的信息种类总数	%
	及时率	对时效程度的度量	信息及时率＝满足信息及时性要求的种类数/需要获取的信息种类总数	%
	准确率	对准确程度的度量	信息准确率＝满足信息准确性要求的种类数/需要获取的信息种类总数	%
目标侦察	侦察范围覆盖率	能够侦察的目标数量与总体侦察的目标数量之比	侦察范围覆盖率＝能够进行侦察的目标数量/需要侦察的目标数量	%
	定位精度	对目标活动范围掌握程度的度量	距离误差的均方根或多个距离误差均方根的平均值	%
	识别正确率	正确识别的目标数占识别确认目标总数的比重	识别正确率＝正确识别的目标数/识别确认的目标总数	%
	信息时延	从获取到目标位置信息到地面收到目标信息的时延	(地面接收到目标信息的时刻－获取到目标信息的时刻)的算术平均值	s 或 min

（2）毁伤效能。

毁伤效能是指对不同地域目标的毁伤效果的评估。毁伤效能指标的分析及度量方法如表 12-4 所示。

表 12-4　毁伤效能指标

效能指标	性能指标	内　涵	度量(计算)方法	量　纲
毁伤效能	评估结果可信度	对评估结果质量高低的度量	$\dfrac{\sum_{i=1}^{N} n_i^C}{N}$，$n_i^C$ 为第 i 个目标的评估结果，N 为评估目标总数	%
	评估用时	对多个目标评估用时的算术平均值	$\dfrac{\sum_{i=1}^{N} T_i}{N}$，$T_i$ 为对第 i 个目标评估时间，N 为目标总数	min 或 h

（3）火力效能。

火力效能是指对水面、地面等不同类型的目标的硬摧毁效能的度量。火力效能指标的分析及度量方法如表 12-5 所示。

表 12-5 火力效能指标

效能指标	性能指标	内 涵	度量(计算)方法	量 纲
火力效能	打击范围	所能覆盖的最大范围	平台的最大机动距离＋最大射程	km 或 m
	打击率	有效打击目标占目标总数的比重	有效打击目标数量/目标总数	%
	打击用时	多个目标的打击用时的算术平均值	$\dfrac{\sum\limits_{i=1}^{N} T_i}{N}$，$T_i$ 为第 i 个目标被打击的时间，N 为打击目标总数	min 或 h
	平均耗弹量	对多个目标进行打击平均消耗弹药的数量	$\dfrac{\sum\limits_{i=1}^{N} M_i}{N}$，$M_i$ 为打击第 i 个目标的耗弹量，N 为目标总数	枚或发
	生存率	生存的平台数占出动数量比重	生存的打击平台数/总平台	%

（4）机动效能。

以空中机动能力为例，机动效能是指空中平台的机动效能。空中机动效能指标的分析及度量方法如表 12-6 所示。

表 12-6 空中机动能力指标

效能指标	性能指标	内 涵	度量(计算)方法	量 纲
机动效能	作战半径	空中平台任务半径	空中平台在不进行加油并满足任务要求情况下的任务半径	km
	最大平飞马赫数	空中平台的最大平飞马赫数	在典型状态下的最大平飞马赫数	—
	巡航速度	空中平台的巡航速度	在典型状态下的巡航速度	—
	航时	空中平台能在空中停留的最长时间	以一定航速，耗尽可用能源，在空中停留的最长时间	h
	环境适应能力	对机场、气象条件的适应能力	海拔高度，适应的气象等级	—
	受油能力	是否具备空中加油的能力	是否具备空中加油的能力	是、否

（5）通信效能。

通信效能是指将信息准确、完整、迅速传送到目的地的能力。通信效能指标的分析及度量方法如表 12-7 所示。

表 12－7　通信传输能力指标

效能指标	性能指标	内　涵	度量(计算)方法	量　纲
通信效能	传输时延	信道传输用时	接收时刻－发送时刻	ms
	用户速率	信道提供传输服务时的传输速度	信道提供传输服务时的传输速度	Mb/s
	误码率	错误数据所占的比例	错误的数据量/传输的全部数据量	—
	传输可通率	传输稳定通信时间所占比例	(传输总时间－中断时间)/传输总时间	%
	传输载体利用率	已利用传输带宽所占比例	已利用传输带宽/总带宽	%

2. 系统效能指标

系统效能指标是预计系统满足一组特定任务要求程度的量度,可以从可用性、可信性和能力的函数的角度进行衡量。

1) 可用性

可用性是用来描述系统在开始执行任务时的状态。可用性定义为在开始执行任务时系统状态的度量,是硬件、人员和程序与时间关系的函数。此外,可用性也可以表示为系统在规定条件下随时使用时正常工作的概率。换句话说,系统可用性是系统在给定条件下使用时,能根据任务需要投入运行的可能性,它与整个系统(包括系统部件和操作者之间的接口)的初始可能状态有关。度量系统可用性的常用指标为可用度。

2) 可信性

可信性是已知系统已经进入开始执行任务的状态条件下,对在执行任务过程中某个瞬间或多个瞬间的系统状态的度量,可以表示为系统在完成某项特定任务时将进入和(或)处于它的任一有效状态,且完成与这些状态有关的各项任务的概率,也可以表示为其他适当的任务度量。

3) 能力

装备系统的能力反映设计者赋予武器装备系统的"本领"。美国工业界武器装备系统咨询委员会把能力定义为:当已知系统处于执行任务过程中的状态这一条件下,对系统达到任务目标的能力的度量。准确地说,能力是确定系统诸性能的依据。

在特殊情况下,也可以用概率表示系统的能力。应当指出,能力不只是系统硬件的固有特性,在很大程度上也决定于分配给系统的任务。用来完成规定任务的系统,在规定任务的范围内,它可能拥有非常高的能力,但是如果超出规定的范围,它的能力就可能是比较低的。

系统的能力指标是指系统在设计要求范围内使用时,成功完成其任务的概率,它说明了设计能力和作战使用环境所要求的系统能力之间的符合程度。例如,空对空导弹如果在所有可能的战斗遭遇中,平均有 10% 的场合是由于目标的可机动性而不能拦截目标,则导弹系统的能力为 0.9。

总之,能力是系统各种性能的集中表现,在一定程度上与单项效能指标(如毁伤概率)

有关。

12.2.3　作战效能评估指标体系的构建方法

由于作战效能评估指标与使命任务是密切关联的,因此作战效能评估指标体系的构建需要结合装备的具体使命任务和试验目的来研究确定。

1. 作战效能评估指标体系建立流程

构建作战效能评估指标体系的步骤如下:

(1)分析装备的使命任务以及装备的特性,构建作战想定及相应的任务剖面,进而提出装备的关键作战问题;

(2)采用结构性分析方法,对关键作战问题进行解析,完成作战效能评估指标体系的初建;

(3)对初选指标间的相关度及区分度进行分析,并作为指标筛选的依据,实现初选指标的筛选;

(4)采用结构模型方法对作战效能评估指标体系的结构进行分析及优化,建立层次结构清晰的指标体系结构;

(5)采用主客观相结合的赋权法确定指标权重值,并对所构建的作战效能评估指标体系进行检验。

2. 作战效能评估指标体系的初建

作战效能评估指标体系的初建主要根据还原论,将被研究的问题分解为很多子问题进行研究,如果不成,还可再分解,直到研究出结果,再一层一层地返回以求得整体问题的解答。基于该思想,作战效能评估指标体系的初建采用的方法就是针对关键作战问题进行分解,通过回答关键作战问题,实现指标体系的初建。常见的关键作战问题分解方法包括映射分解法、基于质量功能展开法、树状分析法。

1)映射分解法

基于映射的作战效能评估指标体系构建方法适用于将武器装备的性能特性转化为评估指标体系,其步骤如表 12-8 所示。

表 12-8　基于映射的作战效能评估指标体系构建步骤

序号	步　骤	说　明
1	构建武器装备特征映射表	依据武器装备研制总要求给出的战术技术指标及类型、该装备具备的主要作战能力、作战适用性以及体系适用性要求等试验内容,给出映射表的行和列
2	构建映射关系	找出武器装备的行(指标项)与列(功能项)之间对应关系,通常为一一对应关系,并在交叉方格内打"√",没有对应关系的则为空白
3	构建指标体系	根据映射表中的对应结果,构建能力与指标之间的映射关系,并自下而上推导出作战效能评估指标体系

武器装备特征映射表如表 12-9 所示。

表 12 - 9　武器装备特性映射表

类型	指标	作战效能					作战适用性			体系适用性	
		能力 1	能力 2	能力 3	…	能力 m	环境适用性	保障适用性	人机适应性	体系融合度	体系贡献率
关键技术指标	指标 1		✓				✓		✓	✓	
	指标 2										
	指标 3			✓				✓			
关键战术指标	指标 4	✓									
	指标 5			✓							
	指标 6		✓								
	指标 7						✓				✓
	⋮										
	指标 n		✓			✓				✓	

2）基于质量功能展开法

基于质量功能展开（QFD）的作战效能评估指标体系构建方法，主要用于装备的多元作战任务和特定作战任务要求转化为评估指标体系。该方法是一种结构化的分析方法，首先，从武器装备的作战任务剖面出发，对任务剖面进行分解，提取完成作战任务所包含的一系列行动，找出作战任务与作战行动之间的映射关系，同时对作战任务和作战行动的重要度进行排序；然后，根据不同的作战行动需要不同的装备能力进行支撑，列出不同作战行动所需要的装备能力，完成作战行动作战能力的映射；最后，对武器装备的基本功能进行分解，一直分解到底层性能指标（不可再分），完成武器装备的作战能力与评估指标的映射，并根据具体武器装备担负的使命任务，对评估指标的重要程度判断排序并进行裁剪，分析、构建出与武器装备作战任务相对应的评估指标体系。

基于质量功能展开的作战效能评估指标体系构建方法步骤如图 12 - 2 所示。

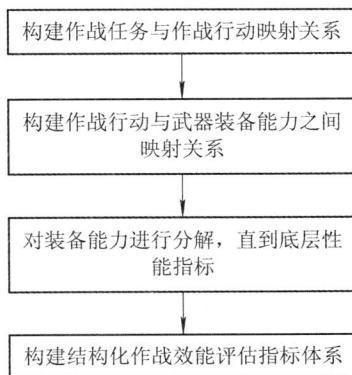

```
┌───────────────────────────┐
│ 构建作战任务与作战行动映射关系 │
└───────────────────────────┘
              │
              ▼
┌───────────────────────────┐
│ 构建作战行动与武器装备能力之间 │
│        映射关系           │
└───────────────────────────┘
              │
              ▼
┌───────────────────────────┐
│ 对装备能力进行分解，直到底层性 │
│        能指标            │
└───────────────────────────┘
              │
              ▼
┌───────────────────────────┐
│ 构建结构化作战效能评估指标体系 │
└───────────────────────────┘
```

图 12 - 2　基于质量功能展开的作战效能评估指标体系构建方法步骤

3）树状分析法

基于树状分析法的作战效能评估指标体系构建过程是一种基于还原论思想，将复杂系统进行逐级分解,将高层次还原到低层次,用部分说明整体,用局部说明全局,用低层次说明高层次,从具体的细节问题上升到高级的较抽象层次的过程。具体来说就是将关键问题逐步分解为层次清晰的树状结构,从高层到低层分别为武器装备的关键作战问题、作战试验目标、作战效能指标、性能指标和数据需求。基于树状分析法解析作战效能评估指标体系的方法如图 12-3 所示。

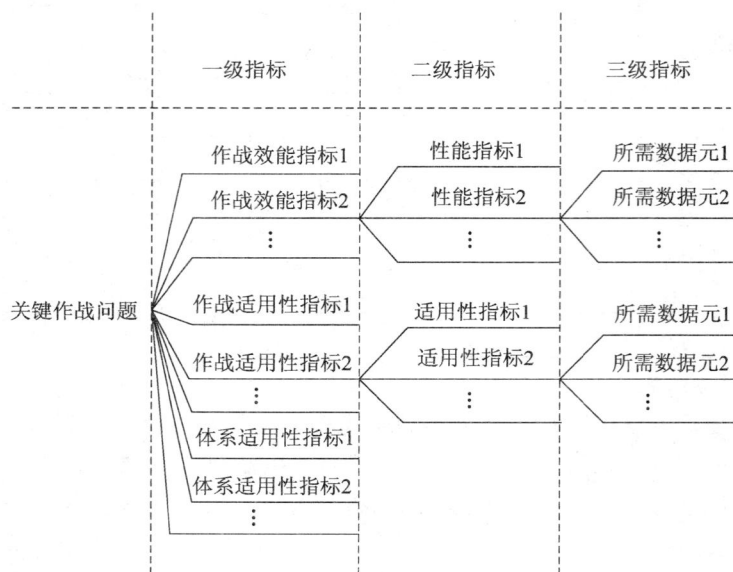

图 12-3   基于树状分析法解析作战效能评估指标体系的方法

3. 作战效能评估指标体系结构的优化

作战效能评估指标体系结构的优化只有建立在有优化意义的前提下,才有必要对作战效能评估指标体系进行优化。当作战效能评估指标体系存在以下情况时,有必要对作战效能评估指标体系进行结构上的优化。

(1) 存在与评估目标不一致的指标,即指标不能反映所要评价的目标。

(2) 某些指标反映信息较少,即有些指标虽然反映了评估目的,但是反映了较少的信息。

(3) 指标间存在相关性,即意味着某些指标可用其他指标线性表示。这些相关性指标不但不能为评估目标提供附加的信息,而且指标的相关性会带来信息的冗余,这样会增大评估的工作量,使重复的指标被重复地评分,影响结论的合理性。

(4) 存在不可操作的指标,是指在实际评估过程中无法对指标变量进行测量或丧失了进行操作的意义。

基于 ISM 方法的作战效能评估指标体系结构优化是一种非常常见的方法,它是将复杂的系统分解,最终构成一个多级递阶的结构模型,一般多用于对结构复杂的系统问题进行优化分析研究。它可将变量众多、关系复杂、结构不清晰的系统转化为具有良好结构关系的模型,便于梳理分析。基于 ISM 方法优化作战效能评估体系的基本过程是:首先通过表示有向图的相邻矩阵的逻辑运算,得到可达矩阵,然后对可达矩阵进行分解,最后使复杂系统分解成层次清晰的多级递阶形式。基于 ISM 方法优化作战效能评估指标体系的方法共分以下 4 个步骤：

(1) 判定二元关系，建立可达矩阵及其缩减矩阵。

(2) 对可达矩阵的缩减矩阵进行层次化处理。

(3) 根据 $M'(L)$ 函数绘制多级递阶有向图，形成评估指标体系。

(4) 转化指标体系模型图。

12.3　作战效能评估方法

12.3.1　基于正负理想点距离评估法

1. 基本原理与步骤

基于正负理想点距离的评估方法是一种基于距离来评判方案优劣的评估方法。其基本思想是首先选择最佳技术方案，并建立理想方案，然后判断被评价方案与理想方案之间的距离，距离近者为较优方案，距离远者为较劣方案，最后将距离的大小作为依据，以此排序，进行分析、评估。

其基本的评估步骤如下：

(1) 构建评估矩阵。设一个多指标评估问题有 n 个待优选方案，记为 $A = \{a_1, a_2, \cdots, a_n\}$；$m$ 个评估方案优劣的指标集，记为 $C = \{c_1, c_2, \cdots, c_m\}$；设 a_i 对于 c_j 的属性值为 x_{ij}（$i = 1, 2, \cdots, n; j = 1, 2, \cdots, m$）；评估矩阵记为 $\boldsymbol{X}$。

(2) 建立无量纲化评估矩阵。比较各指标值，消除不同指标间的不可公度性的影响。为便于分析评估，作如下变换：

① 若 c_j 是效益型指标，即指标数值越大越好（如蓝军毁伤数等），则采用以下公式进行无量纲化处理，即

$$z_{ij} = \frac{y_{ij}}{\max\{y_{ij} \mid 1 \leqslant i \leqslant n\}}$$

② 若 c_j 是成本型指标，即指标数值越小越好（如某型号军用运输车的油耗），则采用以下公式进行无量纲化处理，即

$$z_{ij} = \frac{\min\{y_{ij} \mid 1 \leqslant i \leqslant n\}}{y_{ij}}$$

③ 若 c_j 是适中型指标，评估者最满意的值为 a_j^{ii}，则采用以下公式进行无量纲化处理，即

$$z_{ij} = \frac{\max\{\mid y_{ij} - a_j^{ii} \mid \mid 1 \leqslant i \leqslant n\} - \mid y_{ij} - a_j^i \mid}{\max\{\mid y_{ij} - a_j^n \mid \mid 1 \leqslant i \leqslant n\} - \min\{\mid y_{ij} - a_j^u \mid \mid 1 \leqslant i \leqslant n\}}$$

(3) 加权单位化矩阵。将各指标值化为无量纲的量，单位化各元素，即

$$r_{ij} = \frac{z_{ij}}{\sqrt{\sum_{i=1}^{\infty} x_{ij}^2}}$$

再由专家调查法或层次分析法（AHP）得到各项指标的归一化权重向量为 $\boldsymbol{W} = (w_1, w_2, \cdots, w_n)$。

加权评估矩阵 $\boldsymbol{X}$ 为 $x_{ij} = (r_{ij} w_j)$。

（4）确定参考的正理想点和负理想点。取各指标的最大值构成正理想点，即 $x_i^+ = \max x_{ij}(i=1, 2, \cdots, m; j=1, 2, \cdots, n)$；而取各指标的最小值构成负理想点，即 $x_i^- = \min x_{ij}(i=1, 2, \cdots, m; j=1, 2, \cdots, n)$。

（5）计算与正理想点和负理想点的欧几里得距离。定义

$$L_i = \sqrt{\sum_{j=1}^{\infty} (x_{ij} - x_j^+)^2}, \quad D_i = \sqrt{\sum_{j=1}^{\infty} (x_{ij} - x_j^-)^2}$$

L_i、D_i 分别称为方案 $A_i(i=1, 2, \cdots, n)$ 对理想方案 A^* 和负理想方案 A^- 的贴近度确定评估系数。最终评估作战方案与理想方案的接近程度来评估作战方案的优劣。

评估系数 C_i 的定义如下：

$$C_i = \frac{D_i}{L_i + D_i}, \quad 0 < C_i < 1, (i = 1, 2, \cdots, n)$$

显然，当 $A_i = A^+$ 时，$C_i = 1$；当 $A_i = A^-$ 时，$C_i = 0$；C_i 越接近 1，A_i 就越接近 A^*。对于特定作战方案最后定量的评估以及各个作战方案的优劣顺序，由 C_i 的大小确定。

12.3.2　模糊综合评判法

模糊综合评判法就是以模糊数学为基础，应用模糊关系合成的原理，对受到多种因素制约的事物或对象，以及一些边界不清、不易定量的因素定量化，按多项模糊的准则参数对备选方案进行综合评判，再根据综合评判结果对各备选方案进行比较排序，选出最好的方案的一种方法。

与模糊综合评判有关的有限论域有两种，即准则参数集合和评估参数集合。

准则参数集合(又称因素集合)可表示为

$$U = \{u_1, u_2, \cdots, u_n\}$$

其中，u_i 为准则参数，每一准则参数均是评判的一种"着眼点"。如评判一作战方案，可取 $U = \{$符合上级决心程度(u_1)，地形利用好坏(u_2)，风险大小(u_3)，突然性$(u_4)\}$。

评估参数集合可表示为

$$V = \{v_1, v_2, \cdots, v_m\}$$

如：
$$V = \{很好(v_1)，比较好(v_2)，不大好(v_3)，不好(v_4)\}$$

对每一备选方案，可确定一个从准则参数集合 U 到评估参数集合 V 的模糊关系 $\underset{\sim}{R}$，它可表达成矩阵形式，即

$$\underset{\sim}{R} = (r_{ij})_{nm}$$

其中，r_{ij} 表示从准则参数 u_i 着眼，该方案能被评为 v_i 的隶属程度。因此矩阵 $\underset{\sim}{R}$ 的第 i 行表示按准则 u_i 对该方案的单因素进行评判。

决策者对备选方案进行模糊综合评判，是他对诸准则因素权衡轻重的结果。例如对 u_1 权重为 a_1，对 u_2 权重为 a_2，这些权重组成 U 的一个模糊子集，即

$$\underset{\sim}{A} = \{a_1, a_2, \cdots, a_n\}$$

模糊综合评判结果是 U 的模糊子集 $\underset{\sim}{B}$，即

$$\underset{\sim}{B} = \{b_1, b_2, \cdots, b_n\}$$

如果把模糊关系 $\underset{\sim}{R}$ 看作一个变换器，输入为权重集合 $\underset{\sim}{A}$，则模糊综合评判 $\underset{\sim}{B}$ 就是输

出，按照模糊矩阵运算规则有

$$B = A \circ R$$

运用模糊综合评估的一般步骤如下：

（1）确定评判对象的因素（指标）集合 $U = \{u_1, u_2, \cdots, u_n\}$，共 n 个因素。

（2）确定评语等级集合 $V = \{v_1, v_2, \cdots, v_m\}$，共 m 个因素。

（3）进行单因素评判，建立因素集和评语论集之间的模糊关系矩阵为

$$R = \begin{bmatrix} r_{11} & r_{12} & \cdots & r_{1m} \\ r_{21} & r_{22} & \cdots & r_{2m} \\ \vdots & \vdots & & \vdots \\ r_{n1} & r_{n2} & \cdots & r_{nm} \end{bmatrix}$$

其中，r_{ij} 为 U 中因素 u_i 对应 V 中等级 v_j 的隶属关系。

（4）确定评判权重向量 A，为 U 中各因素与被评事物的隶属关系。

（5）选择合成算子，将 A 与 R 合成得到 B；模糊综合评判的基本模型为 $B = A \circ R$。

（6）最终按照所选择的评判原则，确定被评判对象所对应的评判等级。

12.3.3　层次分析法

层次分析法（Analytical Hierarchy Process，AHP）是美国匹兹堡大学教授 A. L. Saaty 于 20 世纪 70 年代提出的一种系统分析方法。层次分析法是一种针对无结构决策问题所提出的一种定性与定量相结合的分析方法。该方法适用于难以建立数学模型进行定量分析或者是由于时间紧迫来不及进行细致的定量分析，只需做出初步的选择和大致的判断的情况。例如针对多项兵力派遣方案，若只需要对多项方案进行排序，得到其优先顺序，则此时使用层次分析法即可快速得到最优方案，同时得到一组评价方案好坏的评价指标体系以及指标体系的权重值。

层次分析法确定指标体系权重包括 5 个步骤，分别是建立递阶层次结构模型、构建判断矩阵、层次单排序、层次总排序、一致性检验。

1）建立递阶层次结构模型

按照从高到低的顺序，对评估要素进行分组，每一组作为一个层次，按照最高层、若干有关的中间层和最低层的形式排列起来，构成图 12-4 所示的递阶层次结构模型，即评估

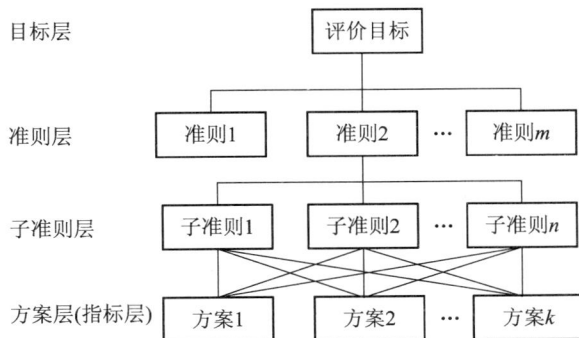

图 12-4　递阶层次结构示意图

指标体系。如图中所示，最高层为目标层，通常为评价目标。中间层为准则层，又可进一步分解为准则层和子准则层，其中子准则层还可以根据需要继续分解，它表示采用某种措施和政策来实现评价目标所涉及的中间环节。最低层为方案层也称为指标层，表示解决问题的措施或政策(即方案)。

递阶层次结构模型分为三种类型：如果某个因素与下一层次所有因素均有联系，那么称这个因素与下一层次存在完全层次关系；有时存在不完全层次关系，即某个因素只与下一层次的部分因素有联系；前两种类型的混合情况称为混合型层次关系。

2) 构建判断矩阵

构建好递阶层次结构模型后，需要构建判断矩阵来反映评估者对于评估指标重要性的判断，并在此基础上计算出相对权重向量。构建判断矩阵是 AHP 的关键一步。判断矩阵的构建是指对于本层次要素相对于上一层次某要素或者评价目标而言，给出本层次与之有关的各因素之间的相对重要性。假设当前层次要素与上一层次某要素之间有联系，则构建的判断矩阵如表 12-10 所示。

表 12-10　判 断 矩 阵

A_k	B_1	B_2	...	B_j	B_n
B_1	b_{11}	b_{12}	...	b_{1i}	b_{1n}
B_2	b_{21}	b_{22}	...	b_{2i}	b_{2n}
⋮	⋮	⋮	⋮	⋮	⋮
B_i	b_{i1}	b_{i2}	...	b_{in}	b_{ni}
B_n	b_{n1}	b_{n2}	...	b_{nn}	b_{ij}

其中，b_{ij} 是对于 A_k 而言的，B_j 是对 B_i 的相对重要性的数值表示，由于这里采用 9 级标度，所以 b_{ij} 取值为 1～9 及它们的倒数，其含义如表 12-11 所示。

表 12-11　级 标 度

序号	b_{ij} 的取值	说　明
1	$b_{ij}=1$	表示 B_i 与 B_j 一样重要
2	$b_{ij}=3$	表示 B_i 比 B_j 重要一点(稍微重要)
3	$b_{ij}=5$	表示 B_i 比 B_j 重要(明显重要)
4	$b_{ij}=7$	表示 B_i 比 B_j 重要得多(强烈重要)
5	$b_{ij}=9$	表示 B_i 比 B_j 极端重要(绝对重要)
6	$b_{ij}=2,4,6,8$	上述相邻判断的中间值
7	倒数	表示 B_j 对 B_i 的重要性标度

采用 1～9 的比例标度的依据是：其一，心理学的实验表明，大多数人对不同事物在相同属性上差别的分辨能力在 5～9 级之间，采用 1～9 的标度反映了大多数人的判断能力；其二，大量的社会调查表明，1～9 的比例标度早已为人们所熟悉和采用；其三，科学考察和实践表明，1～9 的比例标度已完全能区分引起人们感觉差别的事物的各种属性。

显然，任何判断矩阵都应满足

$$b_{ii} = 1, \quad b_{ij} = \frac{1}{b_{ji}} \quad (i, j, k = 1, 2, \cdots, n)$$

3）层次单排序

层次单排序是指本层次要素相对于上一层某要素而言，反映本层次要素之间的相对权重值。单层次排序得到的相对权重值可以通过以下几种方法计算得到。

（1）特征根法。

层次单排序可以归结为计算判断矩阵的特征根和特征向量问题，即对于判断矩阵 B，计算满足 $BW = \lambda_{\max}W$ 的特征根与特征向量，式中 $\lambda_{\max}$ 为 B 的最大特征根，W 为对应于 $\lambda_{\max}$ 的正规化特征向量，W 的分量 W_i 即是相应因素单排序的权值。

（2）和积法。

为简化计算，可采用近似方法——和积法计算，其具体计算步骤如下：

将判断矩阵每一列正规化，即

$$\overline{b}_{ij} = \frac{b_{ij}}{\sum\limits_{k=1}^{n} b_{kj}}, \quad i, j = 1, 2, \cdots, n$$

每一列经正规化后的判断矩阵按行相加，即

$$(\overline{W})_i = \sum_{j=1}^{n} \overline{b}_{ij}, \quad j = 1, 2, \cdots, n$$

对向量 $\overline{W} = [\overline{W}_1, \overline{W}_2, \cdots, \overline{W}_n]^T$ 正规化，即

$$W = \frac{\overline{W}_i}{\sum\limits_{j=1}^{n} \overline{W}_j}, \quad i = 1, 2, \cdots, n$$

所得到的 $\overline{W} = [\overline{W}_1, \overline{W}_2, \cdots, \overline{W}_n]^T$ 即为所求特征向量。

计算判断矩阵最大特征根 $\lambda_{\max}$，即

$$\lambda_{\max} = \sum_{i=1}^{n} \frac{(AW)_i}{nW_i}$$

式中 $(AW)_i$ 表示向量 AW 的第 i 个分量。

（3）方根法。

为简化计算，AHP 也可采用另一种近似方法——方根法计算，其步骤如下：

B 的元素按行相乘，即

$$u_{ij} = \prod_{j=1}^{n} b_{ij}$$

所得的乘积分别开 n 次方，即

$$u_i = (u_{ij})^{1/n}$$

将方根向量正规化，即得特征向量 W，即

$$(W)_i = \frac{u_i}{\sum\limits_{i=1}^{n} u_i}$$

计算判断矩阵最大特征根 $\lambda_{\max}$，即

$$\lambda_{\max} = \sum_{i=1}^{n} \frac{(AW)_i}{nW_i}$$

式中$(AW)_i$同样表示向量AW的第i个分量。

4）一致性检验

为了检验判断矩阵的一致性，需要对它的一致性指标进行定义

$$CI = \frac{\lambda_{\max} - n}{n - 1}$$

显然，当判断矩阵具有完全一致性时，$CI = 0$；$\lambda_{\max} - n$愈大，CI愈大，矩阵的一致性愈差。

为了检验判断矩阵是否具有满意的一致性，需要将CI与平均随机一致性指标RI进行比较。对于$1 \sim 9$阶矩阵，平均随机一致性指标分别如表$12-12$所示。

表 12-12　1～9 阶矩阵的平均随机一致性指标

阶数	1	2	3	4	5	6	7	8	9
RI	0.00	0.00	0.58	0.90	1.12	1.24	1.32	1.41	1.45

对于 1、2 判断矩阵，RI只是形式上的，按照人们对判断矩阵所下的定义，1 阶、2 阶判断矩阵总是完全一致的。当阶数大于 2 时，判断矩阵的一致性指标CI与同阶平均随机一致性的指标RI之比称为判断矩阵的随机一致性比例，记为CR，当$CR = \dfrac{CI}{RI} < 0.1$时，判断矩阵具有满意的一致性，否则就需要对判断矩阵进行调整。

5）层次总排序

利用同一层次中所有层次单排序的结果，就可以计算针对上一层次而言本层次所有因素重要性的权值。层次总排序指的是利用各层次单排序的计算结果，按照从上到下的顺序，逐层顺序计算，得到方案层相对于评价目标的总排序。

假定上一层次所有因素A_1，A_2，$\cdots$，A_m的总排序已完成，得到的权值分别为a_1，a_2，$\cdots$，a_m与a_i对应的本层次因素为B_1，B_2，$\cdots$，B_n，单排序的结果为b_1'，b_2'，$\cdots$，b_n'。这里，若B_j与A_i无关，则列$b_j' = 0$。层次总排序如表$12-13$所示。

表 12-13　层次总排序

层次 A	A_1	A_2	$\cdots$	A_n	B 层次的总排序
	a_1	a_2	$\cdots$	a_n	
B_1	b_1^1	b_1^2	$\cdots$	b_1^m	$\sum\limits_{i=1}^{m} a_i b_1^i$
B_2	b_2^1	b_2^2	$\cdots$	b_2^m	$\sum\limits_{i=1}^{m} a_i b_2^i$
$\vdots$	$\vdots$	$\vdots$	$\vdots$	$\vdots$	$\vdots$
B_n	b_n^1	b_n^2	$\cdots$	b_n^m	$\sum\limits_{i=1}^{m} a_i b_n^i$

显然

$$\sum_{j=1}^{n} \sum_{i=1}^{m} a_i b_j^i = 1$$

即层次总排序仍然是归一化正规向量。

为评价层次总排序的计算结果的一致性如何，需要计算与单排序类似的检验量。

CI为层次总排序一致性指标；RI为层次总排序平均随机一致性指标；CR为层次总排序随机一致性比例。它们的表达式分别为

$$CI = \sum_{i=1}^{m} a_i CI_i$$

式中CI_i为与a_i对应的B层次中判断矩阵的一致性指标。

$$RI = \sum_{i=1}^{m} a_i RI_i$$

式中RI_i为与a_i对应的B层次中判断矩阵的平均随机一致性指标。

$$CR = \frac{CI}{RI}$$

同样当$CR \leqslant 0.10$时，人们认为层次总排序的计算结果具有满意的一致性。

12.3.4　德尔菲法

德尔菲法是 20 世纪 50 年代由美国兰德公司经过系统研究提出的一套处理问题的方法。它是一种专家调查方法，也称为专家征询法。其过程是将所要评估的问题和必要的背景材料用通信的形式向专家们提出，得到答复后，把各种意见经过综合、归纳和整理再反馈给专家，进一步征询意见，如此反复多次（一般为 2～4 次），直到评估的问题得到了较为满意的结果。由于德尔菲法是建立在专家们主观判断的基础上，因而它特别适用于解决客观偶然性较大而且缺少确切数据的评估问题。目前，德尔菲法已发展成为应用十分广泛的专家评估方法。它对于解决那些不能通过解析法进行量化的问题十分有效。在对装备论证过程中，许多指标难以进行定量分析，无法建立数学模型，要解决这些问题就要借助于众多专家的经验，对指标进行量化。德尔菲法科学地解决了如何对专家调查、调查多少位专家比较可信和对于调查数据结果怎样处理等问题。德尔菲法具有如下特点：

（1）匿名性。它的特点是专家们互相并不见面，但事先将需要回答的问题设计出征询调查表，分别寄给参加评估的数名专家，要求专家书面回答问题，专家们将问题的答案寄给组织者，然后用统计方法整理出专家们的意见。这样进行咨询就避免了开会可能产生的畏惧权威、碍于情面、不好意思表达个人观点等不利于意见交流的情况发生。

（2）反馈性。组织者将得到的专家意见以及对专家意见分析处理得到的结果一并进行反馈，专家们可以从反馈中得知集体意见和目前评估结果状况，以及赞成或反对各种观点的理由；再根据该结果做出自己的判断，如此反复循环，经多次反馈最终得到一个比较一致而且可靠性比较高的评估结果。

（3）统计性。德尔菲法采用统计法对专家集体判断结果进行处理，使定性问题使用定量方式来描述，表达了大部分专家意见的集中或分歧程度。

1. 德尔菲法的基本步骤

1）选聘专家

应用德尔菲法时，不仅要求专家组每个成员符合研究项目的要求，而且专家组应构成一个合理的整体。选聘专家这项工作对调查结果的质量有重大影响，甚至关系到德尔菲法调查的成败。专家的应答是基础，也是根据，与以客观数据为基础的其他研究方法一样，如

果数据不能反映客观实际,则得出的结果是没有价值的。

(1) 对专家组成员的要求。

具备下列两个条件的专家都符合德尔菲法调查的要求。

① 具备与研究项目有关的专业知识、工作经验在 10 年以上并有一定学术影响、在与研究项目有关领域工作的科技人员或管理人员都具备德尔菲法专家的资格。在这些人员中,那些学术名望较大、学识渊博的专家学者是比较理想的人选。

② 有足够时间完成应答。德尔菲法虽然是直观性评估方法,主要利用专家的专业知识及个人经验,但仍需要参评专家进行调查研究,得到符合被评估系统实际情况的分析结果,所以需要参评专家具有进行调查取证并进行分析总结的时间。所以在专家的选择上,专家的权威性、知识性是非常重要的一面,但是专家本人是否具有责任感、是否能认真思考及应答也是非常重要的。

(2) 对专家组集体的要求。

为了保证德尔菲法调查的质量,专家组整体应具有合理的知识结构,并有适当人数。

① 合理的知识结构。德尔菲法专家组的知识结构要反映现代科学技术发展的特点,在满足知识结构要求的前提下,专家组成员不仅包括本项目研究领域的专家,还应包括有关学术领域和边缘学科的专家。例如,针对某型号产品是否满足研制要求召开评审会,那么在参会专家的选择上应该覆盖军内主管参谋、生产厂家相关专家、本领域其他厂家相关专家、研究院所相关领域学者等范围,同时应兼顾专家的来源、年龄等方面影响因素。

② 适当的专家组人数。德尔菲法专家组人数应视研究课题的规模而定,一般以 10～50 人为宜。对于某些技术面较广的重大研究项目,专家人数可增至 100 人以上。

2) 向专家说明问题

在应用德尔菲法聘请专家时,需向专家说明以下几点:

(1) 向专家说明研究课题的意义和进行调查的目的,以引起专家的重视,并询问专家是否愿意参加应答;

(2) 向专家较详细地介绍德尔菲法,着重说明多次征询和反馈的重要意义,同时要说明整个调查过程需要的时间和专家应答的时间。

3) 向专家调查

德尔菲法的调查程序如表 12-14 所示。

表 12-14　德尔菲法调查程序

调查轮数	说　明
第一轮	要求专家根据所考虑的特定问题讨论影响因素(或称系统的因素)及进行评估。若所调查的专家在此领域内确实是知识渊博的,那么这一做法是非常有用的,可以充分利用专家的知识。在这一轮调查中调查者的主要任务是确定事件、元素,对相同的进行汇总,不重要的则删除,最后获得一张明晰的事件、元素清单。这个清单将用来制作第二轮的调查表
第二轮	将第一轮获得的调查结果告诉专家,并要求专家对事件进行评估,同时给出理由;调查者对专家意见进行统计处理,并写出摘要进行讨论
第三轮	专家在前面调查结果的基础上再次进行评估,若得出的结论落在下四分位数和上四分位数之外,则要求解释其原因
第四轮	收集专家意见,在前面评价结果的基础上进行新一轮评估,并写出摘要

如果经过四轮的迭代调查还不能得到一致的意见时，则需要继续迭代调查直至得到最终意见，或者根据专家意见对结果以及德尔菲法的不一致性进行解释。

4）数据处理及分析

根据不同的调查目的，专家应答的数据可采用以下方法进行处理。

（1）中心意向法。

中心意向法是将各位专家的评估结果按数值的大小顺序排列起来，分别取中位数、上四分位数和下四分位数。其中，中位数以及上、下四分位数分别代表专家意见的协调程度以及专家意见的分散程度。

如果专家意见趋于中位数，并且四分位间距较小，则说明预测结果较为准确。如果专家意见较为分散，并且组织过程并无异常，则比较合适的做法就是重新组织专家进行预测。如果再次预测得到的结果依旧比较分散，则应该考虑是否在专家选择和问题说明过程中存在问题。

（2）分值评估和等级评估的处理方法。

分值评估可采用 5 分制和 100 分制，等级评估可用等级序号作为量化值。

在分值评估中，通过求均值和方差来对正确性、迫切性、可能性进行评估，即

$$E = \frac{\sum\limits_{i=1}^{M} a_i}{M}$$

$$\delta^2 = \frac{1}{M-1} \sum\limits_{i=1}^{M} (a_i - E)^2$$

式中：M 为专家人数；a_i 为第 i 位专家评分值。

在等级评估中，用下式求均值和方差，即

$$E = \frac{\sum\limits_{i=1}^{N} a_i n_i}{\sum\limits_{i=1}^{N} n_i - 1}$$

$$\delta^2 = \frac{\sum\limits_{i=1}^{N} (a_i - E)^2 n_i}{\sum\limits_{i=1}^{N} n_i - 1}$$

式中：N 为评估等级数目；a_i 为等级序号 $(N, N-1, \cdots, 1)$；n_i 为评估第 i 等级的专家人数。

（3）最优方案排序法。

最优方案排序法利用名次列出顺序结果表示优劣方案。把每个方案的名次加起来，得数最小的方案为最优方案。

还可以采用"一致性检验"对最优方案排序法的一致性程度进行检验。如果一致性系数接近于 1 则表示意见趋向一致，为 1 则表示意见完全一致，为 0 则表明意见不一致。

一致性系数计算公式如下：

$$CI = \frac{12S}{M^2(N^3 - N)}$$

式中：S 为名次总和的方差和，$S = \sum\limits_{i=1}^{N} X_i^2 - \dfrac{\left(\sum\limits_{i=1}^{N} X_i\right)^2}{N}$；$M$ 为专家数；N 为方案数。

2. 应用德尔菲法需注意的问题

使用德尔菲法进行评估在以下几个方面需要注意。

（1）可靠性。使用德尔菲法是为了更好地利用专家的专业领域知识的同时规避开会讨论的一些弊端。但是完全依靠专家进行评估会给评估结果带来不可避免的个人主观倾向。那么评估结果是不是可靠的呢？有关专家对德尔菲法的应用可靠性问题进行调查研究发现，一个由 15 人组成的专家组，如果确实能在某一研究课题方面代表"专家团体"的意见，那么该专家组集体得出的评估结果，就不大可能与另一个人数、基本素质和知识结构相同的专家组的评估结果有显著的不同。因此可以认为 15 人以上的德尔菲法专家组得出的评估结果具有足够的可信性。

（2）局限性。德尔菲法的局限性主要表现在以下几个方面：

① 受到专家个人的主观倾向、知识背景及经验的影响，得到的评估结果可能存在科学性不足的缺点；

② 由于采用函询的方式，并通常需要多轮咨询，所以花费时间较长。

（3）应注意的问题。针对德尔菲法的特点，在运用此方法时要注意以下几点：

① 向参加者介绍德尔菲法的全部过程和规则；

② 以简单的形式描述整个事件、元素和要评估的值，避免过分复杂；

③ 如在调查表中列有相互矛盾的事件，则应解释列出这些事件的目的和原因，不要让专家们感觉到是在给他们设陷阱；

④ 任何时候都不应加入调查者的观点，调查者不应干扰专家们的意见。

参 考 文 献

[1]　宋笔锋，谷良贤，黄俊，等. 航空航天技术概论[M]. 北京：国防工业出版社，2014.

[2]　方洋旺，伍友利，魏贤智，等. 航空装备作战建模与仿真[M]. 北京：国防工业出版社，2012.

[3]　符小卫，陈军，高小光，等. 机载探测与电子对抗原理[M]. 西安：西北工业大学出版社，2013.

[4]　沈如松. 导弹武器系统概论[M]. 北京：国防工业出版社，2018.

[5]　毛翔，褚睿，邢鹏宇，等. 美军作战评估理论与实践[M]. 北京：知识产权出版社，2017.